普通高等教育新工科智能制造工程系列

Python计算机视觉编程与应用

主编 刘国华
参编 郭长瑞 连海洋 吕世杰
　　　赵英杰

机械工业出版社

Python 作为实现计算机视觉编程的第一大语言，简单方便，是一种效率极高的语言。本书共分 10 章，首先，介绍了 Python 的编程基础及其在计算机视觉中，关于传统图像处理方面的编程应用；其次，介绍了深度卷积神经网络的理论基础及 PyTorch 深度学习框架；最后，介绍了 Python 在图像分类、目标检测和语义分割中的典型应用，以及轻量化网络与迁移学习的相关知识。在每一章的结尾都附有必要的习题，供教学或自学练习使用，以便读者加深对本书所述内容的理解。

本书深度适中，内容力求精炼，可作为高等学校电子信息工程、通信与信息工程、计算机科学与技术等专业本科生与研究生的教学参考书，也可供从事计算机视觉、人工智能等相关领域的科研人员和工程技术人员参考。

图书在版编目（CIP）数据

Python 计算机视觉编程与应用 / 刘国华主编.
北京：机械工业出版社，2025.8. --（普通高等教育新工科智能制造工程系列教材）. -- ISBN 978-7-111-78005-2

Ⅰ. TP312.8；TP302.7
中国国家版本馆 CIP 数据核字第 20254AY307 号

机械工业出版社（北京市百万庄大街 22 号　邮政编码 100037）
策划编辑：余　皞　　　　　责任编辑：余　皞　赵亚敏
责任校对：张爱妮　李小宝　　封面设计：张　静
责任印制：单爱军
天津嘉恒印务有限公司印刷
2025 年 8 月第 1 版第 1 次印刷
184mm×260mm · 17.5 印张 · 443 千字
标准书号：ISBN 978-7-111-78005-2
定价：59.80 元

电话服务　　　　　　　　　　网络服务
客服电话：010-88361066　　　机　工　官　网：www.cmpbook.com
　　　　　010-88379833　　　机　工　官　博：weibo.com/cmp1952
　　　　　010-68326294　　　金　书　网：www.golden-book.com
封底无防伪标均为盗版　　　　机工教育服务网：www.cmpedu.com

前 言

在当前全球科技飞速发展的背景下，Python 编程语言凭借其简洁、易学和强大的功能，已成为计算机视觉领域中最受欢迎的编程工具之一。Python 拥有丰富的函数库和框架，如 OpenCV、TensorFlow 和 PyTorch，极大地方便了计算机视觉应用的开发与实现。Python 的优势在于其高效的开发速度、广泛的社区支持以及与其他语言和工具的良好兼容性，使其在学术研究与工业应用中占据重要地位。

计算机视觉作为人工智能的一个重要分支，近年来得到了迅猛发展。计算机视觉技术不仅在自动驾驶、智能监控、医疗影像分析等领域展现出了巨大的潜力，还在推动工业自动化、智能制造和智慧城市建设方面发挥了重要作用。随着深度学习算法的不断进步，计算机视觉的应用领域不断扩大，其未来发展前景十分广阔。

当前我国正处于从制造大国向制造强国迈进的重要阶段，科技创新是国家现代化建设的核心驱动力，而计算机视觉作为新一代信息技术的代表之一，已经成为国家科技战略的重要组成部分。Python 语言在计算机视觉中的编程应用，能够有效提高算法开发效率，加速科研成果转化，助力我国在国际科技竞争中占据领先地位。

本书重点介绍了传统图像处理的 Python 编程基础及计算机视觉的三大核心任务：图像分类、目标检测和语义分割。这三大任务是计算机视觉的基础，在各类应用场景中发挥着关键作用。图像分类通过分析图像内容，准确识别并分类不同的物体；目标检测则进一步实现了对图像中多个目标的定位与识别；语义分割则是在像素级别进行分类，将图像细分为具有特定语义的区域。这些任务不仅是计算机视觉的基本研究方向，也是当前应用最为广泛的技术之一。

本书通过系统地介绍 Python 语言在计算机视觉中的编程方法与实际应用，旨在培养学生的编程能力和工程实践能力，帮助学生掌握前沿技术，并为我国培养出更多具有创新能力和社会责任感的高素质科技人才。

本书适用于大学二年级以上，具备必要的数学基础知识的本科生、研究生，工作在人工智能领域一线的工程技术人员，对计算机视觉感兴趣且具备必要预备知识的所有读者。

本书由天津工业大学刘国华教授执笔，郭长瑞、连海洋、吕世杰、赵英杰参与编写工作并进行程序实验。全书由刘国华负责统稿、定稿。在编写过程中，编者参考了大量书籍、论文、资料和网站文献，在此对原作者表示衷心的感谢。在本书的编写过程中，徐子诚、陈闯、赵继学等参与了资料整理工作，在此一并表示感谢。

由于编者水平有限，书中疏漏和不足之处在所难免，敬请读者不吝指正。编者联系邮箱：liuguohua@tiangong.edu.cn。

编 者

目　录

前言

第 1 章　Python 编程基础 … 1
- 1.1　基本语法 … 2
- 1.2　序列与数据结构 … 13
- 1.3　函数与模块 … 18
- 1.4　面向对象编程 … 29
- 本章小结 … 38
- 习题 … 38

第 2 章　Python 文件操作与异常处理 … 39
- 2.1　文件操作 … 40
- 2.2　异常处理 … 59
- 本章小结 … 67
- 习题 … 67

第 3 章　Python 基本图像操作 … 68
- 3.1　使用 Pillow 进行图像基础操作 … 69
- 3.2　使用 Matplotlib 进行图像分析 … 76
- 3.3　利用 NumPy 进行图像数据处理 … 81
- 3.4　借助 SciPy 进行高级图像处理 … 83
- 3.5　使用 scikit-image 处理图像 … 88
- 本章小结 … 91
- 习题 … 91

第 4 章　Python 传统图像处理方法 … 92
- 4.1　图像增强 … 93
- 4.2　图像分类 … 106
- 4.3　目标检测 … 111
- 4.4　图像分割 … 120
- 本章小结 … 127

习题 ······ 127

第 5 章　深度卷积神经网络基础 128
5.1　监督学习和无监督学习 ······ 129
5.2　欠拟合和过拟合 ······ 131
5.3　反向传播 ······ 133
5.4　损失和优化 ······ 134
5.5　激活函数 ······ 138
5.6　卷积神经网络基础 ······ 140
本章小结 ······ 145
习题 ······ 146

第 6 章　PyTorch 深度学习框架 147
6.1　PyTorch 框架简介 ······ 148
6.2　PyTorch 环境配置与安装 ······ 150
6.3　PyTorch 中的 Tensor ······ 153
6.4　PyTorch 常用模块及库 ······ 159
6.5　神经网络模型搭建与参数优化 ······ 165
本章小结 ······ 168
习题 ······ 168

第 7 章　计算机视觉应用——图像分类 169
7.1　图像分类简介 ······ 170
7.2　ResNet 基本原理 ······ 171
7.3　训练过程 ······ 179
7.4　模型结果评估 ······ 187
本章小结 ······ 189
习题 ······ 190

第 8 章　计算机视觉应用——目标检测 191
8.1　目标检测简介 ······ 192
8.2　两阶段式目标检测算法 ······ 193
8.3　单阶段式目标检测网络 ······ 197
8.4　目标检测算法性能评估指标 ······ 206
本章小结 ······ 209
习题 ······ 209

第 9 章　计算机视觉应用——语义分割 210
9.1　图像语义分割介绍 ······ 211
9.2　DeepLab 系列语义分割网络发展概述 ······ 213

9.3 DeepLabV3+网络基本原理 …… 216
9.4 模型训练与评估 …… 228
本章小结 …… 235
习题 …… 235

第10章 轻量化网络与迁移学习 …… 236
10.1 模型压缩 …… 237
10.2 轻量化网络结构 …… 247
10.3 轻量化网络性能评估 …… 252
10.4 迁移学习的分类与方法 …… 257
10.5 微调迁移应用实例 …… 263
本章小结 …… 272
习题 …… 272

参考文献 …… 273

第1章

Python编程基础

Python 是由荷兰数学和计算机科学研究学会的 Guido van Rossum，于 20 世纪 90 年代初开发设计的，它作为 ABC 语言的替代品而存在。Python 不仅提供了高效的高级数据结构，还能简单有效地面向对象编程。Python 所具有的语法、动态类型以及解释型语言的本质，使其成为多数平台上脚本编写和快速开发使用的编程语言，随着版本的不断更新和语言新功能的添加，也被逐渐用于独立的、大型项目的开发。为此，本章将围绕 Python 编程基础展开，重点介绍基本语法、序列与数据结构、函数与模块以及面向对象编程。

1.1 基本语法

本节将主要介绍 Python 的基本语法，这是每一位 Python 学习者必须掌握的内容。下面主要介绍 Python 的数据类型、变量、常量、运算符以及语法结构等内容，通过本节的学习，希望读者建立起对 Python 编程语言的初步认知，为后续计算机视觉的学习打下坚实的基础。

1.1.1 数据类型

Python 的标准数据类型包括数字（Number）、字符串（String）、元组（Tuple）、列表（List）、集合（Set）和字典（Dictionary）六种。

上述六种数据类型中，前三种为不可变数据，后三种为可变数据。不可变数据类型在第一次声明赋值时，会在内存中开辟一块空间，用来存放该变量被赋予的值，该变量实际上存储的并非被赋予的值，而是存放该值所在空间的内存地址，通过这个地址，变量就可以在内存中读取数据。所谓不可变，是指不能改变这个数据在内存中的值。因此，当改变这个变量的赋值时，只是在内存中重新开辟了一块空间，将新数据存储在新的内存地址中，而原变量则不再引用原数据的内存地址，转为引用新数据的内存地址。

本节着重介绍数字（Number）和字符串（String）这两种数据类型，其余四种数据类型在 1.2 节做重点介绍。

1. 数字（Number）

在 Python 中支持两种不同的数值类型，即整型和浮点型。

（1）整型（Int） 也被称为整数，通常为正整数或负整数。布尔（bool）是整型的子类型。在 Python 中，可对整数执行加（+）、减（-）、乘（*）、除（/）运算。例如：

```
a = 2+3
print(a)
5
b = 3-2
print(b)
1
c = 2*3
print(c)
6
d = 4/2
print(d)
2.0
```

（2）浮点型（Float）　Python将所有带小数点的数都称为浮点数。例如：

a＝0.1+0.1
print(a)
0.2
c＝2＊0.1
print(c)
0.2

将任意两个数相除时，结果总是浮点数，即使这两个数都是整数且能整除。例如：

a＝4/2
print(a)
2.0

如果一个数是整数，另一个数是浮点数，则结果也总是浮点数。例如：

a＝1+2.0
print(a)
3.0

2. 字符串（String）

字符串是一种特殊的元组，需要用单引号或双引号注明，且不能改变字符串中的某个元素的值。

string类型包含多种运算。其中，"+"表示对多个字符串进行连接；"＊"表示重复输出字符串 n 次；字符串名［：］代表截取字符串的一部分（最左边索引值为0，最右边索引值为-1，倒数第二索引值为-2，依此类推），字符串名［　］通过索引获取字符串中单个字 in/not in 以判断单个字符在/不在字符串中；r/R 表示将转义字符等特殊字符作为普通字符。

基础操作主要包括索引、切片、成员资格检查、长度 len（　）、最大值和最小值。

（1）字符串查找

1）count（　）：

功能：计算指定的字符在字符串里出现的次数。

格式：字符串.count（查找字符串［，开始索引［，结束索引］］），其返回值为整数。

语法：str.count(sub,start＝0,end＝len(string))

其中，sub 为搜索的子字符串；start 为字符串开始搜索的位置，默认为第一个字符，第一个字符索引值为0；end 为字符串中结束搜索的位置，字符中第一个字符的索引为0，默认为字符串的最后一个位置。例如：

a＝"national day"
b＝a.count("a",2,20)
print(b)
b＝2

2）find（　）：

功能：查找指定的字符在字符串中第一次出现的位置，通常是从左往右进行查找的。find 的功能与 index 的基本相同。

格式：字符串.find(查找字符串[,开始索引[,结束索引]])，返回值为整数。如果找到，就返回子串的第一个字符的索引；如果找不到则返回-1。与 index 的区别是 find 主要用于快速查找，且不影响程序后续继续执行。例如：

```
a="With a moo-moo here,and a moo-moo there".find("moo")
print(a)
7
```

3）rfind()：

功能：查找指定的字符在字符串中最后一次出现的位置，通常是从右往左进行查找的，但找到的顺序是按从左往右计算的。

格式：字符串.rfind(查找字符串[,开始索引[,结束索引]])，其返回值为整数。rfind 从右边指定字符索引查找。如果找不到，则返回-1。这是它与 index 的主要区别。例如：

```
mystr="hello world python java"
a=mystr.rfind("world")
print(a)
6
```

4）index()：

功能：查找指定的字符在字符串里第一次出现的位置，通常是从左往右进行查找的。index 的功能与 find 的基本相同。

格式：字符串.index(查找字符串[,开始索引[,结束索引]])，其返回值为整数。如果找不到则抛出错误。index 与 find 的区别在于如果代码行很多，则 index 主要用于精确查找。例如：

```
mystr="hello world python java"
a=mystr.index("world")
print(a)
6
```

5）rindex()：

功能：查找指定的字符在字符串中第一次出现的位置，通常是从右往左进行查找的，但找到的顺序是按从左往右计算的。

格式：字符串.rindex(查找字符串[,开始索引[,结束索引]])，其返回值为整数。如果找不到则抛出错误。这是它与 rfind 的主要区别。例如：

```
mystr="hello world python java"
a=mystr.rindex("world")
print(a)
6
```

(2) 字符串修改　Python 中的字符串属于不可修改的数据类型，但是可以通过以下三种方法进行变相修改。

方法一：将字符串转换成列表，修改成功后再利用字符串的 join 函数将列表转换回字符串。

方法二：通过字符串 replace 函数替换字符串中需要替换的字符并重新赋值给字符串。

方法三：利用字符串的切片和拼接进行修改。

（3）字符串删除　在 Python 中，字符串是不可变的，所以无法直接删除字符串之间的特定字符。若需要对字符串中的字符进行操作，可将字符串转变为列表，列表是可变的，这样就可以实现对字符串中特定字符的操作。

1）删除特定字符。删除特定位置的字符一般使用 .pop() 方法。输入参数，即为要删除的索引。例如：

```
string = "Hello World,我爱 Python"
list_str = list(string)
a = list_str.pop(1)
print(a)
e
string = "".join(list_str)
print(string)
```

该程序的输出结果为

Hllo World,我爱 Python

2）replace() 方法。对于字符串 a = "Hello World,我爱 Python"，尝试将其中的 "o" 字符删除，可将 "o" 字符替换成空字符。

注意：程序返回的是替换后（在这种情况下是删除字符）的字符，没有改变原始字符串，也就是说 a 还是原来的 a。因此如果想使用替换后的字符，则需要指定一个变量进行赋值。例如：

```
a = "Hello World,我爱 Python"
b = a.replace("o","")
print(b)
Hell Wrld,我爱 Pythn
```

3）正则表达式。除了利用 Python 标准库中的直接方法外，还可以通过正则表达式库 re 中的 sub() 函数来实现字符串中特定模式的删除。re.sub() 方法功能强大，它允许我们根据复杂的模式匹配来替换字符串中的内容。

该方法的语法如下：

```
re.sub(pattern,repl,string,count = 0,flags = 0)
```

其中，pattern 指定了我们想要匹配并替换的模式；repl 代表需要替换成的字符，如果删除，则替换成空字符；string 代表需要被替换的字符串；count 是替换的次数。例如：

```
import re
a = "Hello World,我爱 Python"
b = re. sub("o","",a)
print(b)
Hell Wrld,我爱 Pythn
re. sub("o","",a,1)
print(b)
Hell World,我爱 Python
```

无论是 Python 字符串自带的 .replace() 方法，还是 re 提供的 .sub() 方法，都不改变原来的字符串，返回值才是替换的字符串。因此，如果要使用替换的字符串，就需要将返回值赋给一个变量。

1.1.2 变量与常量

变量就是在程序运行过程中值会发生变化的量。相反，常量是在程序运行过程中值不会发生变化的量。创建程序时都会在内存中开辟一块空间，用于保存变量或常量的值。这里有一点需要注意的是，Python 程序不需要声明类型。根据 Python 的动态语言特性。变量可以直接使用。

简单来说，变量是编程中最基本的存储单位，变量用于暂时存储用户使用的数据。主要涉及变量赋值语法和变量的命名规则。

1. 变量赋值语法

语法：变量名 = 数据

这里的"="是赋值而不是"等于"的意思。"赋值"是对变量的操作，而"等于"是对两个变量进行比较。每个变量在使用前都必须赋值，变量赋值以后才会被创建。如果一个变量没有赋值而直接使用，则系统会报错。例如：

```
01    message = "Hello World!"
02    print(message)
```

运行这个程序，输出结果为

```
Hello World!
```

在上述例子中，使用了一个名为"message"的变量，这个变量存储的值为文本"Hello World!"。变量使用导致 Python 解释器工作增多。程序在处理 01 行时，将文本"Hello World!"与变量 message 关联起来；而处理 02 行时，则将与变量"message"所关联的值打印（显示）到屏幕上。

2. 变量的命名规则

在 Python 中命名变量时，需要牢记一些规则以免引发错误。

1）变量名只能包含字母、数字和下划线。变量名允许以字母或下划线开头，但不能以数字开头。例如，可将变量命名为 message_1，但不能将其命名为 1_message。

2）变量名不能包含空格，但可使用下划线来分隔其中的单词。例如，变量名 greeting_message 可行，但变量名 greeting message 会引发错误。

3）Python 关键字和函数名不可用作变量名，即不要使用 Python 保留的具有特殊用途的单词，如 print。

4）变量名应既简短又具有描述性。例如，name 比 n 合适，student_name 比 s_n 合适。

5）慎用小写字母 l 和大写字母 O，因为其可能被程序员错认成数字 1 和 0。

对于常量而言，常量就是不变的量，它的值是固定不变的，一般在程序中较少使用。例如 π 就可以理解为常量，它的值是默认的。常量的值在程序的整个生命周期内保持不变。Python 没有内置的常量类型，可以指定某个变量为常量，并使用大写字母命名，以便区别于变量，例如：

MAX_CONNECTION = 1000

1.1.3 运算符与语法结构

在 Python 语言中，运算符就像是语言的词汇，它们定义了数据之间如何进行操作；而语法结构，则是这些词汇按照一定规则组合起来的句子和段落。在本节中，将深入剖析 Python 中的各类运算符，包括算术运算符、赋值运算符、比较运算符、逻辑运算符以及位运算符等，我们也会详细探讨 Python 的语法结构，包括条件语句（如 if-else）、循环结构（如 for 循环和 while 循环）。

1. Python 运算符

（1）算术运算符　Python 的算术运算符有多个类型，详见表 1-1。

表 1-1　Python 的算术运算符

操作符	含义	示例	运算结果
**	指数运算	2**2	4
%	取模运算	14%4	2
//	整除/地板除运算	13//8	1
/	除法运算	13/8	1.625
*	乘法运算	8*2	16
-	减法运算	7-1	6
+	加法运算	2+2	4

两个数整除时，会有一个商和一个余数。商就是整除运算的结果，余数即剩下的值。取模运算符返回的就是余数。例如，13 整除以 5 的结果是商 2 余 3，示例如下：

```
a = 13//5
print(a)
2
b = 13%5
print(b)
3
```

（2）赋值运算符　赋值运算符主要用来为变量（或常量）赋值，在使用时，既可以直接用基本赋值运算符"="将右侧的值赋给左侧的变量，右侧也可以在进行某些运算后再赋值给左侧的变量。

Python 使用"="作为赋值运算符，常用于将表达式的值赋给另一个变量。例如：

# 为变量 st 赋值为 Python
st = "Python"

除此之外，也可使用赋值运算符将一个变量的值赋给另一个变量，例如：

# 将变量 st 的值赋给 st2
st2 = st

值得指出的是，Python 的赋值表达式是有值的，赋值表达式的值就是被赋的值，因此 Python 支持连续赋值。例如：

a = b = c = 20

需要初学者特别注意的是，"="和"=="的含义完全不同，前者是赋值号，后者是等号，千万不要混淆。

此外，赋值运算符"="还可与其他运算符（算术运算符、位运算符等）结合，成为功能更强大的赋值运算符，详见表 1-2。

表 1-2 Python 的常用赋值运算符

运算符	说明	举例	展开形式
=	最基本的赋值运算	x = y	x = y
+=	加赋值	x += y	x = x+y
-=	减赋值	x -= y	x = x-y
*=	乘赋值	x *= y	x = x*y
/=	除赋值	x /= y	x = x/y
%=	取余数赋值	x %= y	x = x%y
**=	幂赋值	x **= y	x = x**y
//=	取整数赋值	x //= y	x = x//y

（3）比较运算符 Python 的比较运算符用于比较两个对象（见表 1-3）。返回的输出是布尔值 True 或 False。

表 1-3 Python 的比较运算符

运算符	描述	实例(假设 a=5, b=3)
==	等于,比较对象是否相等	a==b,结果为 False
!=	不等于,比较对象是否不相等	a!=b,结果为 True
>	大于,判断 a 是否大于 b	a>b,结果为 True
<	小于,判断 a 是否小于 b	a<b,结果为 False
>=	大于等于,判断 a 是否大于等于 b	a>=b,结果为 True
<=	小于等于,判断 a 是否小于等于 b	a<=b,结果为 False

（4）逻辑运算符 Python 的逻辑运算符见表 1-4。

表 1-4 Python 的逻辑运算符

运算符	逻辑表达式	描述
and	x and y	布尔"与":如果 x 为 False,x and y 返回 x 的值,否则返回 y 的计算值
or	x or y	布尔"或":如果 x 为 True,返回 x 的值,否则返回 y 的计算值
not	not x	布尔"非":如果 x 为 True,返回 False 。如果 x 为 False,返回 True

（5）位运算符 Python 的位运算符见表 1-5，位运算符是把数字看作二进制数来进行计算的。

表 1-5 Python 的位运算符

运算符	描述	实例（假设 a = 60,b = 13）
&	位与运算符:如果参与运算的两个值的相应位都为 1,则该位的结果为 1,否则为 0	a&b 输出结果为 12,二进制解释为 0000 1100
|	按位或运算符:只要对应的两个二进制位有一个为 1 时,结果位就为 1	a|b 输出结果为 61,二进制解释为 0011 1101
^	按位异或运算符:当两个对应的二进制位相异时,结果为 1	a^b 输出结果为 49,二进制解释为 0011 0001
~	按位取反运算符:对数据的每个二进制位取反,即把 1 变为 0,把 0 变为 1	~a 输出结果为 -61,二进制解释为 1100 0011,属于一个有符号二进制数的补码形式
<<	左移动运算符:运算数的各二进制位全部左移若干位,由运算符<<右边的数指定移动的位数,高位丢弃,低位补 0	a<<2 输出结果为 240,二进制解释为 1111 0000
>>	右移动运算符:把>>左边的运算数的各二进制位全部右移若干位,>>右边的数指定移动的位数	a>>2 输出结果为 15,二进制解释为 0000 1111

令表中变量 a 为 60，b 为 13，其二进制格式及 Python 的位运算结果如下：

    a = 0011 1100
    b = 0000 1101
    a&b = 0000 1100
    a|b = 0011 1101
    a^b = 0011 0001
    ~a = 1100 0011

2. Python 语法结构

条件语句和循环语句无疑是 Python 中最常用的语法结构。Python 的条件语句（如 if、elif、else）让程序能够基于不同条件做出决策；而循环语句（如 for、while）则使程序能够重复执行任务直到满足特定条件。

（1）条件语句 编程时经常需要检查一系列条件，并据此决定采取的相应措施。在 Python 中，if 语句常用于检查程序的当前状态，并据此采取相应的措施。

最简单的 if 语句只有一个测试和一个操作，例如：

```
01    if conditional_test：
02        do something
```

在 01 处，程序包含相应的条件测试，在缩进代码块 02 中，可以执行相应操作。如果条件测试的结果为 True，Python 就会执行紧跟在 if 语句后面的缩进的代码；否则 Python 将忽略这些代码。

对于紧跟在 if 语句后的缩进代码块，可根据需要添加任意数量的代码行。例如，当一个人满足投票的年龄时，再打印一行输出，询问他是否已登记，代码如下：

```
age = 19
if age >= 18:
    print("You are old enough to vote!")
    print("Have you registered to vote yet?")
```

条件测试通过，两条 print 语句都是缩进的，因此它们都将执行，即

```
You are old enough to vote!
Have you registered to vote yet?
```

在编写程序时经常需要在条件测试通过时执行一种操作，并在没有通过时执行另一种操作，此时，可使用 Python 提供的 if-else 语句。if-else 语句块类似于简单的 if 语句，但其中的 else 语句可用于指定条件测试未通过时要执行的操作。

例如，当一个人满足投票的年龄时显示与前面相同的信息，同时在这个人不够投票的年龄时也显示一条信息：

```
     age = 17
01   if age >= 18:
         print("You are old enough to vote!")
         print("Have you registered to vote yet?")
02   else:
         print("Sorry,you are too young to vote.")
         print("Please register to vote as soon as you turn 18!")
```

如果 01 处的条件测试通过了，就执行第一个缩进的 print 语句块；如果测试结果为 False，就执行 02 处的 else 后面的缩进的代码块。这次 age 小于 18，条件测试未通过，因此执行 else 后面的缩进的代码块中的代码：

```
Sorry,you are too young to vote.
Please register to vote as soon as you turn 18!
```

编程时经常需要检查两种以上的情形，可使用 Python 提供的 if-elif-else 结构。Python 只执行 if-elif-else 结构中的一个代码块，它依次检查每个条件测试，直至遇到通过了的条件测试。测试通过后，Python 将执行紧跟在它后面的缩进的代码，并跳过余下的测试。在现实世界中，很多情况下都需要考虑两种以上的情形。

以一个根据年龄段收费的游乐场为例，其收费标准如下：

4 岁以下免费；

4～18 岁收费 5 元；

18 岁（含）以上收费 10 元。

如果只使用一条 if 语句，如何确定门票的价格呢？可先确定一个人所属的年龄段，并打印一条包含门票价格的消息，代码如下：

```
    age = 12
01  if age<4：
        print("Your admission cost is 0")
02  elif age<18：
        print("Your admission cost is 5")
03  else：
        print("Your admission cost is 10")
```

01 处的 if 测试检查一个人是否不满 4 岁，如果满足条件，Python 就会打印一条合适的消息，并跳过余下的测试。02 处的 elif 代码行其实是另一个 if 测试，它仅在前面的测试未通过时才会运行。可知此处这个人不小于 4 岁，因为第一个测试未通过。如果这个人未满 18 岁，Python 将打印相应的消息，并跳过 else 代码块。如果 if 测试和 elif 测试都未通过，Python 将运行 03 处 else 后面缩进的代码块中的代码。

在这个示例中，01 处测试的结果为 False，因此不执行其代码块。然而，02 处测试的结果为 True（12 小于 18），因此将执行其后面缩进的代码块。输出为一个句子，向用户指出了门票价格：

```
Your admission cost is 5
```

在 Python 中也可同时使用任意个数的 elif 代码块。例如，假设前述游乐场要给老年人打折，可再添加一个条件测试，判断顾客是否符合打折条件。假设对于 65 岁（含）以上的老人，可以半价（即 5 元）购买门票，相应代码如下：

```
    age = 12
    if age<4：
        price = 0
    elif age<18：
        price = 5
01  elif age<65：
02      price = 10
03  else：
        price = 5
    print("Your admission cost is  $ "+str(price)+".")
```

if-elif-else 结构功能强大，但仅适用于只有一个条件满足的情况。遇到通过了的测试后，Python 会跳过余下的测试。这种行为能够测试一个特定的条件，具有很高的效率。然而，当需要检查相关的所有条件时，应使用一系列不包含 elif 和 else 代码块的简单 if 语句。在可能有多个条件为 True，且需要在每个条件为 True 时都采取相应措施，适合使用这种简单的 if 语句。

（2）循环语句　在 Python 中常用的语法结构还有循环结构。循环结构可重复利用代码，将相似或者相同的代码操作变得更加简洁。循环结构分为 while 循环和 for 循环，while 循环不断地运行，直到指定的条件不满足为止；而 for 循环用于遍历字符串、列表、元组、字典、集合等序列类型，逐个获取序列中的各个元素。

首先介绍 while 循环，该循环一般分为两种，主要区别是判断循环中是否有 else，具体格式分别如下：

格式 1：
while 条件表达式：
　　循环的内容
　　［变量的变化］
格式 2：
while 条件表达式：
　　循环的内容
　　［变量的变化］
else：
　　Python 语句

注意：while 循环中的 else 是在 while 条件表达式为假的情况下执行的代码内容，一般用于判断起始条件是否为假等相关操作。

当编写代码时发现循环条件一直成立，代码不停地运行，这种循环称为无限循环，也称死循环。无限循环就是循环不会终止的循环类型，可通过将用于判断的条件表达式设置成永远为 True 来实现。其格式为：

while True：
　　Python 代码 ...
　　Python 代码 ...
　　...

for 循环用于遍历容器类的数据，包括字符串、列表、元组、字典和集合等，其格式如下：

格式 1：
for 变量 in 容器：
　　Python 代码，可以在此使用变量
格式 2：
for 变量 1,变量 2 in 容器：
　　Python 代码，可以在此使用变量 1 和变量 2

要求遍历的容器必须是以下几种格式：
1) [(),(),()] 列表中有元组；
2) [[],[],[]] 列表中有列表；
3) ((),(),()) 元组中有元组；
4) {(),(),()} 集合中有元组。

格式 3：
for 变量 in 容器：
　　Python 代码，可以在此使用变量

else：
　　　循环结束时执行的代码！

例如：

```
languages = ["C","C++","C#","Python"]
for x in languages：
    print(x)
C
C++
C#
Python
```

数字序列的遍历可以使用内置 range() 函数，用于生成数列。关于利用 range() 函数生成数字序列，可以通过以下例子了解。例如：

```
for i in range(2)：
    print(i)
0
1
```

当设置（5,7）时，Python 会生成从 5 到 6 的数列，而不会出现 7。因此，在创建数字序列时要妥善处理。例如：

```
for i in range(5,7)：
    print(i)
5
6
```

1.2　序列与数据结构

本节将深入介绍 Python 编程语言中的序列与几种关键数据结构。首先，将详细阐述列表（List）的基本概念及其操作，包括如何访问、修改、添加与删除列表中的元素。随后，将探讨元组（Tuple）这一特殊的不可变序列类型，了解其在需要数据不变性时的应用。接着，将学习集合（Set），一个无序且不包含重复元素的数据结构，理解它在处理去重和关系测试时的独特优势。最后，将深入阐述字典（Dictionary）这一以键值对形式存储数据的可变容器模型，展示其在数据存储、检索以及实现快速数据查找方面的灵活性与高效性。

此外，本节还将涵盖 Python 数据类型的基本操作，确保读者能够灵活运用这些基础数据结构，为后续的计算机视觉编程奠定坚实的基础。通过这些内容的学习，读者将能够更加深入地理解 Python 的数据处理机制，为编写高效、可维护的代码做好充分准备。

1.2.1　列表

列表（List）的数据项可以包含不同类型的数据，如整数、浮点数、字符串，甚至其他列表。列表的各个元素可以改变，使用方括号［］包含各个数据项，并用逗号分隔其中的元素。例如：

    fruits=［"apple","banana","orange","peach"］
    print(fruits)
    ［"apple","banana","orange","peach"］

列表是有序集合，因此若要访问列表的任意元素，只需要将该元素的位置告诉Python即可。具体操作步骤为：首先指出列表名称，再指出元素的索引，将后者放在括号内即可。例如：

    fruits=［"apple","banana","orange","peach"］
01 print(fruits[0])

01处演示了访问列表元素的语法，当请求获取列表元素时，Python只返回该元素，即

    apple

注意：在Python中，第一个列表元素的索引为0，而不是1。在大多数编程语言中也是如此规定的，这与列表操作的底层实现相关。要访问列表的任何元素，都可将其位置减1，并将结果作为索引。

当列表特别多而不知道元素所处的位置时，例如列表中最后一个元素，Python为访问最后一个列表元素提供了一种特殊的语法。通过将索引指定为-1，可让Python返回最后一个列表元素。

在Python中创建的大多数列表是动态的，这意味着列表创建后，将随着程序的运行增删元素。因此对于列表中的元素能进行修改、添加与删除。

修改列表元素的语法与访问列表元素的语法类似。修改列表元素时，可指定列表名和要修改的元素的索引，再指定该元素的新值。

在编写程序时，可能出于多种原因要在列表中添加新元素。Python提供了多种在既有列表中添加新数据的方法。采用append()方法将元素"grape"添加到列表末尾。

同样地，也可以用append()方法依次往一个空列表中添加元素，最终得到一个所需的列表。可以看到，append()方法总是将元素添加至列表的末尾，而有时则需要在列表的特定位置添加元素，即插入元素，在这种情况下，可以使用insert()方法在列表的任何位置添加新元素。首先需要指定新元素的索引和值，即

    fruits=［"apple","banana","orange","peach"］
01 fruits.insert(0,"grape")
    print(fruits)

在上述代码中，值"grape"被插入到了列表开头（见01处）。insert()在索引0处添加空间，并将值"grape"存储到该处。这种操作使列表中既有的每个元素都右移一个位置，返回的结果为

    ［"grape","apple","banana","orange","peach"］

在编写程序语言时，若发现列表中有不需要的元素，则应从列表中删除一个或多个元素，常用的方法有以下三种。

(1) 使用 del 语句删除元素　如果已知要删除的元素在列表中的位置，可使用 del 语句，即

```
   fruits=["apple","banana","orange","peach"]
   print(fruits)
01 del fruits[0]
   print(fruits)
```

01 处的代码使用 del 语句删除了列表 fruits 中的第一个元素"apple"，返回结果为

```
["apple","banana","orange","peach"]
["banana","orange","peach"]
```

使用 del 语句可删除任意位置处的列表元素，但前提是已知元素的索引。

(2) 使用 pop() 方法删除元素　当遇到需要将元素从列表中删除，并接着使用其值的情况时。在 Web 应用程序中，可能要将用户从活跃成员列表中删除，并将其加入到非活跃成员列表中。pop() 方法可实现删除列表末尾的元素，并能继续使用其值的功能。从列表 fruits 中弹出一种水果的代码如下所示：

```
01 fruits=["apple","banana","orange","peach"]
   print(fruits)
02 popped_fruit=fruits.pop()
03 print(fruits)
04 print(popped_fruit)
```

首先定义打印列表 fruits（见 01 处）；其次从该列表中弹出一个值，并将其存储到变量 popped_fruit 中（见 02 处）；然后打印这个列表，以核实是否从其中删除了一个值（见 03 处）；最后，打印弹出的值，以证明依然能够访问被删除的值（见 04 处）。

输出结果表明，列表末尾的值"peach"已删除，并存储在变量 popped_fruit 中，即

```
["apple","banana","orange","peach"]
["apple","banana","orange"]
```

(3) 根据值删除元素　当需要从列表中删除的值所处的位置未知时，如果已知要删除的元素的值，可使用 remove() 方法。

假设要从列表 fruits 中删除"orange"，可使用如下代码：

```
   fruits=["apple","banana","orange","peach"]
   print(fruits)
01 fruits.remove("orange")
   print(fruits)
```

01 处的代码是用于使 Python 确定"orange"所处的列表位置，并将该元素删除，返回结果为

```
["apple","banana","orange","peach"]
["apple","banana","peach"]
```

sort( ) 方法可以对列表进行排序，该方法可永久性地修改列表元素的排列顺序，而无法恢复为最初的排列顺序。假设对水果列表中的元素进行排序（按照字母顺序），即

```
fruits = ["apple","banana","peach","orange"]
fruits.sort()
print(fruits)
```

上述代码排序结果为

```
["apple","banana","orange","peach"]
```

使用函数 len( ) 可快速获得列表的长度，例如：

```
fruits = ["apple","banana","peach","orange"]
a = len(fruits)
print(a)
4
```

1.2.2 元组、集合与字典

元组（Tuple）使用小括号（）包含各个数据项，其与列表的唯一区别是元组的元素不能修改，而列表的元素可以修改。若尝试修改元组中的元素，则 Python 会报错。

集合（Set）是一个无序不重复元素的序列，一般使用大括号 {} 或者 set( ) 函数创建集合，可用 set( ) 创建一个空集合。

元组和列表是有序的序列，而集合是无序的序列。元组和列表的定义元素顺序和输出一样，而集合则不同。

字典（Dictionary）的每个元素是键值对，属于无序的对象集合，字典是可变容器模型，且可存储任意类型的对象。字典使用大括号 {} 包含键值对，可以通过键来引用，键必须是唯一的，且键名不可改变（即键名必须为 number、string、元组 3 种类型的某一种），但值则无这些要求。创建一个空字典一般使用 {}。

下面介绍一个简单的字典：创建一个关于外星人的字典，这些外星人的颜色和分数各不相同。该字典将用来存储外星人的信息，例如：

```
alien = {"color":"green","points":5}
print(alien["color"])
print(alien["points"])
```

程序输出结果为

```
green
5
```

1.2.3 序列的基本操作

表 1-6 所列的 17 个内置函数可以执行数据类型之间的转换。这些函数返回一个新的对象，表示转换的值。

表1-6 内置函数

序号	函数	解释	序号	函数	解释	序号	函数	解释
1	int(x[,base])	将x转换为一个整数	7	eval(str)	计算字符串中有效的Python表达式，并返回一个对象	13	chr(x)	将一个整数转换为一个字符
2	long(x[,base])	将x转换为一个长整数	8	tuple(s)	将序列s转换为一个元组	14	unichr(x)	将一个整数转换为Unicode字符
3	float(x)	将x转换为一个浮点数	9	list(s)	将序列s转换为一个列表	15	ord(x)	将一个字符转换为它的整数
4	complex(real[,imag])	创建一个复数	10	set(s)	转换为可变集合	16	hex(x)	将一个整数转换为一个十六进制字符串
5	str(x)	将对象x转换为字符串	11	dict(d)	创建一个字典，d必须是一个序列(key,value)元组	17	oct(x)	将一个整数转换为一个八进制字符串
6	repr(x)	将对象x转换为表达式字符串	12	frozenset(s)	转换为不可变集合			

下面介绍几个常见函数的使用方法。

1. str()函数

str()函数能将数据转换成其字符串类型，无论该数据是int类型还是float类型，使用str()函数可将其变为字符串类型。例如：

```
who = "我的"
object = "电话号码："
number = 1234567890
01   print(who+object+str(number))
```

以上代码的输出结果为

```
我的电话号码：1234567890
```

number本身为int类型，01处打印时利用str()将number转换为string类型，进而用"+"将转换后的number与另外两个字符串进行拼接。

将数字转换为字符串除了利用str()函数，还可以将数字直接用引号标明，也可以实现将数字转换为string类型。

2. int()函数

将数据转换为整数类型的方法也很简单，即利用int()函数。其使用方法同str()一样，将需要转换的内容放在括号内即可，即int（转换的内容）。例如：

```
number1 = "5"
number2 = "2"
print(int(number1)+int(number2))
7
```

以上代码实现了将字符串类型的数字转换为int类型，进而将转换后的int类型进行相加。在创建变量 number1 与 number2 时利用引号，说明创建的为 string 类型。实现数学相加需要将其转换为 int 类型。

在使用 int( ) 函数时还要注意一点：只有符合整数规范的字符串类数据，才能被 int( ) 强制转换。整数形式的字符串，如"6"和"1"，可以使用 int( ) 函数强制转换。文字形式的字符串，如中文或者标点符号，则不可以使用 int( ) 函数强制转换。而对于小数形式的字符串，由于 Python 语法规则的限制，也不能使用 int( ) 函数强制转换。

3. float( ) 函数

使用 float( ) 函数时，也是将需要转换的数据放在括号内，即 float(数据)。同时，float( ) 函数也可以将整数和字符串转换为浮点类型。但是如果括号内的数据是字符串类型，则该数据必须为数字形式。例如：

```
height = 178
print( float( height ) )
178.0
```

1.3 函数与模块

本节主要介绍 Python 函数与模块。函数就是一段封装好的、可以重复使用的代码，有助于使程序更加模块化，而无须编写大量重复的代码。函数还可以接收数据，并根据不同的数据做出不同的操作，最后再反馈处理结果；模块在 Python 中是一个包含 Python 定义和声明的文件，它可以是函数、类和变量等的集合，模块有助于代码的复用和组织。

1.3.1 函数的定义与调用

Python 中函数的应用非常广泛，前面章节中已经介绍过多个函数，例如 print( )、len( ) 函数等，这些都是 Python 的内置函数，可以直接使用。

除了可以直接使用的内置函数外，Python 还支持自定义函数，即将一段有规律的、可重复使用的代码定义成函数，从而达到一次编写，多次调用的目的。有效解决了代码篇幅过长，使用不便，费时费力的问题。

因此，Python 提供了一个功能，即允许用户将常用的代码以固定的格式封装成一个独立的模块，只要知道这个模块的名字就可以重复使用它，这个模块就是函数（function）。在开发的过程中，函数可以提高编码的效率并实现代码的重用，有效降低代码的重复率。

函数的本质就是一段有特定功能、可以重复使用的代码，这段代码需要被提前编写，并且为其命名。在后续编写程序的过程中，如果需要同样的功能，直接通过该段代码的名称就可以调用这段代码。例如：

```
01    def hello( ):
02        """打印简单的信息"""
03        print( "Hello!" )
04    hello( )
```

在这个简单的函数中，01 处代码行最先出现的是 "def" 这个关键字，它的作用是通知 Python 此处需要定义函数，紧跟在后面的就是函数名与括号。由于 hello( ) 这个函数不需要任何信息就能完成工作,所以括号内为空,但即便如此括号也是必需的,同时需要以冒号结尾。def hello():后面有缩进的代码行构成了函数体。

02处文本是文档字符串,文字以三对双引号引用,可用于描述函数的功能。

03处代码行是本函数中的唯一一行函数体,hello()这个函数就完成一件任务,即打印Hello!。

04处代码的功能是调用刚才定义的函数,目的是让Python执行01处定义的函数。调用函数时,可依次指定函数名以及括号内的必要信息。由于这个函数不需要任何信息,因此调用时只需输入hello()即可。运行的结果如下:

> Hello!

上面介绍了函数定义的方法,并且初步涉及了函数的调用,调用函数也就是执行函数。如果把创建的函数理解为一个具有某种用途的工具,那么调用函数就相当于使用该工具。只需要稍做修改就能给函数添加参数,从而打印出更丰富的内容。所以,可以在函数定义def hello():的括号内加入language,调用函数时需要给language指定一个值,如下所示:

```
def hello(language):
    """打印简单的信息"""
    print(f"Hello! {language}")
hello('Python')
```

在这个函数中hello('Python')调用函数hello(),并且给language指定值'Python',从而将'Python'传递给函数体内部print()所需的信息,最后运行的结果如下:

> Hello! Python

函数调用的写法其实与上文中调用hello()的内容相仿,只不过在调用函数时,把真实的数据填入括号中,作为参数传递给函数。

1.3.2 函数的参数与返回值

通常情况下,定义函数时都会选择有参数的函数形式,函数参数的作用是传递数据给函数,令其对接收的数据做具体的操作处理。在使用函数时,经常会用到形式参数(简称形参)和实际参数(简称实参),二者都叫参数。在hello(language)这个函数中,变量language是一个形参;而在函数调用hello('Python')中,值'Python'是一个实参,也就是传递给函数的数据。实参和形参的区别,就如同剧本选主角,剧本中的角色相当于形参,而扮演角色的演员就相当于实参。

函数可接受两种参数。一种是必选参数,当用户调用函数时,必须传入所有必选参数,否则Python将报告异常错误。另一种是可选参数,函数只在需要时才会传入,并不是执行程序所必需的。如果没有传入可选参数,函数将使用其默认值。设置可选参数时需注意,必选参数在前,可选参数在后。一个带可选参数的函数示例如下:

```
01    def figure(x=2):
          """传递不同的参数"""
02        print(f"这个数是{x}")
03    figure()
04    figure(4)
```

01 处定义了一个函数，函数名为 figure()，具体内容为传递一个形参 x，并且给参数指定默认值为 x=2。

02 处函数体的作用是打印这个参数的值。

03 处调用函数 figure() 但没有给定一个实参，Python 将使用指定的默认值进行传递，所以打印结果应该为：这个数是 2。

04 处调用函数 figure() 且给定一个实参，Python 将使用给定的实参进行传递，所以打印结果应该为：这个数是 4。

运行结果如下，与期望结果吻合。

```
这个数是 2
这个数是 4
```

前文所涉及的函数都只对传入的数据进行处理后即结束任务，但实际上，在某些场景中，还需要函数反馈处理的结果。

Python 中，用 def 语句创建函数时，可以用 return 语句指定应该返回的值，该返回值可以是任意类型。

函数中，使用 return 语句的语法格式如下：

```
return[返回值]
```

其中，返回值参数可以指定，也可以省略不写（将返回空值 None）。例如：

```
01  def addition(a,b):
        """返回两个数的和"""
        c=a+b
02      return c
03  d=addition(4,6)
    print(d)
04  print(addition(4,6))
```

01 处定义的函数通过形参接受两个数字，然后将两个数字相加的值赋给 c。

02 处代码将 c 的值返回。

通过 return 语句指定返回值后需要提供一个变量，以便将返回的值赋给它（如代码 03 处），也可以将函数再作为某个函数的实参（如代码 04 处）继续使用。

程序运行的结果如下：

```
10
10
```

需要注意的是，return 语句在同一函数中可以出现多次，但只要有一个得到执行，函数即会立即结束运行。例如：

```
def compare(x):
    """比较值是否大于 0"""
    if x>0:
        return True
```

```
        else:
            return False
    print(compare(2))
    print(compare(-2))
```

以上代码定义了一个比较值是否大于0的函数,需要提供一个实参给函数,若这个数大于0则返回True,否则返回False。程序运行结果如下:

```
True
False
```

从以上例子可以看出函数中可以包含多个return语句,但每次只能执行一个,且执行完成之后会跳出函数的运行。

函数还可以返回列表、字典等复杂的数据结构,下面的例子就是返回字典的情况:

```
def my_family(family_member,member_name):
    """介绍家庭成员及姓名"""
    information = {'member':family_member,'name':member_name}
    return information
person = my_family(family_member='爸爸',member_name='张三')
print(person)
```

函数my_family()接受两个参数,并且将这两个值存储到字典中,存储family_member的键为member,存储member_name的键为name,最后返回表示家庭成员及姓名的字典。

调用函数my_family()并将返回的值赋给person,然后再打印person得到的值。

程序运行的结果如下:

```
{'member':'爸爸','name':'张三'}
```

在函数中如果编写了一个不带参数值的return语句或者编写为return语句,则相当于return None。Python中特殊的常量None与False不同,它不表示0,也不表示空字符串,而表示没有值,也就是空值,这里的空值并不代表空对象,即None和[ ]、' '不同。None有自己的数据类型,可以在IDLE中使用type()函数查看其类型,执行代码如下:

```
>>> type(None)
<class 'NoneType'>
```

可以看到,该函数属于NoneType类型。

1.3.3 变量作用域与函数嵌套

作用域是变量的一个非常重要的属性,所谓作用域,是指变量作用的有效范围。有些变量可以在整段代码的任意位置使用,有些变量则只能在函数内部使用。变量的作用域由变量的定义位置决定,在不同位置定义的变量,其作用域也是不一样的。

在函数内部定义的变量,它的作用域也仅限于函数内部,将这样的变量称为局部变量,该变量拥有局部作用域。如果在函数外部定义了一个变量,则其拥有全局作用域,在程序中的任何地方都可以使用，将这样的变量称为全局变量。

在 Python 中当函数被执行时，Python 会为其分配一块临时的存储空间，所有在函数内部定义的变量都会存储在这块空间中。而在函数执行完毕后，这块临时存储空间随即会被释放并回收，该空间中存储的变量自然也就无法再被使用。例如：

```
01  def f():
        """打印简单的信息"""
        x = 10
        print(f"函数内部 x={x}")
02  f()
03  print(f"函数外部 x={x}")
```

01 处定义一个函数，并且在函数内部定义一个局部变量 x，将 10 赋给 x 并且打印一条消息。

02 处调用该函数。

03 处打印一条消息。

程序运行结果如下：

```
函数内部 x=10
Traceback (most recent call last):
File "D:\python_pycharm\python 编写\变量作用域.py", line 28, in <module>
    print(f"函数外部 x={x}")
NameError: name 'x' is not defined
```

02 处调用函数可以正常运行打印结果。03 处代码运行抛错，显示没有定义变量 x。

可以看到，如果试图在函数外部访问其内部定义的变量，Python 解释器会报 NameError 错误，提示没有定义要访问的变量，这也证实了当函数执行完毕后，其内部定义的变量会被销毁并回收。

Python 允许在所有函数的外部定义变量，这样的变量称为全局变量。和局部变量不同，全局变量的默认作用域是整个程序，即全局变量既可以在各个函数的外部使用，也可以在各函数内部使用。

全局变量的定义有两种方式：一种是在函数体外定义，另一种是在函数体内定义。

在函数体外定义全局变量的示例如下：

```
x = 100
def f():
    """打印简单的信息"""
    print(x)
f()
print(x)
```

程序运行的结果如下：

```
100
100
```

在函数体内定义全局变量的示例如下：

```
def f():
    """打印简单的信息"""
    global x
    x = 100
    print(x)
f()
print(x)
```

程序运行的结果如下：

```
100
100
```

使用 global 关键字对变量进行修饰后，该变量就会成为全局变量。注意，在使用 global 关键字修饰变量名时，不能直接给变量赋初值，否则会引发语法错误。

所谓函数嵌套，就是在一个函数中定义了另外一个函数，使用时注意区分缩进的格式即可。另外，函数嵌套可以保护内层函数，使内层函数不受函数外部变化的影响，即将内层函数从全局作用域隐藏起来。例如：

```
def outer():
    """打印简单的信息并且调用inner()"""
    def inner():
        """打印简单的信息"""
        print('inner')
    print('outer')
    inner()
01  outer()
02  inner()
```

由上述代码可知，在 outer() 函数内部又定义了一个函数 inner()，内层函数 inner() 的作用是打印 inner，而外层函数 outer() 的作用是打印 outer，并且调用内层函数 inner()。

01 处调用 outer() 函数，程序运行的结果为

```
outer
inner
```

02 处调用内层函数 inner()，由于外层函数的保护作用，内层函数从全局作用域隐藏了起来，所以调用内层函数必然会出错。Python 解释器会报 NameError 错误，并提示没有定义 inner，即：

```
Traceback(most recent call last):
File"D:\python_pycharm\python 编写\函数嵌套.py",line 9,in <module>
    inner()
NameError:name 'inner' is not defined
```

1.3.4 模块的导入和创建

Python 提供了一些使其功能更强大的特性，其中之一就是允许创建模块，这些模块可以为函数和数据创建一个已命名的作用空间，且相比使用类和对象来说更为简单。模块是一种工具，它将程序划分为不同的命名片段，让用户不必再使用类来实现这一功能，实际上，可直接在模块中定义类。Python 有许多内置模块，由于模块具有易于编写的特性，所以衍生出了各式各样的由第三方提供的模块，其中既有免费的也有商业性的。

模块的定义可以用一句话总结：模块就是 Python 程序，即任何 Python 程序都可以作为模块，包括前面章节中出现的所有 Python 程序，都可以作为模块。模块可以看作一盒积木，通过它可以拼出许多类型的玩具，这与前面介绍的函数不同，一个函数仅相当于一块积木，而一个模块（.py 文件）中可以包含很多积木，也就是多个函数。

对于 Python 模块，还可以这样理解，即把能够实现某一特定功能的代码编写在同一个 .py 文件中，将其作为一个独立的模块，这样既可以方便其他程序或脚本导入并使用，同时还能有效避免函数名和变量名之间发生冲突。

通过前面的介绍，读者已经能够将 Python 代码编写到一个 .py 文件中，但随着程序功能的复杂化，程序体积会不断增大，为了便于维护，通常会将其分为多个文件（模块），这样不仅可以提高代码的可维护性，还可以提高其可重用性。

下面举个简单的例子，在某一目录下（任意路径）创建一个名为 hello.py 的文件，其包含的代码如下：

```python
def say():
    print("Hello,World!")
```

在同一目录下，再创建一个 say.py 文件，其包含的代码如下：

```python
# 通过 import 关键字,将 hello.py 模块引入此文件
import hello
hello.say()
```

运行 say.py 文件，输出结果为

```
Hello,World!
```

在上述示例中，say.py 文件使用了原本在 hello.py 文件中才有的 say() 函数，相对于 say.py 来说，hello.py 就是一个自定义的模块（关于自定义模块，后续章节会做详细讲解），只需要将 hello.py 模块导入 say.py 文件中，就可以直接在 say.py 文件中使用模块的程序。

需要注意，当调用 hello 模块中的 say() 函数时，使用的语法格式为"模块名.函数"。这是因为，相对于 say.py 文件，hello.py 文件中的代码自成一个命名空间，因此在调用其他模块中的函数时，需要明确函数的出处，否则 Python 解释器将会报错。

Python 有许多不同的模块，可打开网页 https：//docs.python.org/3/py-modindex.html 查看所有 Python 的内置模块。只需要将模块导入当前程序，就可以直接使用。导入模块是为了在新的程序中重复利用已有的 Python 程序，例如通过模块可以调用其他文件中的函数。

导入模块的方法主要是使用 import 语句，前面许多示例都使用过 import 语句，但实际上 import 还有更详细的用法，主要有以下两种：

1）import 模块名 1［as 别名 1］，模块名 2［as 别名 2］，…

使用这种语法格式的 import 语句，会导入指定模块中的所有成员（包括变量、函数、类等）。不仅如此，当需要使用模块中的成员时，则以该模块名（或别名）作为前缀，即"模块名．函数"。

2）from 模块名 import 成员名 1［as 别名 1］，成员名 2［as 别名 2］，…

使用这种语法格式的 import 语句，只会导入模块中指定的成员，而不是全部成员。同时，当程序中使用该成员时，无须附加任何前缀，直接使用成员名（或别名）即可。

注意：以上用［ ］括起来的部分，可以使用，也可以省略。

其中，第二种 import 语句也可以导入指定模块中的所有成员，即使用 from 模块名 import *，但此方式一般不推荐使用，具体原因本节后续会做详细说明，下面详细介绍导入模块的方法。

（1）import 模块名 as 别名　下面的示例使用导入模块最简单的语法来导入指定模块：

```
     # 导入 sys 整个模块
01   import sys
     # 使用 sys 模块名作为前缀来访问模块中的成员
02   print(sys.argv[0])
```

01 处代码使用最简单的方式导入 sys 模块，因此在 02 处使用 sys 模块内的成员时，必须添加模块名作为前缀，即"模块名．函数"。sys 模块下的 argv 变量用于获取运行 Python 程序的命令行参数，其中 argv［0］用于获取当前 Python 程序的存储路径。

运行上面的程序，可以看到如下输出结果：

```
E:\anaconda3\lib\site-packages\ipykernel_launcher.py
```

导入整个模块时，也可以为模块指定别名，例如下面的程序：

```
     # 导入 sys 整个模块,并指定别名为 s
01   import sys as s
     # 使用 s 模块别名作为前缀来访问模块中的成员
02   print(s.argv[0])
```

01 处代码在导入 sys 模块时为其指定了别名 s，因此在 02 处使用 sys 模块内的成员时，必须添加模块别名 s 作为前缀。运行该程序，可以看到输出结果与上面的程序相同。

也可以一次导入多个模块，多个模块之间用逗号隔开，例如：

```
     # 导入 sys、os 两个模块
01   import sys,os
     # 使用模块名作为前缀来访问模块中的成员
02   print(sys.argv[0])
     # os 模块的 sep 变量代表平台上的路径分隔符
03   print(os.sep)
```

在上面的程序中，01 处代码同时导入了 sys 和 os 两个模块，因此当 02、03 处要使用

sys、os 两个模块内的成员时，只需分别使用 sys、os 模块名作为前缀即可，os 模块的 sep 函数输出所用平台的路径分隔符。在 Windows 平台上运行该程序，可以看到如下输出结果：

E:\anaconda3\lib\site-packages\ipykernel_launcher.py
\

在导入多个模块的同时，也可以为模块指定别名，以达到方便使用的目的，例如：

```
    # 导入 sys、os 两个模块，并为 sys 指定别名 s，为 os 指定别名 o
01  import sys as s,os as o
    # 使用模块别名作为前缀来访问模块中的成员
02  print(s.argv[0])
03  print(o.sep)
```

在上述程序中，01 处代码一次导入了 sys 和 os 两个模块，并分别为它们指定别名为 s、o，因此程序 02、03 处可以通过 s、o 两个前缀来使用 sys、os 两个模块内的成员。在 Windows 平台上运行该程序，可以看到如下输出结果：

E:\anaconda3\lib\site-packages\ipykernel_launcher.py
\

（2）from 模块名 import 成员名 as 别名　下面的程序使用了 from…import 最简单的语法导入指定成员：

```
    # 导入 sys 模块的 argv 成员
01  from sys import argv
    # 使用导入成员的语法：直接使用成员名访问
02  print(argv[0])
```

01 处代码导入了 sys 模块中的 argv 成员，使得可在 02 处直接使用 argv 成员，而无须使用任何前缀。运行该程序，可以看到如下输出结果：

E:\anaconda3\lib\site-packages\ipykernel_launcher.py

同样地，导入模块成员时，也可以为成员指定别名，例如：

```
    # 导入 sys 模块的 argv 成员，并为其指定别名 v
01  from sys import argv as v
    # 使用导入成员（并指定别名）的语法，直接使用成员的别名访问
02  print(v[0])
```

在上述程序中，01 处代码导入了 sys 模块中的 argv 成员，并为该成员指定别名 v，这样可在 02 处通过别名 v 使用 argv 成员，此方法无须使用任何前缀。在 Windows 平台上运行该程序，可以看到输出结果与上面的程序结果相同。

form…import 导入模块成员时，同样支持一次导入多个成员，例如：

```
    # 导入 sys 模块的 argv，winver 成员
01  from sys import argv,winver
    # 使用导入成员的语法：直接使用成员名访问
```

```
02    print(argv[0])
03    print(winver)
```

在上述程序中,01处代码导入了sys模块中的argv、winver成员,这样可在02、03处直接使用argv、winver两个成员,而无须使用任何前缀。sys模块的winver成员记录了所使用的Python版本号。在Windows平台上运行该程序,可以看到如下输出结果:

E:\anaconda3\lib\site-packages\ipykernel_launcher.py
3.8

一次导入多个模块成员时,也可指定别名,同样用as为成员指定别名,例如:

```
      # 导入sys模块的argv,winver成员,并为其指定别名v、wv
01    from sys import argv as v,winver as wv
      # 使用导入成员(并指定别名)的语法:直接使用成员的别名访问
02    print(v[0])
03    print(wv)
```

在上述程序中,01处代码导入了sys模块中的argv、winver成员,并分别为它们指定了别名v、wv,这样可在02、03处通过v和wv两个别名使用argv、winver成员,而无需使用任何前缀。运行该程序,输出结果和上面的程序结果相同。

到目前为止,读者已经掌握了导入Python模块并使用其成员的方法,但Python中除了这些内置模块外,用户还可自定义模块。

自定义模块即用户需要自己创建模块,而创建一个模块其实很简单。模块只是一个Python源文件,实际上,创建的Python文件就是模块。

例如以下自定义的一个简单模块(模块内容编写在demo.py文件中):

```
name = "学习Python"
add = "nu li jia you!"
print(name,add)
def say():
    print("天气不错,适合学习Python")
class CLi:
    def __init__(self,name,add):
        self.name = name
        self.add = add
    def say(self):
        print(self.name,self.add)
```

可以看出,在demo.py文件中放置了变量name和add、函数say()以及一个CLi类,该文件即为一个模块。通常情况下,为了检验模块中代码的正确性,往往还需要为其设计一段测试代码,例如:

```
say()
clis = CLi("python很有趣","lai xue ba!")
clis.say()
```

运行 demo.py 文件，其执行结果为

> 学习 Python nu li jia you!
> 天气不错,适合学习 Python
> python 很有趣 lai xue ba!

观察执行结果，可以判断模块文件中包含的函数以及类都可以正常工作。

在此基础上，新建一个 a.py 文件，并在该文件中使用 demo.py 模块文件，即用 import 语句导入 demo.py，代码如下：

> import demo

此时，如果直接运行 a.py 文件，则其执行结果为

> 学习 Python nu li jia you!
> 天气不错,适合学习 Python
> python 很有趣 lai xue ba!

可以看出，当执行 a.py 文件时，程序同样会执行 demo.py 中的测试代码，但这并非预期的结果。测试代码正常运行的效果应该是：只有直接运行 demo.py 模块文件时，测试代码才会被执行；如果是其他程序以导入的方式运行，则测试代码不应该被执行。

要实现这个效果，可以借助 Python 内置的__ name __变量。当直接运行一个模块时，name 变量的值为__ main __；而将模块导入其他程序中并运行该程序时，处于模块中的__ name __变量的值就变成了模块名。因此，如果希望测试函数只在直接运行模块文件时才执行，可在调用测试函数时添加判断语句，即只有当__ name __ = ='__ main __'时才调用测试函数。

因此，修改 demo.py 模板文件中的测试代码为

> if __ name __ = ='__ main __':
> say( )
> clis = CLi("python 很有趣","lai xue ba!")
> clis.say( )

这样，当直接运行 demo.py 文件时，其结果不变；而运行 a.py 时，其执行结果为

> 学习 Python nu li jia you!

结果显示仅执行了模块文件中的输出语句，测试代码并未执行，出现了想要的效果。

另外，在定义函数或者类时，可以为其添加说明文档，以方便用户清楚地知道该函数或者类的功能，自定义模块也不例外。

为自定义模块添加说明文档，和函数或类的添加方法相同，只需在模块开头的位置定义一个字符串即可。例如，为 demo.py 模板文件添加一个说明文档，代码如下：

> '''
> demo 模块中包含以下内容：
> name 字符串变量:初始值为"学习 Python"
> add 字符串变量:初始值为"nu li jia you!"
> say( ) 函数

CLi 类:包含 name 和 add 属性和 say() 方法。
'''

在此基础上,可以通过模板的 doc 属性来访问模板的说明文档。例如,在 a.py 文件中添加如下代码:

```
import demo
print(demo.doc)
```

程序运行结果为

学习 Python nu li jia you！
demo 模块中包含以下内容:
name 字符串变量:初始值为"学习 Python"
add　字符串变量:初始值为"nu li jia you！"
say() 函数
CLi 类:包含 name 和 add 属性和 say() 方法

1.4　面向对象编程

Python 从设计之初就已经是一门面向对象的语言,正因为如此,在 Python 中创建一个类和对象是很容易的。Python 中有"一切皆对象"的说法,类和对象是 Python 的重要特征,同时 Python 也支持面向对象的三大特征:封装、继承和多态。本节主要介绍 Python 类和对象的基本语法,以及更深层的 Python 面向对象的实现原理。

1.4.1　面向对象的基本概念

在系统学习面向对象编程之前,初学者要了解有关面向对象的一些术语。面向对象的常用术语包括:

1) 类:可以理解为一个模板,通过类可以创建出无数个具体实例。
2) 对象:类并不能直接使用,通过类创建出的实例(又称对象)才能使用。
3) 属性:指类中的所有变量。
4) 方法:指类中的所有函数。不过,和函数不同的是,类方法至少要包含一个 self 参数。类方法无法单独使用,只能和类的对象一起使用。

类本身并不能直接使用,而对象能直接使用。因此,Python 程序中类的使用顺序为

1) 创建(定义)类。
2) 创建类的实例对象,通过实例对象实现特定的功能。

在 Python 中,类的定义与函数的定义类似,所不同的是,类的定义是使用关键字 "class"。与函数定义相同的是,在定义类时也要使用缩进的形式,以表示缩进的语句属于该类。类的定义形式如下:

```
class 类名:
    类属性
    类方法
```

对于类来说，无论类属性还是类方法，都不是必需的。另外，Python 类中属性和方法所在的位置是任意的，即它们之间并没有固定的前后次序。

和变量名一样，类名本质上就是一个标识符，因此在给类命名时，必须让其符合 Python 的语法。有读者可能会问，用 a、b、c 作为类的类名可以吗？从 Python 语法上讲，是完全没有问题的，但在编程过程中，还要考虑程序的可读性。

因此，在给类起名字时，最好使用能代表该类功能的单词，例如用"Cat"作为猫类的类名；甚至如果必要，可以使用多个单词组合而成，例如初学者定义的第一个类的类名可以是"TheFirstDemo"。如果由单词构成类名，每个单词的首字母大写，其他字母小写。

类名后要跟有冒号（:），表示告诉 Python 解释器，下面要开始设计类的内部功能，也就是编写类属性和类方法。

下面是一个创建类的例子：

```
01    class TheFirstDemo：
          """这是学习 Python 定义的第一个类"""
          a = 1
02        def __ init __(self)：
              """构造函数"""
              print("调用构造方法")
03        def say(self,content)：
              """打印简单信息"""
              print(content)
```

01 处创建了一个名为 TheFirstDemo 的类，包含一个名为 a 的类属性。根据定义属性位置的不同，在各个类方法之外定义的变量称为类属性或类变量（如 a 属性），而在类方法中定义的属性称为实例属性（或实例变量）。和函数一样，也可以为类定义说明文档，应位于类头之后、类体之前，如上面程序中第二行的字符串，就是 TheFirstDemo 这个类的说明文档。

02 处手动添加一个 __ init __() 方法，此方法的方法名中，开头和结尾各有两个下画线，且中间不能有空格。该方法是一个特殊的类实例方法，称为构造方法（或构造函数）。构造方法用于创建对象时使用，每当创建一个类的实例对象时，Python 解释器都会自动调用该方法。Python 类的手动添加构造方法的语法格式如下：

```
def __ init __(self,...)：
    代码块
```

__ init __() 方法可以包含多个参数，自定义参数时，参数之间使用逗号进行分割，且必须包含一个名为 self 的参数，同时必须作为第一个参数。也就是说，类的构造方法至少应有一个 self 参数。__ init __方法的第一参数永远是 self，表示创建的类实例本身，因此，在 __ init __方法内部，可以把各种属性绑定到 self 上，因为 self 就指向创建的实例本身。使用 __ init __方法，在创建实例时，不能传入空参数，而必须传入与 __ init __方法匹配的参数，但 self 不需要传入，Python 解释器会自动将实例变量传入。

即便不手动为类添加任何构造方法，Python 也会自动为类添加一个仅包含 self 参数的构造方法。仅包含 self 参数的 __ init __() 构造方法，又称为类的默认构造方法。

03 处代码在类中创建了一个 say() 类方法,细心的读者可能已经看到,该方法包含两个参数,分别是 self 和 content。content 参数只是一个普通参数,没有特殊含义;而 self 比较特殊,并不是普通的参数,它的作用会在后续内容中详细介绍。和普通函数相比,在类中定义函数只有一点不同,即第一参数永远是类的本身实例变量 self,且调用时不用传递该参数。除此之外,类的方法和普通函数没有区别,既可以用默认参数,也可用可变参数或者关键字参数。

1.4.2 创建对象与实例化对象

当需要使用创建完成的类时,需要创建该类的对象。创建类对象的过程,又称为类的实例化。下面以一个表示宠物猫的类为例进行介绍:

```
01    class Cat:
          """一个描述猫的简单类"""
02        def __init__(self,name,age):
              """初始化属性 name 和 age"""
              self.name = name
              self.age = age
03        def sit(self):
              """描述猫的动作"""
              print(f"{self.name} is sitting")
04        def walk(self):
              """描述猫的动作"""
              print(f"{self.name} is walking")
05    my_cat = Cat('xiaoju',3)
06    print(f"My cat's name is {my_cat.name}")
07    print(f"My cat is {my_cat.age} years old")
08    my_cat.sit()
09    my_cat.walk()
```

01 处创建一个描述猫的简单的类,类名为 Cat。

02 处的构造方法除 self 参数外,还包含两个参数,且这两个参数没有设置默认参数,因此在实例化类对象时,需要传入相应的 name 值和 age 值(self 参数是特殊参数,不需要手动传值,Python 会自动向其传值)。而且 02 处定义的两个变量都有前缀 self,以 self 为前缀的变量可供类中的所有方法使用,可以通过类的任何实例来访问,这里 self 就是指类本身。self.name = name 的含义是将获取到的与形参 name 相关联的值赋给变量 name,然后将 name 变量关联到当前创建的实例,self.age = age 的作用与此相同。

03、04 两处定义了两个方法 sit() 和 walk(),这两个方法在执行时不需要额外的信息,因为它们只有一个形参 self。

05 处创建了一个名为 my_cat 的实例,具体是让 Python 创建一只名字为"xiaoju"、3 岁的小猫。定义的类只有进行实例化,也就是使用该类创建对象之后,才能得到利用。

实例化后的类对象可以执行以下操作:

1)访问或修改类对象具有的实例变量,甚至可以添加新的实例变量或者删除已有的实例变量。

2)调用类对象的方法,包括调用现有的方法以及给类对象动态添加方法。

使用已创建好的类对象访问类中实例变量的语法格式为:类对象名.变量名。如代码06、07中my_cat.name及my_cat.age所示。

使用类对象调用类中方法的语法格式为:对象名.方法名(参数)。如代码08、09所示。

注意:对象名、变量名以及方法名之间用点连接。

程序运行结果如下:

```
My cat's name is xiaoju
My cat is 3 years old
xiaoju is sitting
xiaoju is walking
```

1.4.3 继承与重写

继承机制经常用于创建和现有类功能相似的新类,或是新类只需要在现有类基础上添加一些组分(属性和方法),但又不想直接将现有类代码复制给新类。也就是说,通过使用继承机制,可以轻松实现类的重复使用。

举个例子,假设现有一个Shape类,该类的draw()方法可以在屏幕上画出指定的形状,现在需要创建一个From类,要求此类不但可以在屏幕上画出指定的形状,还可以计算出所画形状的面积。要创建这样的类,传统方法是将draw()方法直接复制到新类中,并添加计算面积的方法,实现代码如下:

```python
class Shape:
    """描述所画图形形状的类"""
    def draw(self,content):
        """画出指定形状的图形"""
        print("画",content)
class From:
    """画出指定形状并计算面积"""
    def draw(self,content):
        """画出指定形状的图形"""
        print("画",content)
    def area(self):
        """计算图形的面积"""
        print("此图形的面积为...")
```

当然还有更简单的方法,就是使用类的继承机制。实现方法为:让From类继承Shape类,这样当From类对象调用draw()方法时,Python解释器会先在From中寻找以draw为名的方法,如果找不到,它还会自动去Shape类中寻找。Python总是首先查找对应类型的方法,如果不能在子类中找到对应的方法,才会开始到父类中逐个查找。如此,只需在From

类中添加计算面积的方法即可,示例代码如下:

```python
class Shape:
    """描述所画图形形状的类"""
    def draw(self,content):
        """画出指定形状的图形"""
        print("画",content)
class From(Shape):
    """画出指定形状并计算面积"""
    def area(self):
        """计算图形的面积"""
        print("此图形的面积为...")
```

在上面的代码中,class From(Shape)就表示 From 继承 Shape。

在 Python 中,实现继承的类称为子类,被继承的类称为父类、基类或者超类。在创建子类时,首先需确保在当前文件中已经定义好了父类,而且父类必须在子类之前。因此在上面这个样例中,From 是子类,Shape 是父类。子类继承父类时,只需在定义子类时,将父类(可以是多个)放在子类之后的圆括号内即可。语法格式如下:

```
class 类名(父类1,父类2,...):
```

了解了继承机制的含义和语法之后,下面的代码演示了继承机制的用法:

```python
class People:
    """描述人的类"""
    def say(self):
        """打印简单信息"""
        print(f"他是一个男生,名字叫{self.name}")
class Animal:
    """描述动物的类"""
    def display(self):
        """打印简单信息"""
        print(f"他喜欢小猫咪")
class Person(People,Animal):
    """继承 People,Animal 的类"""
    pass
zhangsan = Person()
zhangsan.name = "张三"
zhangsan.say()
zhangsan.display()
```

程序运行结果如下:

```
他是一个男生,名字叫张三
他喜欢小猫咪
```

可以看出，虽然 Person 类中是空的，但由于其继承自 People 和 Animal 这两个类，因此 Person 并非空类，它同时拥有这两个类所有的属性和方法。程序中的 pass 是 Python 的一个特殊关键字，用于说明在该语法结构中"什么都不做"。这个关键字保持了程序结构的完整性。

子类中还可以增加所需的新属性和新方法，下面的程序在原来的基础上增添了子类的新方法：

```python
class People:
    """描述人的类"""
    def say(self):
        """打印简单信息"""
        print(f"他是一个男生,名字叫{self.name}")
class Animal:
    """描述动物的类"""
    def display(self):
        """打印简单信息"""
        print(f"他喜欢小猫咪")
class Person(People,Animal):
    """继承 People,Animal 的类"""
    def eat(self):
        """增加吃东西的方法"""
        print("他每天都喂流浪猫吃东西")
zhangsan = Person()
zhangsan.name = "张三"
zhangsan.say()
zhangsan.display()
zhangsan.eat()
```

程序运行结果如下：

```
他是一个男生,名字叫张三
他喜欢小猫咪
他每天都喂流浪猫吃东西
```

事实上，大部分面向对象的编程语言都只支持单继承，即子类有且只能有一个父类。而 Python 支持多继承，和单继承相比，多继承容易使代码逻辑复杂、思路混乱。

使用多继承经常需要面临的问题是，多个父类中包含同名的类方法。对于这种情况，Python 的处置措施是：根据子类继承多个父类时这些父类的前后次序决定，即靠前父类中的类方法会覆盖靠后父类中的同名类方法。例如：

```python
class People:
    """描述人的类"""
    def __init__(self):
```

```
        """构造函数"""
        self.name = People
    def say(self):
        """打印简单信息"""
        print(f"People 类{self.name}")
class Animal:
    """描述动物的类"""
    def __init__(self):
        """构造函数"""
        self.name = Animal
    def say(self):
        """打印简单信息"""
        print(f"Animal 类{self.name}")
class Person(People, Animal):
    """继承 People,Animal 的类"""
    pass
zhangsan = Person()
zhangsan.name = "张三"
zhangsan.say()
```

程序运行结果为

People 类张三

可以看出，当 Person 同时继承 People 类和 Animal 类时，People 类在前，因此如果 People 和 Animal 拥有同名的类方法，实际调用的是 People 类中的方法。People 中的 name 属性和 say() 会覆盖 Animal 类中的同名属性和方法。

虽然 Python 在语法上支持多继承，但通常情况下，建议大家不要使用多继承。

子类继承了父类，则子类就拥有了父类所有的类属性和类方法。通常情况下，子类会在此基础上，扩展一些新的类属性和类方法。但凡事都有例外，可能会遇到这样一种情况，即子类从父类继承得来的类方法中，大部分是适合子类使用的，但有个别的类方法并不能直接照搬父类的，如果不对这部分类方法进行修改，子类对象将无法使用。针对这种情况，就需要在子类中重写父类的方法。

1.4.4 多态的实现

在面向对象的程序设计中，除了封装和继承特性外，多态也是一个非常重要的特性。

Python 是弱类型语言，其最明显的特征是在使用变量时，无需为其指定具体的数据类型。这会导致一种情况，即同一变量可能会被先后赋值不同的类对象，例如：

```
class Language:
    """描述语言的类"""
    def say(self):
```

```
        """打印简单信息"""
        print("赋值的是 Language 类的实例对象")
class Python:
    """描述 Python 的类"""
    def say(self):
        """打印简单信息"""
        print("赋值的是 Python 类的实例对象")
a = Language()
a.say()
a = Python()
a.say()
```

运行结果为

赋值的是 Language 类的实例对象
赋值的是 Python 类的实例对象

可以看出，a 可以被先后赋值为 Language 类和 Python 类的对象，但这并不是多态。类的多态特性，还要满足以下两个前提条件：

1）继承：多态一定是发生在子类和父类之间。
2）重写：子类重写了父类的方法。

下面程序是对上面代码的改写：

```
class Language:
    """描述语言的类"""
    def say(self):
        """打印简单信息"""
        print("调用的是 Language 类的 say 方法")
class Python(Language):
    """描述 Python 的类"""
    def say(self):
        """打印简单信息"""
        print("调用的是 Python 类的 say 方法")
class Linux(Language):
    """描述 Linux 的类"""
    def say(self):
        """打印简单信息"""
        print("调用的是 Linux 类的 say 方法")
a = Language()
a.say()
a = Python()
a.say()
```

```
a = Linux( )
a.say( )
```

程序运行的结果为

```
调用的是 Language 类的 say 方法
调用的是 Python 类的 say 方法
调用的是 Linux 类的 say 方法
```

可以看出，Python 和 Linux 都继承自 Language 类，且各自都重写了父类的 say( ) 方法。从运行结果可以看出，同一变量 a 在执行同一个 say( ) 方法时，由于 a 实际表示不同的类实例对象，因此 a.say( ) 调用的并不是同一个类中的 say( ) 方法，这就是多态。

多态让具有不同功能的函数可以使用相同的函数名，这样就可以用一个函数名调用不同内容（功能）的函数。换句话说，多态就是不同的对象调用同一个接口，表现出不同的状态。多态可以增加代码的外部调用灵活度，让代码更加通用，兼容性比较强。

但是，仅仅这些并不能体现 Python 类使用多态特性的精髓。其实，Python 在多态的基础上，衍生出了一种更灵活的编程机制。继续对上面的程序进行改写：

```
class WhoSay：
    """WhoSay 类"""
    def say(self,who)：
        who.say( )
class Language：
    """描述语言的类"""
    def say(self)：
        """打印简单信息"""
        print("调用的是 Language 类的 say 方法")
class Python(Language)：
    """描述 Python 的类"""
    def say(self)：
        """打印简单信息"""
        print("调用的是 Python 类的 say 方法")
class Linux(Language)：
    """描述 Linux 的类"""
    def say(self)：
        """打印简单信息"""
        print("调用的是 Linux 类的 say 方法")
a = WhoSay( )
a.say(Language( ))
a.say(Python( ))
a.say(Linux( ))
```

程序运行的结果为

> 调用的是 Language 类的 say 方法
> 调用的是 Python 类的 say 方法
> 调用的是 Linux 类的 say 方法

在此程序中，向 WhoSay 类中的 say( ) 函数添加了一个 who 参数，其内部利用传入的 who 调用 say( ) 方法。这意味着，当调用 WhoSay 类中的 say( ) 方法时，传给 who 参数的是哪个类的实例对象，它就会调用该类中的 say( ) 方法。

本 章 小 结

本章重点介绍了 Python 的基础编程知识，从基础语法到数据结构，再到函数和模块，以及面向对象编程等主要内容，为计算机视觉编程奠定了基础。通过学习 Python 的基本数据类型、变量和常量以及运算符和语法结构等，为编写 Python 程序打下了坚实的语法基础。随后，本章深入探讨了列表、元组、集合和字典等。接着，学习了函数的定义、调用、参数、返回值以及作用域等概念，并掌握了模块的导入和创建方法，为代码的封装和复用提供了便捷的途径。最后，接触了面向对象编程的基本概念，包括类、对象、属性、方法等，并学习了类的定义、继承、多态等面向对象编程的核心特性，为后续进行更复杂的程序设计奠定了坚实的基础。

习 题

1. 将一条消息赋给变量，并将其打印出来；再将变量的值修改为一条新信息，并将其打印出来。
2. 求整数 1~100 的累加值，但要求跳过所有个位为 3 的数。
3. 请定义一个 count( ) 函数，用来统计字符串"Hello，Python world."中字母 l 出现的次数。
4. 定义一个"圆"Cirlcle 类，圆心为"点"Point 类。构造一个圆，求出圆的周长和面积。再随意构造三点，并判断点与该圆的关系。

第 2 章

Python文件操作与异常处理

本章主要介绍 Python 中用于读写文件以及访问目录内容的文件操作。对于计算机视觉技术来说，这是一个重要的基础部分，因为多数大型程序都用文件来读取输入或存储输出。首先介绍文件对象，它是 Python 中实现输入和输出的根本。之后将介绍用于操作路径、获取文件信息和访问目录内容的函数。

此外，本章还将介绍 Python 的异常处理机制。Python 提供了处理异常的机制，可以让用户捕获并处理例如除数为 0、年龄为负数等错误。简单理解异常处理机制，就是在程序运行出现错误时，让 Python 解释器执行准备好的除错程序，尝试恢复程序的执行。异常处理机制涉及 try、except、else、finally 4 个关键字，同时还提供了可主动使程序引发异常的 raise 语句。

2.1 文件操作

在编程实践中，数据持久化是一项至关重要的技术，它确保了即使在程序运行结束后，关键信息也能被妥善保存以备后用。Python 作为一门功能强大的编程语言，通过其内置的文件操作机制，为开发者提供了便捷的方式来将数据写入文件，实现数据的长期保存。无论是简单的文本信息，还是复杂的对象数据，都可以借助文件这一媒介，跨越程序运行的生命周期，实现数据的持久存储。

具体到文件操作，Python 要求开发者明确指定文件的名称及其存储路径，这是访问和操作文件的基础。文件名作为文件的唯一标识，结合路径信息，共同定位了文件在文件系统中的具体位置。了解并正确运用文件名与路径的概念，对于有效管理文件和目录结构，以及执行诸如读写、追加、删除等文件操作至关重要。特别是在处理跨平台开发时，还需留意不同操作系统在路径表示上的差异，确保代码的兼容性和可移植性。

在 Python 中，对文件的操作有很多种，常见的操作包括创建、删除、修改权限、读取、写入等，这些操作可大致分为以下两类：

1）删除、修改权限：作用于文件本身，属于系统级操作。

2）写入、读取：是文件最常用的操作，作用于文件的内容，属于应用级操作。

操作文件的各个函数，将会在后面分几节进行详细介绍。

2.1.1 文件的打开与关闭

1. 打开文件（open 函数）

在 Python 中，如果想要操作文件，首先需要创建或者打开指定的文件，并创建一个文件对象（file 对象），告知 Python 希望向文件里写入数据；如果试图打开或者向一个不存在的文件写入数据，Python 将自动创建该文件。而以上工作通常可以通过内置的 open() 函数实现。

open() 函数用于创建或打开指定文件，该函数的常用语法格式如下：

file = open(file_name [, mode = 'r' [, buffering = -1 [, encoding = None]]])

此格式中，[ ] 中的内容为可选参数，既可以使用也可以省略。其中，各个参数所代表的含义如下：

1）file：表示要创建的文件对象。

2）file_name：表示要创建或打开文件的文件名称，该名称要用引号（单引号或双引号都可以）括起来。需要注意的是，如果要打开的文件和当前执行的代码文件位于同一目录，直接写入文件名即可；否则，需要写出指定打开文件所在位置的完整路径。

3）mode：表示可选参数，用于指定文件的打开模式。可选择的打开模式见表2-1。如果不写入该参数，则默认以只读（r）模式打开文件。

4）buffering：表示可选参数，用于指定对文件进行读、写操作时，是否使用缓冲区（本节后续会详细介绍）。

5）encoding：表示手动设定打开文件时所使用的编码格式，不同平台的 ecoding 参数值也不同，以 Windows 为例，其默认值为 cp936（实际上就是 GBK 编码）。

表 2-1 open 函数支持的文件打开模式

模式	意义	注意事项
r	只读模式打开文件,读取文件内容的指针会放在文件的开头	操作的文件必须存在
rb	以二进制格式、采用只读模式打开文件,读取文件内容的指针位于文件的开头,一般用于非文本文件,如图片文件、音频文件等	
r+	打开文件用于读、写,指针位于文件开头,新内容会覆盖等长原内容	
rb+	以二进制格式打开文件用于读、写,指针位于文件开头	
w	以只写模式打开文件	若文件存在,会覆盖其原有内容;反之,则创建新文件
wb	以二进制格式、只写模式打开文件,一般用于非文本文件	
w+	打开文件后,会对原有内容进行清空,并对该文件有读、写权限	
wb+	以二进制格式,读、写模式打开文件,一般用于非文本文件	
a	以追加模式打开一个文件,对文件只有写入权限	若文件存在,指针在文件末尾（即新内容位于已有内容之后）;反之,则会创建新文件
ab	以二进制格式打开文件,并采用追加模式,对文件只有写入权限	
a+	以读、写模式打开文件	
ab+	以二进制模式打开文件,并采用追加模式,对文件具有读、写权限	

文件打开模式直接决定了后续可以对文件进行的具体操作。例如，使用 r 模式打开的文件，后续编写的代码只能读取文件，而无法修改文件内容。

表 2-2 将以上几个容易混淆的文件打开模式的功能进行了对比。

表 2-2 文件打开模式的功能对比

模式	r	r+	w	w+	a	a+
读	+	+		+		+
写		+	+	+	+	+
创建			+	+	+	+
覆盖			+	+		
指针在开始	+	+	+	+		
指针在结尾					+	+

以创建"test.txt"文件为例，代码如下：

```
#当前程序文件同目录下不存在 test.txt 文件
file = open("test.txt","w")
```

```
file.write("This is how you create a new text file")
file.close()
print(file)
```

程序执行结果如下:

```
<_io.TextIOWrapper name='test.txt' mode='w' encoding='cp936'>
```

可以看出,当前输出结果中显示了 file 文件对象的相关信息,包括打开文件的名称、打开模式、打开文件时所使用的编码格式。若不在 open 函数处标明文件打开模式,则默认使用 r 权限,由于该权限要求打开的文件必须存在,因此运行此代码会报错。

1) open() 函数中的缓冲区。通常情况下,建议在使用 open() 函数时打开缓冲区,即不需要修改 buffing 参数的值。因为目前为止,计算机内存的 I/O 速度仍远远高于计算机外设(例如键盘、鼠标、硬盘等)的 I/O 速度,如果不使用缓冲区,则程序在执行 I/O 操作时,内存和外设就必须进行同步读、写操作,也就是说,内存必须等待外设输入(输出)一个字节之后,才能再次输出(输入)一个字节。这会导致内存中的程序大部分时间都处于等待状态。

而如果使用缓冲区,则程序在执行输出操作时,会先将所有数据都输出到缓冲区内,然后继续执行其他操作,缓冲区内的数据会由外设自行读取处理。同样,当程序执行输入操作时,会先等待外设将数据读入缓冲区中,无需与外设做同步读、写操作。

2) open() 函数打开文件对象常用的属性。成功打开文件之后,可以调用文件对象本身拥有的属性获取当前文件的部分信息,其常见的属性为

1) file.name:返回文件的名称。
2) file.mode:返回打开文件时,采用的文件打开模式。
3) file.encoding:返回打开文件时使用的编码格式。
4) file.closed:判断文件是否已经关闭。

调用文件对象属性实例如下:

```
# 以默认方式打开文件
f = open('my_file.txt')
# 输出文件是否已经关闭
print(f.closed)
# 输出访问模式
print(f.mode)
# 输出编码格式
print(f.encoding)
# 输出文件名
print(f.name)
```

程序执行结果如下:

```
False
r
```

```
cp936
my_file.txt
```

注意：使用 open() 函数打开的文件对象，必须手动进行关闭，Python 垃圾回收机制无法自动回收打开文件所占用的资源。

2. 关闭文件（close 函数）

对于使用 open() 函数打开的文件，需用 close() 函数将其手动关闭，文件对象的 close() 方法会刷新缓冲区里任何还没写入的信息，并关闭该文件，这之后便不能再进行写入操作。

close() 函数专门用于关闭已打开的文件，其语法格式也很简单，如下：

```
file.close()
```

其中，file 表示已打开的文件对象。

读者可能存在这样的疑问：使用 open() 函数打开的文件，在操作完成之后，为什么一定要调用 close() 函数将其关闭？在此再次强调，文件在打开并操作完成之后，就应该及时关闭，否则程序的运行可能会出现问题。

举个例子，分析如下代码：

```
01  import os
    f=open("my_file.txt",'w')
02  os.remove("my_file.txt")
```

代码 01 处引入了 os 模块，02 处调用了该模块中的 remove() 函数，该函数的功能是删除指定的文件。但是，如果运行此程序，Python 解释器会报如下错误：

```
Traceback (most recent call last):
  File"C:\Users\mengma\Desktop\demo.py", line 4, in <module>
    os.remove("my_file.txt")
PermissionError:[WinError 32]另一个程序正在使用此文件,进程无法访问。:'my_file.txt'
```

显然，由于使用 open() 函数打开了 my_file.txt 文件，但没有及时关闭，直接导致后续的 remove() 函数运行出现错误。因此，正确的程序应如下：

```
# 导入 os 模块
import os
f=open("my_file.txt",'w')
f.close()
# 删除文件
os.remove("my_file.txt")
```

当确定 my_file.txt 文件可以被删除时，再运行程序，可以发现该文件已经被成功删除了。

再举个例子，如果不调用 close() 函数关闭已打开的文件，确实不影响读取文件的操作，但会导致 write() 或者 writeline() 函数向文件写入数据失败。例如：

```
f=open("my_file.txt",'w')
f.write("Jin tian tian qi bu cuo")
```

程序执行后，虽然 Python 解释器不报错，但打开 my_file.txt 文件会发现，根本没有写入成功。这是因为，在向以文本格式（而不是二进制格式）打开的文件中写入数据时，Python 出于效率的考虑，会先将数据临时存储到缓冲区，只有使用 close() 函数关闭文件时，才会将缓冲区内的数据真正写入文件中。

因此，在上面程序的最后添加如下代码：

```
f.close()
```

再次运行程序，就会看到"Jin tian tian qi bu cuo"成功写入到了 my_file.txt 文件。

当然在某些实际场景中，可能需要将数据成功写入到文件中，但并不想关闭文件，此时调用 flush() 函数即可实现。例如：

```
f = open("my_file.txt", 'w')
f.write("Jin tian tian qi bu cuo")
f.flush()
```

打开 my_file.txt 文件，会发现已经向文件中成功写入了上述字符串。

3. 文件异常

因为 Python 程序对计算机的文件系统没有独占控制，在访问文件时必须能够处理意料之外的错误。当 Python 在执行文件操作并遇到问题时，它将抛出一个 IOError 异常。有许多情况都会引起 IOError 错误，包括：

1）试图打开并读取一个不存在的文件。
2）试图在一个不存在的目录中创建文件。
3）试图打开一个没有读取访问权限的文件。
4）试图在一个没有写入访问权限的目录下创建文件。
5）计算机遇到磁盘错误，或者在访问一个网络磁盘上的文件时遇到的网络错误。

如果希望在错误发生时程序可及时做出反应，则需要有效地处理这些异常。某些情形下，在打印了警告消息后，用户或许希望尝试操作另一个文件，或者程序必须询问用户的后续操作，或者如果错误不能恢复，则直接退出程序。此时可以使用 try、except、finally 语句进行处理。

例如：

```
try:
    li_file = open('li_data.txt', 'w')
    other_file = open('other_data.txt', 'w')
    print(li_file)
    print(other_file)
except IOError:
    print('File error.')
finally:
    li_file.close()
    other_file.close()
```

如果没有出现任何运行时的错误，会执行 finally 块中的代码。如果出现 IOError，会执行

except 块，然后运行 finally 块。不论何种情况，finally 块中的代码总会运行，通过把文件关闭代码移入 finally 块中，可以减少数据破坏错误的可能性。这是一个很好的做法，因为可以确保文件妥善地关闭（即使出现错误）。

4. 自动关闭文件（with…as…）

对于文件操作来说，需要在读、写结束时关闭文件，但是初学者经常会忘记关闭文件，无谓地占用资源，所以在这里还有一种推荐使用的文件打开方法，可以避免忘记关闭文件。如果使用该方法，要将所有需要访问的文件对象的代码写在 with 语句（一种复合语句）之中，Python 在执行完该语句时会自动关闭文件。

使用 with 语句打开文件的语法如下：

```
with open（［文件路径］，［模式］）as［变量名］：
    ［执行代码］
```

其中，［文件路径］代表文件所在的位置；［模式］代表打开文件的模式类型；［变量名］代表文件对象被赋予的变量名；［执行代码］则是需要访问文件对象变量的代码，如果不想执行任何语句，可以直接使用 pass 语句代替。

在使用上述语法打开文件时，会在［执行代码］运行完毕后自动关闭文件。使用新语法读、写、关闭文件的示例如下：

```
01  with open("st.txt","w") as f：
        f.write("Hello World!")
```

只要还在 with 语句内，就可以访问文件对象。在本例 01 处，文件对象被命名为 f，Python 执行完 with 语句中的代码后，会自动关闭文件。

2.1.2 文件的读写操作

在 2.1.1 节中，介绍了如何通过 open() 函数、close() 函数打开和关闭一个文件。在此基础上，本节继续讲解如何读取已打开文件中的数据和向文件中写入数据。

Python 提供了如下 5 种函数，可用于实现读、写文件中数据的操作：

1）read() 函数：逐个字节或者字符读取文件中的内容。
2）readline() 函数：逐行读取文件中的内容。
3）readlines() 函数：一次性读取文件中多行内容。
4）write() 函数：可以向文件中写入指定内容。
5）writelines() 函数：可以实现将字符串列表写入文件中。

1. read() 函数

对于借助 open() 函数，并以可读模式（包括 r、r+、rb、rb+）打开的文件，可以调用 read() 函数逐个字节（或者逐个字符）读取文件中的内容。在使用前，应确保文件的创建路径，或者希望读取的某个文件路径确实存在文件。如果文件不存在，Python 将抛出一个异常。

如果文件是以文本模式（非二进制模式）打开的，则 read() 函数会逐个字符进行读取；反之，如果文件以二进制模式打开，则 read() 函数会逐个字节进行读取。

read() 函数的基本语法格式如下：

```
file.read（［size］）
```

其中，file 表示已打开的文件对象；[ ] 里的 size 作为一个可选参数，用于指定一次最多可读取的字符（字节）个数，如果省略，则默认一次性读取所有内容。

举个例子，首先创建一个名为 my_file.txt 的文本文件，其内容为

```
Python 我想学
Jin tian tian qi bu cuo
```

然后在 my_file.txt 文件所在目录下，创建一个 file.py 文件，并编写如下代码：

```
#以 utf-8 的编码格式打开指定文件
f=open("my_file.txt",encoding="utf-8")
#输出读取到的数据
print(f.read())
#关闭文件
f.close()
```

程序执行结果如下：

```
Python 我想学
Jin tian tian qi bu cuo
```

注意：当操作文件结束后，必须调用 close() 函数手动关闭打开的文件，这样可以避免程序发生不必要的错误。

当然，也可以通过使用 size 参数，指定 read() 每次可读取的最大字符（或者字节）数。例如，在上述代码中 read() 函数的括号里输入数字 9，再执行程序，其结果如下：

```
Python 我想学
```

可以看到，该程序中的 read() 函数只读取了 my_file 文件开头的 9 个字符。

再次强调，size 表示的是一次最多可读取的字符（或字节）数，因此，即便设置的 size 大于文件中存储的字符（字节）数，read() 函数也不会报错，它只会读取文件中所有的数据。

此外，对于以二进制格式打开的文件，read() 函数会逐个字节读取文件中的内容，例如：

```
# 以二进制形式打开指定文件
f=open("my_file.txt",'rb+')
# 输出读取到的数据
print(f.read())
# 关闭文件
f.close()
```

程序执行结果如下：

```
b'Python\xe6\x88\x91\xe6\x83\xb3\xe5\xad\xa6\r\nJin tian tian qi bu cuo\r\n'
```

可以看到，输出的数据为 bytes 字节串。可以调用 decode() 方法，将读取到的字节串转换成认识的字符串，代码修改如下：

```
# 以二进制形式打开指定文件,该文件编码格式为 utf-8
f = open("my_file.txt",'rb+')
byt = f.read()
print(byt)
print("转换后:")
print(byt.decode('utf-8'))
# 关闭文件
f.close()
```

程序执行结果如下：

```
b'Python\xe6\x88\x91\xe6\x83\xb3\xe5\xad\xa6\r\nJin tian tian qi bu cuo\r\n'
转换后:
Python 我想学
Jin tian tian qi bu cuo
```

2. readline() 函数和 readlines() 函数

和 read() 函数不同，readline() 和 readlines() 函数都以"行"作为读取单位，即每次都读取目标文件中的一行。对于读取以文本格式打开的文件，读取一行很好理解；对于读取以二进制格式打开的文件，函数会以 \n 作为读取一行的标志。

1）readline() 函数。readline() 函数用于读取文件中的一行，包含最后的换行符 \n。此函数的基本语法格式为

```
file.readline([size])
```

其中，file 为打开的文件对象；size 为可选参数，用于指定读取每一行时，一次最多读取的字符（字节）数。和 read() 函数一样，该函数成功读取文件数据的前提是，使用 open() 函数指定打开文件的模式必须为可读模式（包括 r、rb、r+、rb+4 种）。

仍以前文中创建的 my_file.txt 文件为例，该文件中有如下两行数据：

```
Python 我想学
Jin tian tian qi bu cuo
```

下面程序演示了 readline() 函数的具体用法：

```
   f = open("my_file.txt",encoding = "utf-8")
   # 读取一行数据
01 byt = f.readline()
02 print(byt)
```

程序执行结果如下：

```
Python 我想学
```

由于 01 处的 readline() 函数在读取文件中一行的内容时，会读取最后的换行符 \n，

再加上 02 处 print( ) 函数输出内容时默认会换行，所以输出结果中会看到多出了一个空行。

2）readlines( ) 函数。readlines( ) 函数用于读取文件中的所有行，它与调用不指定 size 参数的 read( ) 函数类似，只不过该函数返回的是一个字符串列表，其中每个元素为文件中的一行内容。和 readline( ) 函数一样，readlines( ) 函数在读取每一行时，会连同行尾的换行符一块读取。

readlines( ) 函数的基本语法格式如下：

  file. readlines( )

其中，file 为打开的文件对象。和 read( )、readline( ) 函数一样，readlines( ) 函数要求打开文件的模式必须为可读模式（包括 r、rb、r+、rb+4 种）。

仍以前文中创建的 my_file. txt 文件为例，下面程序为 readlines( ) 函数的用法：

  f = open("my_file. txt" ,'rb')
  byt = f. readlines( )
  print(byt)

执行结果如下：

  [b' Python\xe6\x88\x91\xe6\x83\xb3\xe5\xad\xa6\r\n', b' Jin tian tian qi bu cuo\r\n']

3. write( ) 函数和 writelines( ) 函数

前面介绍了如何使用 read( )、readline( ) 和 readlines( ) 这 3 个函数读取文件，如果需要把一些数据保存到文件中，那么就需要使用下面的函数来操作。

1）write( ) 函数。Python 中的文件对象提供了 write( ) 函数，可以向文件中写入指定内容。该函数的语法格式如下：

  file. write(string)

其中，file 表示已经打开的文件对象；string 表示要写入文件的字符串（或字节串，仅适用写入二进制文件中）。

注意：在使用 write( ) 函数向文件中写入数据时，需保证使用 open( ) 函数以 r+、w、w+、a 或 a+的模式打开文件，否则执行 write( ) 函数会抛出 io. UnsupportedOperation 错误。

例如，创建一个 a. txt 文件，该文件内容如下：

  Python 我想学
  Jin tian tian qi bu cuo

然后，在 a. txt 文件所在目录下，创建一个 Python 文件，编写如下代码并执行：

  f = open("a. txt", 'w')
  f. write("写入一行新数据")
  f. close( )

前面已经讲过，如果打开的文件模式中包含 w（写入），那么向文件中写入内容时，会先清空原文件中的内容，然后再写入新的内容。因此运行上面程序，再次打开 a. txt 文件，只会看到新写入的内容：

写入一行新数据

而如果打开文件模式中包含 a（追加），则不会清空原有内容，而是将新写入的内容添加到原内容后。例如，还原 a.txt 文件中的内容，并修改上面的代码为

f=open("a.txt",'a')
f.write("\n写入一行新数据")
f.close()

再次打开 a.txt，可以看到如下内容：

Python 我想学
Jin tian tian qi bu cuo
写入一行新数据

由以上结果可以发现，采用不同的文件打开模式，会直接影响到 write() 函数向文件中写入数据的效果。

另外，在写入文件完成后，一定要调用 close() 函数将打开的文件关闭，否则写入的内容不会保存到文件中。例如，将上面程序中最后一行 f.close() 删掉，再次运行此程序并打开 a.txt，会发现该文件是空的。这是因为，在写入文件内容时，操作系统不会立刻把数据写入磁盘，而是先缓存起来，只有调用 close() 函数时，操作系统才会把没有写入的数据全部写入磁盘文件中。

除此之外，如果向文件写入数据后，不想马上关闭文件，也可以调用文件对象提供的 flush() 函数，可以实现将缓冲区的数据写入文件中。例如：

f=open("a.txt",'w')
f.write("写入一行新数据")
f.flush()

打开 a.txt 文件，可以看到写入的新内容：

写入一行新数据

在这里可能会产生一个疑问，如果通过设置 open() 函数的 buffering 参数关闭缓冲区，那么数据是否就可以直接写入文件中了？对于以二进制格式打开的文件，可以不使用缓冲区，写入的数据会直接进入磁盘文件；但对于以文本格式打开的文件，必须使用缓冲区，否则 Python 解释器会出现 ValueError 错误。举例如下：

f=open("a.txt",'w',buffering=0)
f.write("写入一行新数据")

程序运行结果为：

Traceback (most recent call last)：
  File"C:\Users\mengma\Desktop\demo.py", line 1, in <module>
    f=open("a.txt",'w',buffering=0)
ValueError:can't have unbuffered text I/O

2）writelines（）函数。在 Python 的文件对象中，不仅提供了 write（）函数，还提供了 writelines（）函数，可以实现将字符串列表写入文件的操作。注意，目前写入操作只有 write（）和 writelines（）函数，没有名为 writeline（）的函数。

举个例子，还是以之前的 a. txt 文件为例，通过使用 writelines（）函数，可以轻松将 a. txt 文件中的数据复制到其他文件中，实现代码如下：

```
f = open('a. txt', 'r')
n = open('b. txt', 'w+')
n. writelines(f. readlines())
n. close()
f. close()
```

执行此代码，在 a. txt 文件同级目录下会生成一个 b. txt 文件，且该文件中包含的数据和 a. txt 完全一样。

需要注意的是，使用 writelines（）函数向文件中写入多行数据时，不会自动给各行添加换行符。在上面的例子中，之所以 b. txt 文件中会逐行显示数据，是因为 readlines（）函数在读取各行数据时，读入了行尾的换行符。

2.1.3　os 文件操作

Windows、Linux、UNIX 和 Mac OS X 的文件系统有许多共同点，但其中某些规则、约定和功能略有不同。例如，在 Windows 中，路径书写使用反斜杠"\"作为文件夹之间的分隔符。但在 OS X 和 Linux 中，使用正斜杠"/"作为路径分隔符。如果想要程序在所有操作系统中运行，在编写 Python 脚本时，就必须处理这两种情况。

采用 os 模块中的 os. path. join（）函数处理上述问题十分简单。如果将单个文件和路径上的文件夹名称的字符串传递给该函数，os. path. join（）就会返回一个文件路径的字符串，包含正确的路径分隔符。在交互式环境中输入以下代码：

```
>>> import os
>>> os. path. join('demo', 'exercise')
```

程序执行结果如下：

```
'demo\\exercise'
```

因为上述程序是在 Windows 系统中运行的，所以 os. path. join（'demo', 'exercise'）会返回' demo \ \ exercise'（请注意，反斜杠有两个，因为 Python 中每个反斜杠需要由另一个反斜杠字符来转义）。如果在 OS X 或 Linux 系统中调用这个函数，则该字符串会显示' demo/exercise '。

这些不同之处是编写跨平台程序的障碍，而 os 模块能很好地解决这个问题。os（operate system）模块是 Python 标准库中一个用于访问操作系统功能的模块，使用 os 模块的接口，可以实现跨平台访问。

即使用户仅打算在一个平台上使用程序，而且能够避免大多数跨平台的问题，但如果遇到程序需要在其他平台上尝试运行的情况，那么此时最好使用 os 模块。该模块提供了许多方便的服务，例如在前几节讲到的 Python 自带的 open、read、write 函数是非常基本的文件操作，对于稍复杂的文件和目录操作，则需要借助 os 模块、shutil 模块等，这些模块都不需要额外的安装，只需要在使用之前进行 import 操作即可。

1. os 模块的基本文件操作

首先需要先导入 os 模块，它提供了许多方便的功能，其中就包括对文件重命名和删除文件的操作。os 模块中的函数 os.rename 就是用来进行文件和目录的重命名和移动操作，其语法结构如下：

```
os.rename(src, dst)
```

该程序的作用是将文件或目录 src 重命名为 dst。如果 dst 已存在，则下列情况下将会操作失败，并抛出 OSError 异常：在 Windows 系统中，如果 dst 已存在，则抛出 FileExistsError 异常；在 UNIX 系统中，如果 src 是文件而 dst 是目录，将抛出 IsADirectoryError 异常，反之则抛出 NotADirectoryError 异常，如果两者都是目录且 dst 为空，则 dst 将被默认替换。

os.rename 应用实例如下：

```
import os                          # 导入 os 模块
src = "a.txt"                      # 要重命名的文件,当前目录下的 a 文本
dst = "b.txt"                      # 重命名后的文件,重命名为 b 文本
if os.path.exists(src):            # 判断文件是否存在
    os.rename(src,dst)             # 重命名文件
    print("重命名成功")
else:
    print("文件不存在")
```

2. shutil 模块的基本文件操作

由于使用 os.rename 可能并不能指定一个目录名称作为目标，而且在某些系统中，os.rename 不能将一个文件移动到另外一个磁盘或者文件系统中，所以一般更多地使用 shutil 模块来进行文件的操作。shutil 模块是一种高级的文件 & 目录的操作工具，和 os 模块两者相结合使用，可以对路径目录和文件进行自动化操作。

shutil 模块中包含了操作文件的函数，即 shutil.move 函数，它的语法结构如下：

```
shutil.move(src, dst, copy_function = copy2)
```

该程序递归地将一个文件或目录 src 移至另一位置 dst 并返回目标位置。如果目标是已存在的目录，则 src 会被移至该目录下。如果目标已存在但不是目录，它可能会被覆盖，具体取决于 os.rename() 的语义。

如果目标位于当前文件夹中，则可以使用 os.rename() 功能。在其他情况下，src 将被拷贝至 dst，使用的函数为 copy_function，然后目标会被移除。copy_function 为可选参数，此参数的默认值为 copy2，也可以为该参数使用其他复制函数，例如复制树（copy_function = shutil.copytree）等。

可以使用函数 shutil.move 重命名一个文件，例如：

```
import shutil
shutil.move("my_file.txt","c.txt")
```

或者，可以使用该函数将一个文件移动到另外一个目录下，例如：

> shutil.move('a.txt','E:\\Python\\li')

shutil 模块还提供了 copy 函数，其语法结构如下：

> shutil.copy(src, dst)

该程序可以把一个文件（src）复制为具有一个新名称（dst）的文件，或者复制到一个新目录（dst）下，可以使用如下代码：

> import shutil
> shutil.copy("a.txt","E:\\Python\\li")

相比上述的文件操作，删除文件显得尤为简单，只需要调用 os.remove() 函数即可。其语法格式如下：

> os.remove(path)

其中，path 表示要移除的文件路径，用于删除指定路径的文件，如果指定的路径是一个目录，将抛出 OSError。例如：

```
import os
new = open('lll.txt','w')        #新建文件 lll.txt
new.close()
#  测试删除文件是否成功
path = 'lll.txt'
if os.path.exists(path):
    os.remove(path)
    print('删除成功')
else:
    print('删除失败')
```

除此之外，os.unlink 函数也能完成相同的操作，在此不做赘述。

2.1.4　os 目录操作

文件一般以目录（directory）的形式组织起来，目录可以简单地理解为文件夹，每个正在运行的程序都有一个"当前目录"，作为大多数操作的默认目录，所有未从根文件夹开始的文件名或路径，都假定位于当前工作目录下。

打开一个文件读取时，Python 会在当前目录下寻找这个文件。注意，虽然文件夹在目录下会更新名称，但"当前工作目录"（或"当前目录"）是标准术语，没有"当前工作文件夹"这种说法。

除了文件操作外，os 模块还提供了操作目录的函数，具体如下。

1. 创建目录

os 模块中的 os.mkdir 函数用于创建一级目录，如果目录有多级，则创建最后一级，如果最后一级目录的上级目录不存在，则会抛出一个 OSError 异常。

其语法结构如下：

os.mkdir(path[,mode])

其中，path 表示要创建的目录路径，可以是相对或者绝对路径（后面会进行简单讲解）。同样，[ ] 里的 mode 是可选参数，为目录设置的权限数字模式，默认为 0777（八进制）。

举个例子：

```
   import os
01 os.mkdir(os.getcwd()+os.sep+"试验目录_可删")
02 os.listdir()
```

程序执行结果如下：

['.ipynb_checkpoints', 'b.txt', 'my_file.txt', 'test.txt', '试验目录_可删']

首先，在 01 处调用 os.mkdir 后，用 os.getcwd 取得当前目录再拼接目录名称即可创建文件夹。其中 os.sep 的作用是根据用户所处的平台，自动对路径采用相应的分隔符，不需要去考虑不同平台的路径格式。02 处的 os.listdir 用来获取当前目录下的所有文件列表，后面会再进行讲解。

os.mkdir 常用于创建一级目录，如果需要创建多级目录，可以使用 os.makedirs 函数，其语法和 mkdir 类似。

2. 删除目录

os 模块中的 os.rmdir() 函数用于删除指定路径的目录，其语法结构如下：

os.rmdir(path)

其中，path 是要删除的目录路径，且只能删除空目录，如果目录不存在或不为空，则会分别抛出 FileNotFoundError 或 OSError 异常。举个例子，在上述创建目录程序的基础上添加代码，进行目录的删除，代码如下：

```
01 os.rmdir(os.getcwd()+os.sep+"试验目录_可删")
02 os.listdir(os.getcwd()+os.sep+"试验目录_可删")
```

程序执行结果如下：

FileNotFoundError   Traceback (most recent call last)
<ipython-input-5-7f1f5745f17d> in <module>
----> 1 os.rmdir(os.getcwd()+os.sep+"试验目录_可删")
      2 os.listdir(os.getcwd()+os.sep+"试验目录_可删")
FileNotFoundError:[WinError 2]系统找不到指定的文件。:'E:\\Python\\试验目录_可删'

01 处使用 os.rmdir 删除目录，02 处再用 os.listdir 获取指定目录的文件列表，可以发现结果抛出了一个 FileNotFoundError 异常，证明目录不存在，即已被成功删除。注意：要删除整个目录树及非空目录时，可以使用 shutil.rmtree()。

3. 获取目录列表

os 模块中的 os.listdir() 函数用于返回指定文件夹所包含的文件或文件夹的名称列表，但不包括特殊条目'.'和'..'，即使它们存在于目录中，并且只支持在 UNIX 和 Windows 系统下使用。其语法结构如下：

```
os.listdir(path)
```

其中，path 是需要列出的目录路径，函数会返回指定路径下的文件和文件夹列表，若不指定路径，则获取当前目录下的所有文件列表。示例代码如下：

```
01  import os
    os.listdir()
```

程序执行结果如下：

['.ipynb_checkpoints', 'b.txt', 'my_file.txt', 'test.txt', '试验目录_可删']

在上述程序中，01 处使用 os.listdir 函数获取当前目录下的所有文件列表。

```
02  import os
    os.listdir(os.sep+'课件作业')
```

程序执行结果如下：

['课件与作业 1', '课件与作业 1.rar']

在上述程序中，02 处使用 os.listdir 函数和 os.sep 函数获得"课件作业"这个目录下的所有文件列表。

4. 通配符

通配符是一些特殊字符，例如 * 和 ?，可以使用这些特殊字符匹配许多名称类似的文件。例如，使用模式 P* 可以匹配名称以 P 开头的所有文件，使用 *.txt 可以匹配所有后缀名为 .txt 的文件。

通配（globbing）用来表示在文件名称模式中展开通配符。Python 在 glob 模块中提供了名称也为 glob 的函数，它实现了对目录内容进行通配的功能。glob.glob 函数的作用是实现字符串匹配文件名，并返回所有匹配的文件名和路径名列表，这与 os.listdir 类似，但功能更强大。

glob 模块支持使用以下通配符：

1）*：可匹配任意个任意字符。

2）?：可匹配一个任意字符。

3）[字符序列]：可匹配括号内字符序列中的任意字符。该字符序列也支持中画线表示法，例如 [a-c] 可代表 a、b 和 c 字符中的任意一个。

4）[!字符序列]：可匹配不在括号内字符序列中的任意字符。

在 Windows 操作系统中，模式 M* 可以匹配名称以 m 和 M 开头的所有文件，因为文件名称和文件名称通配是不区分大小写的，而在大多数其他操作系统中，通配是区分大小写的。

例如，使用下面的命令，列出 C:\Program Files 目录下名称以 M 开头的所有条目：

```
>>>import glob
>>>glob.glob("C:\\Program Files\\M*")
```

程序执行结果如下：

```
[ 'C:\\Program Files\\Microsoft Office',
'C:\\Program Files\\Microsoft Visual Studio 10.0',
'C:\\Program Files\\MVTec']
```

可以看到,glob.glob 返回了符合模式的包含磁盘驱动符和目录名称的路径。这与 os.listdir 不同,该函数只返回指定目录下的名称。

通配是文件名称匹配得较为便捷的方法。例如,要删除目录 C:\source\ 中所有扩展名为.bak 的备份文件,只需执行如下所示的两行代码:

```
>>>for path in glob.glob("C:\\source\\*.bak"):
>>>     os.remove(path)
```

通配比 os.listdir 的功能强大得多,因为可以在目录或者子目录名称中指定通配符。对于这样的模式,glob.glob 可以返回多个目录下的路径。例如,下面的代码可以返回当前目录下所有子目录中扩展名为.txt 的文件:

```
>>> glob.glob("*\\*.txt")
```

5. 遍历目录

os.walk() 函数通过在目录树中游走输出目录中的文件名(向上或者向下)。os.walk() 函数是一个简单易用的文件、目录遍历器,有助于高效地处理文件、目录相关的操作,在 Unix,Windows 系统中均有效。其语法结构如下:

```
walk(top[,topdown[,onerror][,followlinks]])
```

其中,top 用于指定要遍历的根目录;topdown 为可选参数,用于指定遍历目录的顺序,如果值为 true,顺序为自上而下,如果值为 false,顺序为自下而上;onerror 为可选参数,用于指定错误处理方式,默认为忽略;followlinks 为可选参数,默认为 true,指定在支持的系统上访问由符号链接指向的目录。例如:

```
    import os
01  for root, dirs, files in os.walk("."):
        # root 表示当前正在访问的文件夹路径
        # dirs 表示该文件夹下的子目录名 list
        # files 表示该文件夹下的文件 list
        for name in files:
            print(os.path.join(root, name))
        for name in dirs:
            print(os.path.join(root, name))
```

程序执行结果如下:

```
.\my_file.txt
.\Untitled.ipynb
.\.ipynb_checkpoints
```

在上面的程序中,01 处使用 os.walk 函数遍历当前文件夹下的文件及目录名,其中"."

表示在当前目录下。再由 print 函数输出结果。

6. 路径操作（os.path）

路径可分为相对路径和绝对路径，在介绍绝对路径和相对路径之前，先要了解当前工作目录的概念。

每个运行在计算机上的程序都有一个当前工作目录（或 cwd）。所有未从根文件夹开始的文件名或路径，都假定在当前工作目录下。

在 Python 中，利用 os.getcwd() 函数可以取得当前工作路径的字符串，还可以利用 os.chdir() 改变该字符串。例如，在交互式环境中输入以下代码：

```
>>> import os
>>> os.getcwd()
'E:\\Python'
>>> os.chdir('E:\\tmp')
>>> os.getcwd()
'E:\\tmp'
```

可以看到，原本当前工作路径为'E:\\Python'，通过 os.chdir() 函数，将其改成了'E:\\tmp'，getcwd 和 chdir 都是针对当前目录的操作。需要注意的是，如果使用 os.chdir() 修改的工作目录不存在，Python 解释器会报错。

了解了当前工作目录的具体含义之后，接下来介绍绝对路径和相对路径各自的含义和用法。

明确一个文件所在的路径，有两种表示方式，分别是：

1）绝对路径：总是从根文件夹开始，在 Window 系统中以盘符（C:\或 D:\）作为根文件夹，而在 OS X 或者 Linux 系统中以"/"作为根文件夹。

2）相对路径：指文件相对于当前工作目录所在的位置。例如，若当前工作目录为"E:\Python"，而文件 a.txt 位于这个 Python 文件夹下，则 a.txt 的相对路径表示为".\a.txt"（其中".\"就表示当前所在目录）。

在使用相对路径表示某文件所在的位置时，除了经常使用".\"表示当前所在目录外，还会用到"..\"表示当前所在目录的父目录。

而对于更多路径操作，os 模块中包含另外一个模块 os.path，它提供了操作路径的函数。路径也是字符串，因此可以使用普通的字符串操作方法组合和分解文件路径。但是如果照此操作，代码可能不易移植，也不能处理 os.path 适用的一些特殊情形。使用 os.path 操作路径，可使程序易于移植，且可以处理一些特殊情形。

os.path 模块提供了一些函数，可以实现绝对路径和相对路径之间的转换，以及检查给定的路径是否为绝对路径，例如：

1）调用 os.path.abspath（path）将返回 path 参数的绝对路径的字符串，即获取指定相对路径的绝对路径，这是将相对路径转换为绝对路径的简便方法。

2）调用 os.path.isabs（path），如果参数 path 是一个绝对路径，就返回 True，如果参数是一个相对路径，就返回 False。

3）调用 os.path.relpath（path, start）将返回从 start 路径到 path 的相对路径的字符串。如果没有提供 start，则使用当前工作目录作为开始路径。

4）调用 os.path.dirname（path）将返回一个字符串，它包含 path 参数中最后一个斜杠之前的所有内容。

5）调用 os.path.basename（path）将返回一个字符串，它包含 path 参数中最后一个斜杠之后的所有内容。

在交互式环境中尝试上述函数，代码如下：

```
>>> import os
>>> os.getcwd()
'E:\\Python'
>>> os.path.abspath('.')
'E:\\Python'
>>> os.path.abspath('.\\略略略')
'E:\\Python\\略略略'
>>> os.path.isabs('.\\略略略')
False
>>> os.path.isabs(os.path.abspath('.\\略略略'))
True
>>> os.path.relpath('C:\\Windows','C:\\')
'Windows'
>>> os.path.relpath('C:\\Windows','C:\\spam\\eggs')
'..\\..\\Windows'
>>> path='C:\\Windows\\System32\\a.txt'
>>> os.path.dirname(path)
'C:\\Windows\\System32'
>>> os.path.basename(path)
'a.txt'
```

注意：由于使用的系统文件和文件夹可能不尽相同，所以不必完全遵照本节的例子，根据自己的系统环境对本节代码做适当调整即可。

此外，使用 os.path.join 可将目录名称组合成路径，目录名称可以使用两个以上，Python 会使用适合操作系统的路径分隔符。在使用之前不要忘记导入 os.path 模块。例如，在 Windows 系统中，输入如下代码：

```
>>> import os.path
>>> os.path.join("snakes","Python")
'snakes\\Python'
```

而函数 os.path.split 的功能相反，它将路径中的最后一个路径名提取出来。该函数返回包含两个项的元组，即父目录的路径以及最后一个路径名。例如：

```
>>> os.path.split("C:\\Program Files\\Python\\Lib")
('C:\\Program Files\\Python', 'Lib')
```

其实调用 os.path.dirname() 和 os.path.basename()，将其返回值放在一个元组中，也

能得到同样的结果，但使用 os. path. split( ) 无疑更快捷。另外，此处也可采用自动分解序列。在下述程序 01 处 os. path. split 返回一个元组，该元组可分成几个部分，分别赋予等号左边的变量，即：

```
   import os
01 parent_path, name = os. path. split(" E:\\Python\\测试")
   print(parent_path)
   print(name)
```

程序执行结果如下：

```
E:\Python
测试
```

同时，如果提供的路径不存在，许多 Python 函数就会崩溃并报错，但 os. path 模块提供了以下函数用于检测判断给定的路径是否存在，以及其是文件还是文件夹，具体如下：

1）如果 path 参数所指的文件或文件夹存在，调用 os. path. exists（path）将返回 True，否则返回 False。

2）如果 path 参数存在，并且是一个文件，调用 os. path. isfile（path）将返回 True，否则返回 False。

3）如果 path 参数存在，并且是一个文件夹，调用 os. path. isdir（path）将返回 True，否则返回 False。

在交互式环境中尝试这些函数的代码如下：

```
>>> os. path. exists('C:\\Windows')
True
>>> os. path. exists('C:\\some_folder')
False
>>> os. path. isdir('C:\\Windows\\System32')
True
>>> os. path. isfile('C:\\Windows\\System32')
False
>>> os. path. isdir('C:\\Windows\\System32\\calc.exe')
False
>>> os. path. isfile('C:\\Windows\\System32\\calc.exe')
True
```

除了以上函数之外，还有很多关于 os. path 模块的函数。例如 os. path. getsize（path）在不必打开和扫描某个文件的情况下以字节为单位返回该文件的大小；os. path. splitext（path）可用于分离文件拓展名；使用 os. path. getmtime 可以得到文件上次被修改的时间，返回的值是 1970 年起到文件上次被修改的时间之间的秒数，再调用另外一个函数 time. ctime，可将该结果转换为"年/月/日"等这种易于理解的形式（首先要导入 time 模块）。

2.2 异常处理

2.2.1 异常的概念和类型

开发人员在编写程序时，难免会遇到错误，有编写人员疏忽造成的语法错误，有程序内部隐含逻辑问题造成的数据错误，还有程序运行时与系统规则冲突造成的系统错误等。总的来说，编写程序时遇到的错误可大致分为语法错误和运行时错误两大类。

1. 语法错误

语法错误即为解析代码时出现的错误。当代码不符合 Python 语法规则时，Python 解释器在解析时就会报出 SyntaxError 语法错误，与此同时还会明确指出最早探测到错误的语句。例如：

print" Hello, World!"

众所周知，Python 3 已不再支持上面这种代码的写法，所以在运行时，解释器会报如下错误：

SyntaxError:Missing parentheses in call to 'print'. Did you mean print("Hello,World!")?

语法错误多是开发者疏忽导致的，属于真正意义上的错误，是解释器无法容忍的，因此，与异常不同，只有将程序中的所有语法错误全部纠正，程序才能执行。

2. 运行时错误（异常）

运行时错误即程序在语法上都是正确的，但在运行时发生了错误。例如：

a = 1/0

上面这句代码的意思是"用 1 除以 0，并赋值给 a"。因为 0 作除数是没有意义的，所以运行后会产生如下错误（在交互式环境下运行）：

>>>a = 1/0
Traceback(most recent call last):
　　File" <pyshell#2>" ,line 1,in<module>
　　　　a = 1/0
ZeroDivisionError: division by zero

以上运行输出结果中，前两句指明了错误的位置，最后一句表示错误的类型。在 Python 中，把这种运行时产生错误的情况称为异常（Exceptions）。这种异常情况还有很多，常见的几种异常情况见表 2-3。

表 2-3　常见异常类型及实例

异常类型	含义	实例
AssertionError	当 assert 关键字后的条件为假时，程序运行会停止并抛出 AssertionError 异常	>>>demo_list = ['Python 学习'] >>>demo_list. pop() >>>assert len(demo_list)>0 Traceback(most recent call last): 　File" E:/Python/lili. py" ,line3,in<module> 　　assert len(demo_list)>0 AssertionError

（续）

异常类型	含义	实例
AttributeError	当试图访问的对象属性不存在时抛出的异常	>>>demo_list=['Python 学习'] >>>demo_list. len Traceback(most recent call last)： File" E:/Python/lili. py" ,line2,in\<module> 　　demo_list. len AttributeError：'list' object has no attribute 'len'
IndexError	索引超出序列范围会引发的异常	>>>demo_list=['Python 学习'] >>>demo_list[3] Traceback(most recent call last)： File" E:/Python/lili. py" ,line2,in\<module> 　　demo_list[3] IndexError：list index out of range
KeyError	字典中查找一个不存在的关键字时引发的异常	>>>demo_dict={'编程学':"biancheng"} >>>demo_dict["编程"] Traceback(most recent call last)： File" E:/Python/lili. py" ,line2,in\<module> 　　demo_dict["编程"] KeyError：'编程'
NameError	尝试访问一个未声明的变量时，引发的异常	>>>Python Traceback(most recent call last)： File" E:/Python/lili. py" ,line1,in\<module> 　　Python NameError：name 'Python' is not defined
TypeError	不同类型数据之间的无效操作	>>>1+'Python 学习' Traceback(most recent call last)： File" E:/Python/lili. py" ,line1,in\<module> 　　1+'Python 学习' TypeError：unsupported operand type(s) for +：'int' and 'str'
ZeroDivisionError	除法运算中除数为0引发的异常	>>>a=1/0 Traceback(most recent call last)： File" E:/Python/lili. py" ,line1,in\<module> 　　a=1/0 ZeroDivisionError：division by zero

注：表中只列出了一些常见的异常类型，只需简单了解即可，读者有兴趣可自行上网了解其他更多异常类型。

　　Python 使用异常来管理程序执行期间发生的错误。每当发生 Python 无法处理的错误时，程序都会创建一个异常对象。如果编写了处理该异常的代码，程序将继续运行（这种根据异常做出的逻辑处理叫作异常处理）；如果未对异常进行处理，程序将停止，并显示一个 Traceback，其中包含有关异常的报告。

　　Python 编程的过程中无法避免异常现象，因为异常在这门语言里无处不在。异常处理工作由"捕获"和"抛出"两部分组成。"捕获"指的是使用 try…except 包裹特定语句,妥当地完成错误流程处理。而恰当的使用 raise 主动"抛出"异常,更是编写优雅代码必不可少的重要一环。下面列出与异常处理相关的 3 个推荐的编程习惯,希望读者能尽量做到。

1)只做最精确的异常捕获:永远只捕获那些可能会抛出异常的语句块,同时尽量捕获精确的异常类型,而不是模糊的 Exception。

2)别让异常破坏抽象一致性:让模块只抛出与当前抽象层级一致的异常,避免出现"高配低"的现象,例如 image.processer 模块应该抛出自己封装的 ImageOpenError 异常。

3)异常处理不应该喧宾夺主:即不应该过于关注异常处理,以至于扰乱了程序代码的核心逻辑,难以提炼出代码的核心。

1. 捕获并处理异常

在 Python 中,常用 try…except 语句块捕获并处理异常,其基本语法结构如下:

```
try:
    可能产生异常的代码块
except [(Error1,Error2,…)[as e]]:
    处理异常的代码块 1
except [(Error3,Error4,…)[as e]]:
    处理异常的代码块 2
except [Exception]:
    处理其他异常
```

在该结构中,[ ] 括起来的部分可以使用,也可以省略。其中各部分的含义如下:

1)(Error1,Error2,…)、(Error3,Error4,…):Error1、Error2 等都是具体的异常类型,可以捕获特定异常。显然,一个 except 块能同时处理多种异常。

2)[as e]:作为可选参数,表示给异常类型起一个别名 e,这样做的好处是方便在 except 块中调用异常类型。

3)[Exception]:作为可选参数,可以代指程序可能发生的所有异常情况,即可以捕获所有异常,通常用在最后一个 except 块中。

从 try…except 的基本语法格式可以看出,try 块有且仅有一个,但 except 代码块可以有多个,且每个 except 块都可以同时处理多种异常。

try…except 语句的执行流程如下:

1)首先执行 try 中的代码块,如果执行过程中出现异常,系统会自动生成一个异常类型,并将该异常提交给 Python 解释器,此过程称为捕获异常。

2)当 Python 解释器接收到异常对象时,会寻找能处理该异常对象的 except 块,如果找到合适的 except 块,则会把异常对象交给该 except 块处理,这个过程被称为异常处理。如果 Python 解释器没有找到处理该异常的 except 块,则程序运行终止,Python 解释器也将退出。

例如:

```
try:
    a=int(input("输入被除数:"))
    b=int(input("输入除数:"))
    c=a/b
    print("您输入的两个数相除的结果是:",c)
```

```
01    except(ValueError,ArithmeticError):
          print("程序发生了数字格式异常、算术异常之一")
02    except:
          print("未知异常")
      print("程序继续运行")
```

程序运行结果为

```
输入被除数:a
程序发生了数字格式异常、算术异常之一
程序继续运行
```

在上面的程序中，01 处代码使用了（ValueError，ArithmeticError）来指定所捕获的异常类型，表明该 except 块可以同时捕获这 2 种类型的异常，02 处代码只有 except 关键字，并未指定具体要捕获的异常类型，这种省略异常类型的 except 语句也是合法的，表示可捕获所有类型的异常，一般作为异常捕获的最后一个 except 块。

2. 获取特定异常的有关信息

捕获程序中可能发生的异常并对其进行处理还远远不能满足编程的灵活应用。由于一个 except 块可以同时处理多个异常，需要用下面的方法了解当前处理的异常种类。

其实，每种异常类型都提供了如下几种属性和方法，通过调用这些信息，就可以获取当前处理异常类型的相关信息。

1）args：返回异常的错误编号和描述字符串。
2）str()：返回异常信息，但不包括异常信息的类型。
3）repr()：返回较全的异常信息，包括异常信息的类型。

除此之外，如果想要获取更加详细的异常信息，可以合理使用 Traceback 模块。读者有兴趣可自行查阅资料学习。

举个例子：

```
      try:
          1/0
01    except Exception as e:
          #访问异常的错误编号和详细信息
          print(e.args)
          print(str(e))
          print(repr(e))
```

程序输出结果为

```
('division by zero')
division by zero
ZeroDivisionError('division by zero')
```

由以上程序可知，在 01 处，由于 except 可能接收多种异常，因此为了操作方便，可以直接给每一个进入到此 except 块的异常起一个统一的别名 e。

2.2.2 异常处理的 else 子句

在原本 try…except 结构的基础上，Python 异常处理机制还提供了一个 else 块，也就是在原有 try…except 语句的基础上再添加一个 else 块，形成 try…except…else 结构。只有当 try 块没有捕获到任何异常时，使用 else 包裹的代码才会得到执行，即应该将有一些仅在 try 代码块成功执行时才需要运行的代码放在 else 代码块中。例如：

```
try:
    result = 20/int(input('请输入除数:'))
except ValueError:
    print('必须输入整数')
except ArithmeticError:
    print('算术错误,除数不能为 0')
else:
    print(result)
    print('没有出现异常')
print("继续执行")
```

可以看到，在原有 try…except 的基础上，为其添加了 else 块。程序执行结果如下：

```
请输入除数:4
5.0
没有出现异常
继续执行
```

如上所示，当输入正确的数据时，try 块中的程序正常执行，Python 解释器执行完 try 块中的程序之后，会继续执行 else 块中的程序，继而执行后续的程序。

这里可能会有一个疑问，既然 Python 解释器按照顺序执行代码，那么 else 块似乎没有存在的必要，直接将 else 块中的代码编写在 try…except 块的后面似乎也是可行的。

答案当然是否定的，现在再次执行上面的代码：

```
请输入除数:a
必须输入整数
继续执行
```

可以看到，当试图进行非法输入时，程序会发生异常并被 try 捕获，Python 解释器会调用相应的 except 块处理该异常。但是异常处理完毕之后，Python 解释器并没有接着执行 else 块中的代码，而是跳过 else，执行后续的代码。

也就是说，只有当 try 块捕获到异常时，else 的功能才能显现出来。而如果直接把 else 块去掉，将其中的代码编写到 try…except 之后，运行程序后可以看到，try 块捕获到异常并通过 except 成功处理，后续所有程序都会依次被执行，就会出现明明有异常却仍然输出"没有出现异常"的情况，这样的程序执行结果并不理想，所以 else 块是必需的。

2.2.3 异常处理的 finally 子句

Python 异常处理机制还提供了一个 finally 语句，通常用于为 try 块中的程序"扫尾清理"。注意，和 else 语句不同，finally 只要求和 try 搭配使用，而至于该结构中是否包含 except 以及 else，对于 finally 不是必需的（else 必须和 try…except 搭配使用）。

在整个异常处理机制中，finally 语句的功能是：无论 try 块是否发生异常，最终都要进入 finally 语句，并执行其中的代码块。

基于 finally 语句的这种特性，在某些情况下，当 try 块中的程序打开了一些物理资源（文件、数据库连接等）时，由于这些资源必须手动回收，则回收工作通常就放在 finally 块中。

注意：Python 回收机制只能用于回收变量、类对象占用的内存，而无法自动完成类似关闭文件、数据库连接等工作。

finally 语句并不是回收这些物理资源的唯一手段，但使用它是比较好的选择。首先，try 块不适合做资源回收工作，因为一旦 try 块中的某行代码发生异常，则其后续的代码将不会得到执行；其次，except 和 else 也不适合用于回收，它们都可能不会得到执行。而无论 try 块是否发生异常，finally 块中的代码都会被执行。例如：

```
try:
    a = int(input("请输入 a 的值:"))
    print(20/a)
except:
    print("发生异常!")
else:
    print("执行 else 块中的代码")
finally:
    print("执行 finally 块中的代码")
```

程序运行结果如下：

```
请输入 a 的值:4
5.0
执行 else 块中的代码
执行 finally 块中的代码
```

可以看到，当 try 块中的代码未发生异常时，except 块不会执行，else 块和 finally 块中的代码会被执行。

再次运行程序：

```
请输入 a 的值:a
发生异常!
执行 finally 块中的代码
```

可以看到，当 try 块中的代码发生异常时，except 块得到执行，而 else 块中的代码将不被执行，finally 块中的代码仍然会被执行。

finally 块的强大还远远不止于此，即便当 try 块发生异常，且没有 else 块和 except 处理异常时，finally 块中的代码也会得到执行。例如：

```
try:
    #发生异常
    print(20/0)
finally:
    print("执行 finally 块中的代码")
```

程序运行结果如下：

```
执行 finally 块中的代码
Traceback(most recent call last):
    File"D:\python3.6\1.py",line 3,in<module>
        print(20/0)
ZeroDivisionError: division by zero
```

可以看到，当 try 块中的代码发生异常，导致程序崩溃时，在崩溃前 Python 解释器也会执行 finally 块中的代码。

2.2.4 自定义异常

Python 提供了大量具有灵活性的标准异常，可以根据需要进行修改以满足特定需求。但是，在实际操作中，有时标准异常也会不够用，这时候就需要建立自定义异常来满足特殊的需求。和 Java 类似，Python 也可以自定义异常，并且可以手动抛出。这里的自定义异常是程序正常运行的结果，需要用 raise 语句恰当地手动引发出来。

注意：Python 解释器是不知道用户自定义异常的，只能由用户自己抛出。

1. raise 语句

raise 语句的基本语法格式为

```
raise [exceptionName [(reason)]]
```

其中，[ ] 中的内容为可选参数，exceptionName 的作用是指定抛出的异常名称，reason 指异常信息的相关描述。如果可选参数全部省略，则 raise 会把当前错误的原样抛出；如果仅省略（reason），则在抛出异常时，将不附带任何异常描述信息。

由此可知，raise 语句有如下 3 种常用的用法：

1）单独的 raise 语句：该语句引发当前上下文中捕获的异常（例如在 except 块中），或默认引发 RuntimeError 异常。

2）raise 异常类名称：raise 后带一个异常类名称，表示引发执行类型的异常。

3）raise 异常类名称（描述信息）：在引发指定类型异常的同时，附带异常的描述信息。

举个例子：

```
try:
    a=input("输入一个数:")
    if(not a.isdigit()):
        raise ValueError("a 必须是数字")
```

```
        except ValueError as e:
            print("引发异常:",repr(e))
01          raise
```

程序执行结果如下:

```
输入一个数:a
引发异常:ValueError('a 必须是数字',)
Traceback(most recent call last):
  File"D:\python3.6\1.py",line 4,in<module>
    raise ValueError("a 必须是数字")
ValueError：a 必须是数字
```

这里重点关注位于 except 块中 01 处的 raise，由于在其之前已经手动引发了 ValueError 异常，因此当此处再使用 raise 语句时，会再引发一次。当在没有引发过异常的程序使用无参的 raise 语句时，默认引发的是 RuntimeError 异常。

2. 用户自定义异常

自定义异常创建了一个新的异常类，使程序可以命名它们自己的异常。异常应属于典型的通过直接或间接的方式继承 Exception 类。

以猜工资为例进行说明，代码如下:

```
class LiSmallException(Exception):
    pass
# 需要猜测的工资
salary = 10000
while True:
    try:
        li_salary = int(input("请输入一个数字:"))
        if li_salary<salary:
            raise LiSmallException
    except LiSmallException:
        print("太少了,再试一次！\n")
    except:
        print("这不是数字！\n")
    else:
        print("成功!")
        break
```

程序执行结果如下:

```
请输入一个数字:ac
这不是数字！
请输入一个数字:100
太少了,再试一次！
```

请输入一个数字：10000
成功！

实现异常类较好的做法是：将所有自定义异常放在一个单独的文件中，再在另一个文件中调用它，许多标准模块也都是这样操作的。使用时大多数情况都是声明一个自定义基类，并从这个基类异常派生出其他的（由程序引发的）异常类。这是 Python 中实现自定义异常的标准方法，但并不仅限于这种方式。

本 章 小 结

本章系统地讲解了 Python 中文件与目录的操作方法以及异常处理机制。内容涵盖了如何使用 open() 函数打开和关闭文件，以及通过读取和写入方法实现与磁盘上文件的交互。此外，深入介绍了 os 和 shutil 模块在文件重命名、移动、删除，以及目录的创建、删除、遍历、获取列表和路径操作等方面的应用。关于异常处理，本章详细阐述了异常的概念、类型，并展示了如何利用 try、except、else、finally 这四个关键字来捕获和处理程序中可能出现的异常。同时，还介绍了如何通过 raise 语句主动抛出异常，以及用户如何自定义异常类型来适应特定的错误处理需求。通过本章的学习，读者将能够更有效地管理文件和目录，并在程序中实现稳健的异常处理策略。

习　　题

1. 创建文件 data.txt，共 100000 行，每行存放一个 1~100 之间的整数。
2. 生成一个文件 ips.txt，要求为 1200 行，每行随机为 172.25.254.0/24 段的 IP，读取 ips.txt 文件统计这个文件中 IP 出现频率排在前 10 位的 IP。
3. 定义一个函数 func（filename）。函数功能为：打开文件，并且返回文件内容，最后关闭，用异常来处理可能发生的错误。
4. 自定义一个异常类，继承 Exception 类，捕获下面的过程：判断 raw_input() 输入的字符串长度是否小于 5，如果小于 5，例如输入长度为 3，则输出：" The input is of length 3，expecting at least 5"，大于 5 输出 " print success"。

第3章

Python基本图像操作

图像处理技术指在计算机上通过算法和代码自动处理、操控、分析和解释图像的过程，其在很多领域扮演着重要角色。由于应用广泛，图像处理被用于医疗诊断、自动驾驶、安防监控等多个领域。Python 凭借其强大的功能和灵活性，已成为图像处理领域的热门选择。本章将介绍如何利用 Python 中的多个图像处理库进行基本的图像操作。

3.1 使用 Pillow 进行图像基础操作

图像处理类库（Python Imaging Library，PIL）是一个功能强大的开源图像处理库，用于图像的打开、操作和保存。它最初由 Fredrik Lundh 在 1995 年开发，是 Python 中处理图像的标准库之一。PIL 提供了广泛的图像处理功能，包括图像的剪裁、翻转、旋转、调整大小、滤镜应用、格式转换等。此外，PIL 支持多种常见的图像格式，如 JPEG、PNG、BMP 和 GIF 等。通过 PIL，开发者可以轻松地在 Python 中对图像进行各种操作，是处理图像任务的得力工具。

虽然 PIL 在图像处理方面提供了强大的功能，但由于其不再更新，Pillow 项目作为 PIL 的一个分支和替代品得到了更广泛的使用。Pillow 兼容 PIL，并且包含了更多的功能，并进行了众多改进，是目前图像处理的推荐库。通过 Pillow，开发者可以更加高效和灵活地完成图像处理任务，并能很好地与其他 Python 库结合使用，如 NumPy 和 OpenCV，以实现更复杂的图像处理和计算机视觉任务。

要安装 Pillow，首先需要确保计算机系统中已经安装了 Python 和 pip。Python 可以从 Python 官网下载并安装，pip 会随 Python 一起安装。然后，打开命令行（Windows 上是命令提示符，macOS 和 Linux 上是终端），运行 pip install Pillow 命令行来安装 Pillow。安装完成后，可以通过打开 Python 交互式环境并运行 from PIL import Image 来验证安装是否成功。如果没有出现错误信息，说明 Pillow 已经成功安装。

本章中处理图像时所用的原图均为"tiger.jpg"，如图 3-1 所示。

图 3-1 tiger.jpg

3.1.1 读取及保存图像

PIL 中最重要的模块为 Image。要读取一幅图像，可以使用如下代码：

```
#模块导入
from PIL import Image
#读取图像
im = Image.open('tiger.jpg')
```

上述代码的返回值"im"是一个 PIL 图像对象。

显示图像可以使用如下代码：

```
#显示图像
im.show()
```

程序运行结果如图 3-2 所示。

图 3-2 显示图像

图像作为 PIL.JpegImagePlugin.JpegImageFile 类的对象加载，可以用宽度、高度和模式等属性来查找图像，如宽度（像素）×高度（像素）或分辨率，以及图像的模式，具体代码如下：

```
#获得图像信息
print(im.width,im.height,im.mode,im.format,type(im))
```

运行结果为

3000 2000 RGB JPEG<class 'PIL.JpegImagePlugin.JpegImageFile'>

图像的颜色转换可以使用 convert() 函数来实现。要读取一幅图像，并将其转换成灰度图像，只需要加上 convert ('L')，代码如下：

```
#读取图像并转换为灰度图像
im = Image.open('tiger.jpg').convert('L')
im.show()
```

程序运行结果如图 3-3 所示。

图 3-3 读取图像并转换为灰度图像

若继续添加如下代码，即可将生成的灰度图像保存至 photos 文件夹下并命名为 tiger_gray：

```
#保存图像
im.save('photos/tiger_gray.jpg')
```

3.1.2 图像区域的复制粘贴

使用 crop() 函数可以从一幅图像中裁剪指定的矩形图形，具体代码为

```
from PIL import Image
im = Image.open('tiger.jpg').convert('L')
#设定裁剪的区域
box = (500,500,1200,1200)
#裁剪指定区域
region = im.crop(box)
#显示图像
region.show()
```

程序运行结果如图 3-4 所示。

图 3-4 裁剪指定的区域

该区域由四元组来指定。四元组的坐标依次是（左，上，右，下）。PIL 中指定坐标系的左上角坐标为（0，0）。可以旋转上述代码中获取的区域，然后使用 paste() 语句将该区域放回原图中，具体代码如下：

```
#旋转区域
region = region.transpose(Image.ROTATE_180)
#粘贴区域
new_im = im.paste(region,box)
im.show(new_im)
```

程序运行结果如图 3-5 所示。

图 3-5　图像区域的旋转和粘贴

3.1.3　调整图像尺寸和旋转图像

要调整一幅图像的尺寸，我们可以调用 resize( ) 函数。该方法的参数是一个元组，用来指定新图像的大小，具体代码如下：

```
from PIL import Image
im = Image.open('tiger.jpg')
#调整图像的尺寸并显示图像
out = im.resize((500,500)).show()
```

程序运行结果如图 3-6 所示。

图 3-6　调整图像尺寸

要旋转一幅图像，可以使用逆时针方式表示旋转角度，然后调用 rotate( ) 函数，具体代码为：

```
from PIL import Image
im = Image.open('tiger.jpg')
#旋转图像并显示图像
out = im.rotate(135).show()
```

程序运行结果如图 3-7 所示。

图 3-7 旋转图像

3.1.4 其他图像处理

1. 图像负片

图像负片是指图像经曝光和显影加工后得到的影像,其明暗与被摄体相反,其色彩则为被摄体的补色,它需经印放在照片上才还原为正像。图像负片的原理是将原图像中每个像素的颜色值取反,即将颜色值的最大值(255)减去原来的颜色值,得到新的颜色值。图像负片可以由 point( ) 函数实现,具体代码如下:

```
from PIL import Image
im = Image.open('tiger.jpg')
#图像负片变换
im_t = im.point(lambda x: 255 - x)
im_t.show()
```

程序运行结果如图 3-8 所示。

图 3-8 图像负片

彩图

2. 几何变换

几何变换包括镜像图像、仿射变换、更改像素值等,这些变换是通过将适当的矩阵(通常用齐次坐标表示)与图像矩阵相乘来完成的。由于这些变换会改变图像的几何方向,因此称这些变换为几何变换。

（1）镜像图像　可以使用 transpose() 函数得到在水平或垂直方向上的镜像图像，代码如下所示：

```
from PIL import Image
im = Image.open('tiger.jpg')
#图像镜像变换
im.transpose(Image.FLIP_LEFT_RIGHT).show()
```

程序运行结果如图 3-9 所示。

图 3-9　镜像图像

（2）仿射变换　二维仿射变换矩阵可以应用于图像的每个像素（在齐次坐标中），以进行仿射变换，这种变换通常通过反向映射（扭曲）来实现。

如下代码所示的是用 transform() 函数进行仿射变换的例子。transform() 函数中的数据参数是一个六元组（a，b，c，d，e，f）。对于输出图像中的每个像素（x，y），新值取自输入图像中的位置（ax+by+c，dx+ey+f），使用最接近的像素进行近似。transform() 函数可用于缩放、平移、旋转和剪切原始图像。

```
from PIL import Image
im = Image.open("tiger.jpg")
#图像仿射变换
im.transform((int(1.4 * im.width), im.height), Image.AFFINE, data = (1,-0.5,0,0,1,0)).show()
```

程序运行结果如图 3-10 所示。

图 3-10　图像的仿射变换

3. 更改像素值

可以使用 putpixel() 函数更改图像中的像素值。要想使用函数向图像中添加噪声，可以通过从图像中随机选择几个像素值，然后将这些像素值的一半设置为黑色，另一半设置为白色，来为图像添加椒盐噪声（Salt-And-Pepper Noise）。添加椒盐噪声的具体代码如下所示：

```
#模块导入
import numpy as np
from PIL import Image
im = Image.open("tiger.jpg")
#设置选择像素点的数量
n = 800000
#随机选择800000个像素点
x, y = np.random.randint(0, im.width, n), np.random.randint(0, im.height, n)
for(x, y) in zip(x, y):
    #添加椒盐噪声
    im.putpixel((x, y), ((0, 0, 0)
    if np.random.rand() < 0.5
    else(255, 255, 255)))
im.show()
```

程序运行结果如图 3-11 所示。

图 3-11 添加椒盐噪声

4. 绘制图形

可以用 PIL.ImageDraw 模块中的函数在图像上绘制线条或其他几何图形（例如 ellipse() 函数可用于绘制椭圆），代码如下：

```
from PIL import Image, ImageDraw
im = Image.open("tiger.jpg")
draw = ImageDraw.Draw(im)
#绘制图形
draw.ellipse((200, 200, 800, 600), fill=(0, 255, 0))
im.show()
```

程序运行结果如图 3-12 所示。

图 3-12　在图像上绘制图形

5. 添加文本

可以使用 PIL.ImageDraw 模块中的 text( ) 函数向图像添加文本，代码如下：

```
from PIL import Image,ImageDraw,ImageFont
im = Image.open("tiger.jpg")
draw = ImageDraw.Draw(im)
#设置字体
font = ImageFont.truetype("arial.ttf",100)
#添加文本
draw.text((700,50),"Welcome to image processing with python",font=font)
im.show()
```

程序运行结果如图 3-13 所示。

图 3-13　在图像上添加文本

3.2　使用 Matplotlib 进行图像分析

Matplotlib 是 Python 中一个广泛使用的数据可视化库，专为创建静态、动态和交互式图表而设计。它为开发者提供了一个灵活而强大的接口，可以轻松地生成高质量的图形和图表，广泛应用于数据分析、科学研究、工程计算等领域。Matplotlib 拥有一个活跃的社区，提供了大量的教程和示例。用户可以访问 Matplotlib 官方网站查阅详细的文档和使用指南。

在命令行（Windows 上是命令提示符，macOS 和 Linux 上是终端）中输入 pip install matplotlib 命令来安装 Matplotlib。安装完成后，可以通过进入 Python 交互式环境并输入 import matplotlib.pyplot as plt 来验证安装是否成功。如果没有出现错误信息，则表示 Matplotlib 已经成功安装。

3.2.1 在图像中绘制点和线

Matplotlib 中的 PyLab 接口包含很多方便用户创建图像的函数。下面以采用几个点和一条线绘制图像为例来进行介绍，具体代码如下：

```
from PIL import Image
from pylab import *
#读取图像到数组中
im = array(Image.open('tiger.jpg'))
#绘制图像
imshow(im)
#取一些点
x = [100,100,600,600]
y = [200,1000,200,1000]
#使用红色星状标记绘制点
plot(x,y,'r*')
#绘制连接前两个点的线
plot(x[:2],y[:2])
#添加标题,显示绘制的图像
title('Plotting:"tiger.jpg"')
show()
```

程序运行结果如图 3-14 所示。

图 3-14　在图像上绘制点、线

上面的代码首先绘制出原始图像，然后在 x 和 y 列表中给定点的 x 坐标和 y 坐标上绘制出红色星状标记点，最后在两个列表表示的前两个点之间绘制一条线段（默认为蓝色）。show() 命令首先打开图形用户界面（GUI），然后新建一个图像窗口。该图形用户界面会循

环阻断脚本，然后暂停，直到最后一个图像窗口关闭。在每个脚本里，能调用一次 show( ) 命令，而且通常是在脚本的结尾调用。注意，在 PyLab 库中，通常定图像的左上角为坐标原点。

图像的坐标轴是一个很有用的调试工具；但是，如果想绘制出较美观的图像，添加下列命令可以使坐标轴不显示：

axis(' off')

3.2.2 图像轮廓和直方图

绘制图像的轮廓（或其他二维函数的等轮廓线）是图像处理和数据可视化中的常见操作。这种操作能够帮助我们理解图像中不同区域的结构和变化，尤其在图像分析、地形建模和科学数据展示中非常有用。为了绘制轮廓，我们需要对图像进行一系列预处理步骤，其中最重要的一步是将图像灰度化。这是因为轮廓线的绘制依赖于图像中每个像素的灰度值，而不是颜色信息。将图像灰度化的过程是将图像转换为只有灰度值的形式，使得每个像素只有一个亮度值，从而简化了后续的轮廓绘制操作。具体地，我们对每个坐标［x，y］的像素值施加一个统一的阈值，以确定轮廓线的位置和形状。下面是绘制轮廓的代码示例：

```python
from PIL import Image
from pylab import *
#读取图像到数组中
im = array(Image.open('tiger.jpg').convert('L'))
#新建一个图像
figure()
#不使用颜色信息
gray()
#在原点的左上角显示轮廓图像
contour(im, origin='image')
axis('equal')
axis('off')
show()
```

程序运行结果如图 3-15 所示。

图像的直方图是用于表征图像中像素值分布情况的一个重要工具。它通过统计图像中不同像素值的出现频率，帮助我们了解图像的亮度或颜色分布特征。具体而言，直方图将像素值的范围划分为若干个小区间（称为"bin"），每个小区间代表一个像素值的范围。这些小区间可以是等宽的，也可以根据实际需要进行自定义。每个小区间的高度表示该范围内像素的数量，直方图的形状就反映了像素值的分布情况。

图 3-15 绘制图像的轮廓

例如，在灰度图像中，像素值通常在 0 到 255 的范围内分布，其中 0 表示黑色，255 表示白色，中间值表示不同的灰度级别。绘制图像的直方图时，我们将整个像素值范围分成若干个小区间（bin），然后统计每个小区间内的像素数目。通过这种方式，直方图可以帮助我们了解图像的对比度、亮度分布及其整体结构。

使用 Matplotlib 库的 hist( ) 函数可以方便地绘制图像的直方图。以下是一个绘制灰度图像直方图的代码示例：

```python
from PIL import Image
from pylab import *
#读取图像到数组中
im = array(Image.open('tiger.jpg').convert('L'))
figure()
#绘制图像的直方图
hist(im.flatten(),140)
show()
```

程序运行结果如图 3-16 所示。

hist( ) 函数的第二个参数指定小区间的数目。需要注意的是，因为 hist( ) 只接受一维数组作为输入，所以我们在绘制图像直方图之前，必须先对图像进行压平处理。flatten( ) 函数将任意数组按照行优先准则转换成一维数组。

彩色图像的直方图可使用 histogram( ) 函数绘制。histogram( ) 函数可用于计算每个通道像素的直方图（像素值与频率表），并返回相关联的输出（例如，对于 RGB 图像，输出包含 3×256 = 768 个值），代码如下：

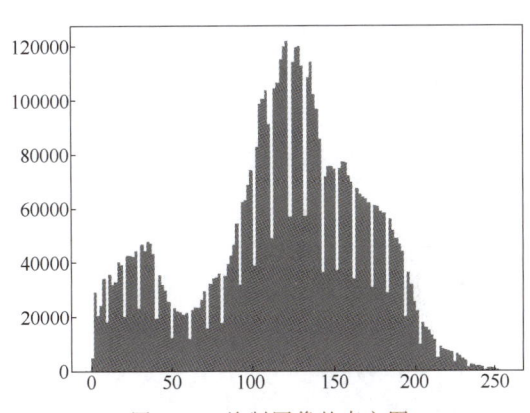

图 3-16 绘制图像的直方图

```python
from PIL import Image
from matplotlib import pyplot as plt
im = Image.open('tiger.jpg')
#计算每个通道像素的直方图
pl = im.histogram()
#绘制每个通道像素的直方图
plt.bar(range(256),pl[:256],color='r',alpha=0.5)
plt.bar(range(256),pl[256:2*256],color='g',alpha=0.4)
plt.bar(range(256),pl[2*256:],color='b',alpha=0.3)
plt.show()
```

程序运行结果如图 3-17 所示。

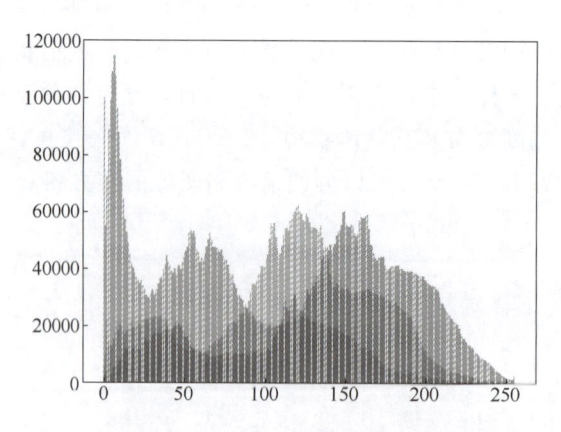

图 3-17　绘制彩色图像的直方图

分离图像的 RGB 通道。可以用 split( ) 函数来分离多通道图像的通道，如下面的代码可对 RGB 图像实现 RGB 通道的分离：

```
from PIL import Image
from matplotlib import pyplot as plt
im = Image.open('tiger.jpg')
#分离图像的 RGB 通道
ch_r, ch_g, ch_b = im.split()
#分别绘制 RGB 通道图像
plt.figure(figsize=(18,6))
plt.subplot(1,3,1); plt.imshow(ch_r, cmap=plt.cm.Reds); plt.axis('off')
plt.subplot(1,3,2); plt.imshow(ch_g, cmap=plt.cm.Greens); plt.axis('off')
plt.subplot(1,3,3); plt.imshow(ch_b, cmap=plt.cm.Blues); plt.axis('off')
plt.tight_layout()
plt.show()
```

程序运行结果如图 3-18 所示：即 R（红色）、G（绿色）和 B（蓝色）通道创建的三个输出图像如图 3-18a、b、c 所示。

合并图像的多个通道可以使用 merge( ) 函数，如下面的代码所示。其中颜色通道是通过分离 tiger 的 RGB 图像，并在红蓝通道交换后合并得到的。

a) R 通道图像　　　　b) G 通道图像　　　　c) B 通道图像

图 3-18　分离图像的 RGB 通道

```
#合并多通道图像
im = Image.merge('RGB',(ch_b,ch_g,ch_r))
im.show()
```

程序运行结果如图 3-19 所示，即合并 B、G 和 R 通道而创建的输出图像。

图 3-19　通过合并通道创建的图像

3.3　利用 NumPy 进行图像数据处理

NumPy（Numerical Python）是 Python 语言的一个扩展库，它支持大量的维度数组与矩阵运算，此外也针对数组运算提供大量的数学函数库。NumPy 的出现极大地简化了 Python 在数值计算方面的工作，特别是在科学计算、数据分析、机器学习等领域，NumPy 几乎成为了不可或缺的工具。使用 NumPy 处理图像是一种高效而灵活的方式，尤其在进行图像分析和处理时。NumPy 提供了强大的多维数组操作功能，使得对图像数据的处理变得更加简单和高效。

在命令行（在 Windows 上是命令提示符，在 macOS 和 Linux 上是终端）中输入 pip install numpy 命令以安装 NumPy。安装完成后，可以通过进入 Python 交互式环境并输入 import numpy as np 来验证安装是否成功。如果没有出现错误信息，则表示 NumPy 已经成功安装。

3.3.1　图像的数组化

在先前的例子中，当载入图像时，通过调用 array() 函数将图像转换成 NumPy 的数组对象。NumPy 中的数组对象是多维的，可以用来表示向量、矩阵和图像。一个数组对象类似于一个列表（或者是列表的列表），但是数组中所有的元素必须具有相同的数据类型。除非创建数组对象时指定数据类型，否则会按照数据的类型自动确定。

以图像数据为例，代码如下：

```
from PIL import Image
from numpy import array
#读取图像到数组中
im = array(Image.open('tiger.jpg'))
print(im.shape,im.dtype)
im = array(Image.open('tiger.jpg').convert('L'),'f')
print(im.shape,im.dtype)
```

运行结果为

（2000,3000,3）uint8

（2000,3000）float32

每行的第一个元组表示图像数组的行、列、颜色通道，紧接着的字符串表示数组元素的数据类型。因为图像通常被编码成无符号的八位整数（uint8），所以在第一种情况下，载入图像并将其转换到数组中，数组的数据类型为"uint8"。在第二种情况下，对图像进行灰度化处理，并且在创建数组时使用额外的参数"f"；该参数将数据类型转换为浮点型。由于灰度图像没有颜色信息，所以在形状元组中，它只有两个数值。

数组中的元素可以使用序号访问。位于坐标 i、j，以及颜色通道 k 的像素值可以参考下述代码访问：

value = im[i,j,k]

多个数组元素可以使用数组切片方式访问。切片方式返回的是以指定间隔序号访问该数组的元素值。下面是有关灰度图像的一些例子：

```
im[i,:] = im[j,:] #将第 j 行的数值赋值给第 i 行
im[:,i] = 100 #将第 i 列的所有数值设为 100
im[:100,:50].sum() #计算前 100 行、前 50 列所有数值的和
im[50:100,50:100] #50~100 行,50~100 列(不包括第 100 行和第 100 列)
im[i].mean() #第 i 行所有数值的平均值
im[:,-1] #最后一列
im[-2,:]( or im[-2]) #倒数第二行
```

3.3.2 灰度变换

将图像读入 NumPy 数组对象后，可以对这些数组执行各种数学操作，从而对图像进行处理和分析。一个常见的应用是图像的灰度变换，旨在调整图像的亮度、对比度或进行其他基于灰度值的操作。例如，在进行灰度变换时，可以通过对图像的像素值应用数学函数，来实现对图像整体亮度的调整。这种变换通常涉及将像素值进行线性缩放或非线性变换，使图像的视觉效果发生变化。灰度变换可以用于图像增强、对比度调整、亮度补偿等多种场景。

例如，假设有一幅灰度图像，可以通过简单地对像素值进行加法操作来增加图像的亮度。具体地，可以将每个像素的灰度值加上一个常量值，同时确保像素值保持在有效的范围内（通常为 0 到 255）。这种操作会使图像变得更亮。同样，也可以通过减法操作来减少图像的亮度，或者通过乘法和除法操作来调整对比度。

下面是一个简单的例子，演示了如何使用 NumPy 对图像进行灰度变换，代码如下：

```
from PIL import Image
from pylab import *
from numpy import *
im = array(Image.open('panda.jpg').convert('L'),'f')
#对图像进行反相处理,结果如图 3-20a 所示
```

```
im1 = 255 - im
figure( )
imshow( im1,cmap = plt. get_cmap(' gray ') )
#将图像像素值变换到 100～200 区间,结果如图 3-20b 所示
im2 = ( 100. 0/255 ) * im + 100
figure( )
imshow( im2,cmap = plt. get_cmap(' gray ') )
#对图像的像素值求平方后得到的图像,结果如图 3-20c 所示
im3 = 255. 0 * ( im/255. 0 ) * * 2
figure( )
imshow( im3,cmap = plt. get_cmap(' gray ') )
show( )
```

程序运行结果如图 3-20a、b、c 所示。

a) 对图像进行反相处理

b) 将图像像素值变换到100～200区间

c) 对图像的像素值求平方后得到的图像

图 3-20　图像的灰度变换

3.4　借助 SciPy 进行高级图像处理

SciPy 是一个开源的 Python 库,它是基于 NumPy 构建的,主要用于科学计算。它扩展了 NumPy 的功能,提供了更为全面的数学、科学和工程计算工具,使得在 Python 中进行高

级数学和统计分析变得更加方便。SciPy 被广泛应用于数据分析、机器学习、工程模拟和科学研究等领域。使用 SciPy 处理图像主要涉及对图像数据进行各种数学和科学计算，包括图像模糊、图像导数等分析。SciPy 库提供了许多强大的工具，可以与 NumPy 结合使用来实现图像处理任务。

在命令行（在 Windows 上是命令提示符，在 macOS 和 Linux 上是终端）中输入 pip install scipy 命令来安装 SciPy。安装完成后，可以通过进入 Python 交互式环境并输入 import scipy 来验证安装是否成功。如果没有出现错误信息，说明 SciPy 已成功安装。

3.4.1 图像模糊

图像模糊是图像处理中常用的一种技术，其基本原理是通过将图像与一个高斯核（或称为高斯滤波器）进行卷积操作，来实现图像的平滑效果。这种处理可以有效地减少图像中的噪声，同时保持图像的结构和边缘特征。高斯模糊是一种低通滤波器，它通过对图像的每一个像素点及其周围区域进行加权平均，来生成模糊效果。

在 Python 中，SciPy 库提供了 gaussian_filter 函数，专门用于实现这种模糊效果。gaussian_filter 函数位于 scipy.ndimage 模块中，它通过对图像数据进行高斯卷积来实现平滑处理。该函数利用快速的一维分离卷积技术来提高计算效率，这意味着它首先沿着图像的每一维进行高斯卷积，然后将结果合并。这种方法相比直接的二维卷积计算要高效得多。

以下是一个使用 scipy.ndimage.gaussian_filter 函数进行图像模糊的示例代码：

```python
import matplotlib.pyplot as plt
from PIL import Image
from numpy import *
from scipy.ndimage import gaussian_filter
im = array(Image.open('tiger.jpg').convert('L'))
#高斯模糊
im2 = gaussian_filter(im,5)
plt.imshow(im2 ,cmap = plt.get_cmap('gray'))
plt.show()
```

程序运行结果如图 3-21 所示。

图 3-21 对图像进行高斯模糊

guassian_filter()函数的最后一个参数表示标准差 σ。随着 σ 的增加，一幅图像被模糊的程度越大，处理后的图像细节丢失越多。σ=2 和 σ=10 的模糊效果如图 3-22a、b 所示。

a) σ=2的模糊效果　　　　　　　　　　　b) σ=10的模糊效果

图 3-22　不同 σ 值的模糊效果

如果打算模糊一幅彩色图像，只需简单地对每一个颜色通道进行高斯模糊：

```
import matplotlib.pyplot as plt
from PIL import Image
from numpy import *
from scipy.ndimage import gaussian_filter
im = array(Image.open('tiger.jpg'))
#返回给定形状和类型的新数组，用零填充
im2 = zeros(im.shape)
#对每个颜色通道进行高斯模糊
for i in range(3):
    im2[:,:,i] = gaussian_filter(im[:,:,i],5)
im2 = uint8(im2)
plt.imshow(im2)
plt.show()
```

程序运行结果如图 3-23 所示。

图 3-23　对彩色图像进行高斯模糊

彩图

3.4.2 图像导数

图像强度的变化情况在许多计算机视觉和图像处理任务中是至关重要的信息。图像强度的变化可以通过计算灰度图像的 x 方向和 y 方向的导数来描述，以获得梯度信息。对于彩色图像，通常会对每个颜色通道分别计算导数，然后合成结果。梯度主要有两个重要的属性：一是梯度的大小，它表征了图像强度变化的强弱；二是梯度的角度，它描述了图像中在每个点（像素）上强度变化最大的方向。梯度大小和方向是识别图像特征（如边缘和角点）的关键。在边缘检测中，梯度的大小可以用来确定图像中强度变化剧烈的区域，而梯度的方向则可以用来找到这些变化的具体方向。

导数滤波器可以用来计算图像的梯度。在 SciPy 中，scipy.ndimage 模块提供了 Sobel 滤波器，用于计算图像在 x 和 y 方向上的导数。Sobel 滤波器是一个常用的边缘检测算子，通过对图像进行卷积操作，可以得到图像在水平和垂直方向上的梯度。这种操作有助于提取图像中的边缘信息。

以下是一个使用 scipy.ndimage.sobel 函数进行梯度计算的示例代码：

```python
import matplotlib.pyplot as plt
from PIL import Image
from numpy import *
from scipy.ndimage import sobel
im = array(Image.open('tiger.jpg').convert('L'))
#Sobel 导数滤波器
imx = zeros(im.shape)
#计算 x 方向导数
sobel(im, 1, imx)
imy = zeros(im.shape)
#计算 y 方向导数
sobel(im, 0, imy)
#计算梯度
magnitude = sqrt(imx**2+imy**2)
plt.imshow(imx, cmap=plt.get_cmap('gray'))
plt.show()
```

上面的代码使用 Sobel 导数滤波器来计算 x 和 y 的方向导数，以及梯度大小。sobel() 函数的第二个参数表示选择 x 或者 y 方向导数，第三个参数保存输出的变量。将上述代码 plt.imshow(imx, cmap=plt.get_cmap('gray')) 中的第一个参数分别修改为 imy、magnitude，运行程序可得到 x 方向导数图像、y 方向导数图像以及梯度大小图像，如图 3-24a、b、c 所示。

上述计算图像导数的方法有一些缺陷，在该方法中滤波器的尺度需要随着图像分辨率的变化而变化。为了在图像噪声方面稳定，以及在任意尺度上计算导数，可以使用高斯导数滤波器，代码如下：

```python
import matplotlib.pyplot as plt
from PIL import Image
from numpy import *
from scipy.ndimage import gaussian_filter
im = array(Image.open('tiger.jpg').convert('L'))
#标准差
sigma = 5
#Gaussian 导数滤波器
imx = zeros(im.shape)
#计算 x 方向导数
gaussian_filter(im,(sigma,sigma),(0,1),imx)
imy = zeros(im.shape)
#计算 y 方向导数
gaussian_filter(im,(sigma,sigma),(1,0),imy)
plt.imshow(imx ,cmap = plt.get_cmap('gray'))
plt.show()
```

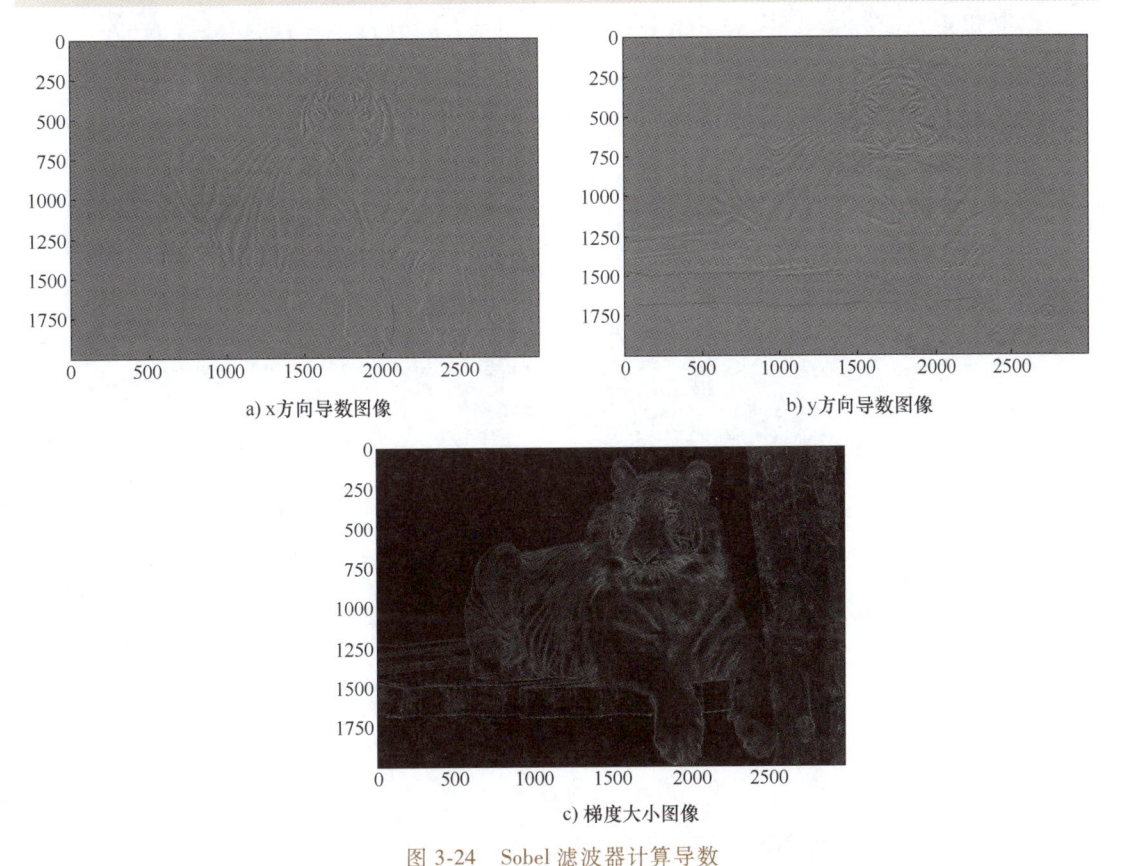

a) x方向导数图像

b) y方向导数图像

c) 梯度大小图像

图 3-24　Sobel 滤波器计算导数

上面的代码使用 Gaussian 导数滤波器来计算 x 和 y 的方向导数。gaussian_filter 的第二个参数为使用的标准差，第三个参数指定计算哪种类型的导数。将上述代码 plt.imshow（imx， cmap=plt.get_cmap('gray'))中的第一个参数修改为 imy。程序运行结果如图 3-25a、b 所示。

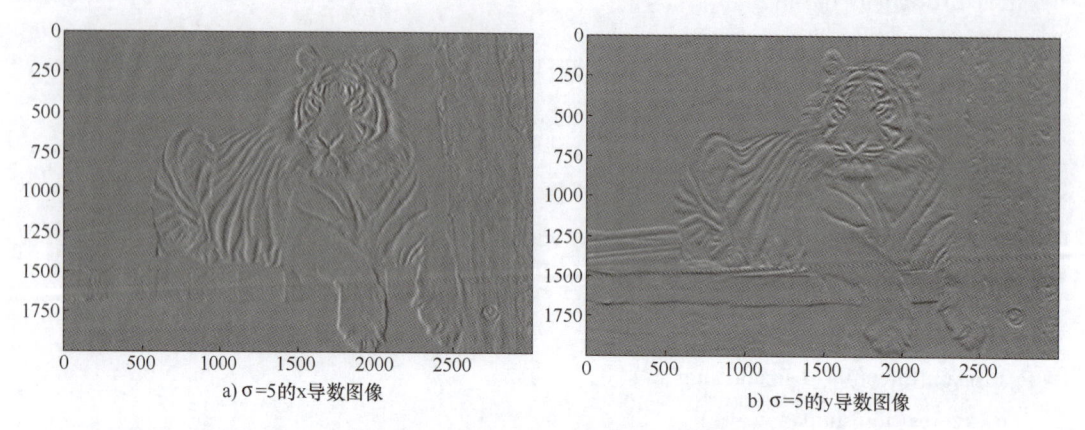

a) σ=5的x导数图像   b) σ=5的y导数图像

图 3-25 Gaussian 导数滤波器计算导数

σ=2 和 σ=10 的 x、y 方向导数图像如图 3-26a、b、c、d 所示。

a) σ=2的x方向导数图像   b) σ=2的y方向导数图像

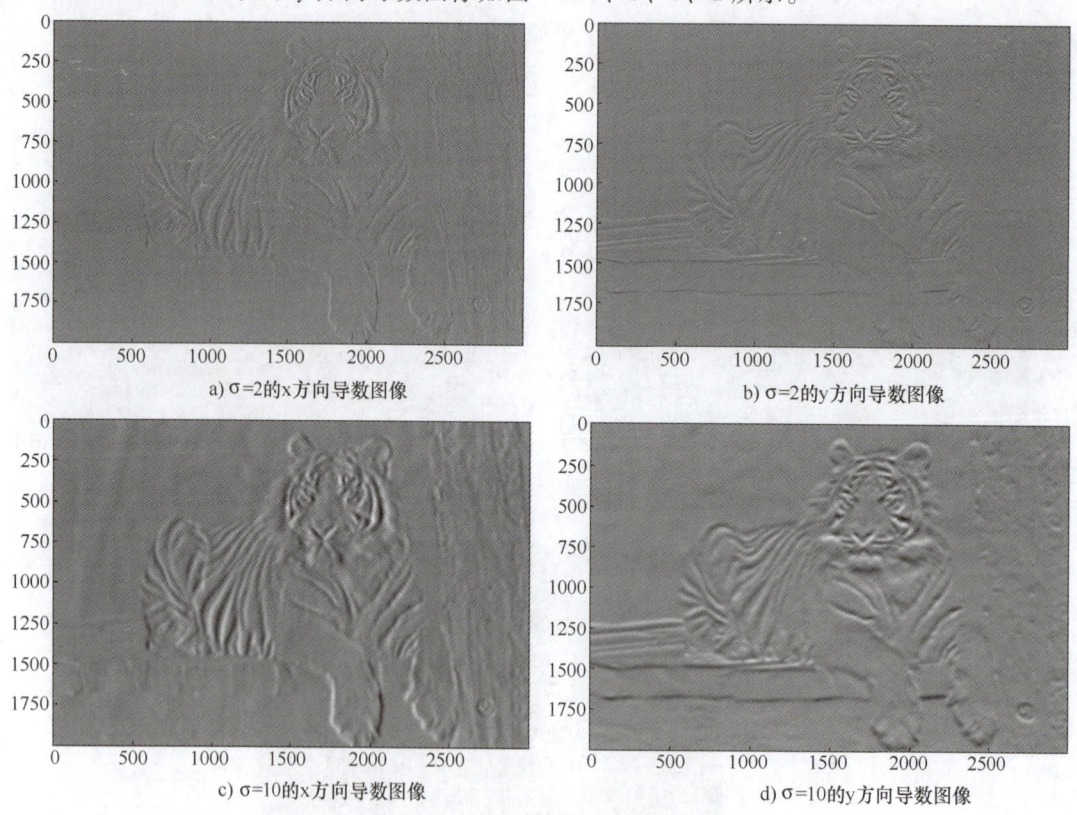

c) σ=10的x方向导数图像   d) σ=10的y方向导数图像

图 3-26 不同 σ 值的 x、y 方向导数图像

3.5 使用 scikit-image 处理图像

scikit-image 是一个开源的 Python 图像处理库，它为图像处理任务提供了广泛的算法和工具。该库建立在 NumPy 数组之上，可以轻松地与其他科学计算库集成。scikit-image 提供

了许多图像处理功能，包括旋流变换和添噪等。

打开命令行（在 Windows 上是命令提示符，在 macOS 和 Linux 上是终端），输入 pip install scikit-image 命令来安装 scikit-image。安装完成后，可以通过进入 Python 交互式环境并输入 import skimage 来验证安装是否成功。如果没有出现错误信息，说明 scikit-image 已成功安装。

3.5.1 图像的旋流变换

旋流变换（Swirl Transform）是一种非线性变换，定义在 scikit-image 文档中，用于将图像中的像素按照螺旋形状进行变换。这种变换可以产生一种旋转的视觉效果，通常用于艺术创作和数据增强。旋流变换的主要参数包括旋流量、旋流半径和旋转角度，它们控制了变换的强度、范围和方向。

在 scikit-image 中，可以使用 swirl() 函数来实现旋流变换。swirl() 函数允许用户指定多个参数，以控制旋流效果的强弱。具体而言，strength 参数决定了旋流的强度，即变换的程度；radius 参数表示旋流的范围，以像素为单位，决定了影响图像的区域大小；rotation 参数用来添加额外的旋转角度，进一步调整图像的视觉效果。

以下是一个使用 swirl() 函数实现旋流变换的示例代码：

```python
from matplotlib.pyplot import imread
from skimage.transform import swirl
from matplotlib import pyplot as plt
#读取图像
im = imread("tiger.jpg")
#旋流变换
swirled = swirl(im, rotation=0, strength=15, radius=500)
plt.imshow(swirled)
plt.axis('off')
plt.show()
```

程序运行结果如图 3-27 所示。

图 3-27 图像的旋流变换

3.5.2 图像的添噪

random_noise() 函数是 scikit-image 库中的一个强大工具，用于向图像添加各种类型的噪声。这对于图像处理任务中的数据增强、噪声鲁棒性测试或模拟真实世界的噪声条件非常有用。random_noise() 函数可以添加包括高斯噪声、椒盐噪声、泊松噪声等多种类型的噪声。

高斯噪声是一种常见的噪声类型，其噪声强度由方差控制。添加高斯噪声的基本思路是将均值为零、方差为给定值的高斯噪声添加到图像的每个像素值上。方差越大，噪声强度越强，图像的细节也就越模糊。

以下代码示例展示了如何使用 random_noise() 函数向图像中添加具有不同方差的高斯噪声：

```python
from skimage.util import random_noise
from matplotlib.pyplot import imread
from matplotlib import pyplot as plt
from skimage import img_as_float
#读取图像并转换为浮点格式
im = img_as_float(imread("tiger.jpg"))
plt.figure(figsize=(15,12))
#标准差
sigmas = [0.1, 0.25, 0.5, 1]
#向图像中添加不同的标准差
for i in range(4):
    noisy = random_noise(im, var=sigmas[i]**2)
    plt.subplot(2,2,i+1)
    plt.imshow(noisy)
    plt.axis('off')
    plt.title('Gaussian noise with sigma ='+ str(sigmas[i]), size=20)
plt.tight_layout()
plt.show()
```

运行上述代码，添加不同标准差的高斯噪声生成的输出图像如图 3-28a、b、c、d 所示，从图中可以看到，高斯噪声的标准差越大，输出图像的噪声就越大。

a) σ = 0.1

b) σ = 0.25

图 3-28 图像添加不同高斯噪声生成的输出图像

Gaussian noise with sigma = 0.5　　　　　　　　　　Gaussian noise with sigma = 1

c) σ= 0.5　　　　　　　　　　　　　　　　d) σ= 1

图 3-28　图像添加不同高斯噪声生成的输出图像（续）

本 章 小 结

本章详细介绍了多种用于图像处理和分析的 Python 库，帮助读者掌握基本的图像处理技术。本章节主要包含以下内容：利用 PIL 进行图像的读取、保存、区域的复制和粘贴、调整图像尺寸、图像旋转以及其他常用的图像处理操作；利用 Matplotlib 在图像中绘制点线、提取图像的轮廓和直方图；利用 NumPy 实现图像的数组化和灰度变换；利用 SciPy 进行图像模糊和使用导数处理图像；利用 scikit-image 实现图像的旋流变换和添噪。通过本章内容的学习，读者能够初步掌握图像处理的基本技术，为后续的图像分析打下基础。

习　　题

1. 请使用 PIL 库读取一张图像，并从中裁剪出一个 150×150 像素的区域，该区域的左上角坐标为（100，100）。接着，将裁剪得到的区域旋转 45°，并将其粘贴回原图像的左上角。完成这些操作后，将处理后的图像保存为一个新的文件。请提供代码示例，并显示处理前后的图像，解释裁剪、旋转和粘贴操作的效果。

2. 使用 Matplotlib 库读取并显示一张图像。在图像中绘制一个红色的点，点的坐标为（50，50），并绘制一条绿色的直线，直线的起始坐标为（20，20），终止坐标为（100，100）。此外，计算并绘制图像的灰度直方图，解释直方图的形状及其含义。请提供代码示例，并显示绘制点和线后的图像，解释直方图的生成过程并分析结果。

3. 使用 NumPy 将图像数据转换为数组格式，并将灰度图像的像素值进行线性变换，将其值域从［0，255］变换到［50，200］。随后，对图像数组进行平方操作，并将像素值的平方结果映射回［0，255］的范围。请提供代码示例，并显示处理前后的图像，解释每一步的变换操作。

4. 使用 SciPy 库对一张灰度图像应用高斯模糊，分别设置 σ 值为 3 和 7。然后，使用 sobel 模块计算图像的梯度，并显示梯度图像。对比不同 σ 值的高斯模糊效果，并解释梯度图像中的边缘信息。请提供代码示例，并显示高斯模糊处理前后的图像，解释不同 σ 值对图像平滑的影响，以及梯度图像中的边缘信息。

5. 使用 swirl( ) 函数对图像进行旋流变换，设置旋转角度为 30°，旋流量参数为 10，旋流半径为 200。同时，使用 random_noise( ) 函数向图像添加高斯噪声，噪声方差为 0.02。显示旋流变换和噪声添加后的图像，并解释旋流变换的视觉效果以及噪声对图像的影响。请提供代码示例，并展示处理后的图像，解释旋流变换的效果和噪声对图像质量的影响。

第4章

Python传统图像处理方法

图像处理是计算机视觉领域的关键技术之一,它涵盖了一系列的操作,旨在改善图像的质量、提取有用信息、识别对象以及理解图像内容。在本章中,我们将继续深入探讨传统图像处理方法,这些方法是计算机视觉的基础,为许多计算机视觉领域的高级应用提供了重要的理论支撑。

4.1 图像增强

图像增强,作为图像处理中的关键领域,旨在通过一系列算法和技术手段显著改善图像的可视化质量和信息表达。这些方法主要分为基于空间域和基于频率域两大类别,其中基于空间域的方法直接作用于像素层面,包括点运算和邻域处理。点运算,如直方图均衡化,通过自动调整图像的灰度分布来增强对比度,使图像更加清晰生动。而邻域处理则进一步考虑了像素间的空间关系,通过设计不同的滤波器模板,如均值滤波、高斯滤波、中值滤波等,实现图像平滑、锐化等效果,既去除噪声又保留关键边缘信息。这些技术有助于增强图像清晰度和突出关键特征,可广泛应用于各种不同领域。本节将介绍一些常见的图像增强方法,包括直方图均衡化、图像平滑和图像锐化等。

4.1.1 直方图均衡化

直方图均衡化是将原图像通过某种变换,得到一幅灰度直方图为均匀分布的新图像的方法。这种方法通过重新分配图像的像素值,使得图像的灰度级分布更加均匀,从而增强图像的对比度和细节。其基本原理是对图像中像素个数多的灰度级(即对画面起主要作用的灰度级)进行展宽,而对像素个数少的灰度级(即对画面不起主要作用的灰度级)进行归并。通过这种方法,可以增大图像中不同灰度级之间的差异,使图像更加清晰。如下代码演示了如何使用scikit-image的曝光模块进行直方图均衡化。直方图均衡化的实现有两种不同的风格:第一种是对整个图像的全局操作;第二种是局部的(自适应的)操作,将图像分割成块,并在每个块上运行直方图均衡化。

```
import pylab
from skimage.color import rgb2gray
from skimage import img_as_ubyte,exposure
from matplotlib.pyplot import imread
img = rgb2gray(imread('tiger.jpg'))
def plot_image(im,title):
    pylab.imshow(im)
    pylab.title(title)
    pylab.axis('off')
#直方图均衡化
img_eq = exposure.equalize_hist(img)
#自适应直方图均衡化
img_adapteq = exposure.equalize_adapthist(img,clip_limit = 0.03)
pylab.gray()
images = [img,img_eq,img_adapteq]
```

```
titles = [' original input ',' after histogram equalization ',' after adaptive histogram equalization ']
for i in range(3):
    pylab.figure(figsize=(20,10)),plot_image(images[i],titles[i])
pylab.figure(figsize=(15,5))
for i in range(3):
    pylab.subplot(1,3,i+1),pylab.hist(images[i].ravel(),color=' g '),pylab.title(titles[i],size=15)
pylab.show()
```

程序运行结果如图4-1所示。原始图像、直方图均衡化后的图像和自适应直方图均衡化后的图像如图4-1a、b、c所示。原始图像、直方图均衡化和自适应直方图均衡化像素分布的情况（横轴代表像素值，纵轴代表相应的频率），如图4-1d、e、f所示。可以看到，经过直方图均衡化后，输出图像的直方图均匀分布；与全局直方图均衡化后的图像相比，自适应直方图均衡化后的图像更清晰地展示了图像的细节。

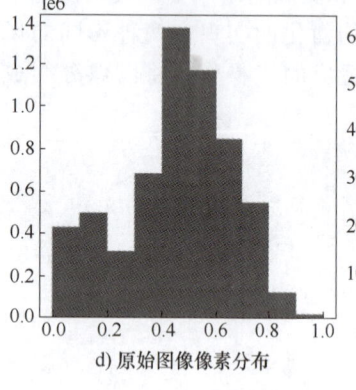

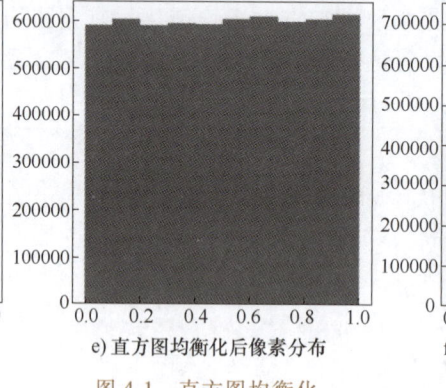

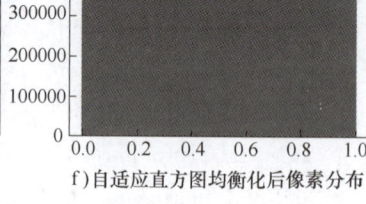

a) 原始图像　　　　　b) 直方图均衡化后的图像　　　　　c) 自适应直方图均衡化后的图像

d) 原始图像像素分布　　e) 直方图均衡化后像素分布　　f) 自适应直方图均衡化后像素分布

图4-1　直方图均衡化

4.1.2　图像的平滑

图像平滑是指降低图像中的噪声影响，使图像亮度趋于平缓，改善图像质量的图像处理过程。其主要目的是减少图像中的噪声和锯齿效应，以便进行后续的图像处理和识别操作。两种常见的图像噪声类型是椒盐噪声和高斯噪声。

椒盐噪声（Salt-and-Pepper Noise）也称为脉冲噪声，是图像中经常见到的一种噪声。它表现为图像中随机出现的白点（盐噪声）或黑点（椒噪声），这些点可能是亮的区域包含黑色像素，或是在暗的区域包含白色像素（或两者兼有）。椒盐噪声的成因可能包括影像信号受到突如其来的强烈干扰、模拟数字转换器或位元传输错误等。例如，失效的感应器可能导致像素值为最小值（黑点），而饱和的感应器则可能导致像素值为最大值（白点）。椒盐噪声对图像的视觉效果和后续处理过程都会造成不利影响。它可能会降低图像的清晰度，使图像中的细节变得模糊。去除椒盐噪声的常用算法包括中值滤波。

另一种常见的噪声是高斯噪声，也称为白噪声或随机噪声，是一种符合高斯（正态）分布的随机信号或干扰。它的特点是在所有频率上具有恒定的功率谱密度，即在不同频率上呈现出等能量的随机波动。从实际角度来看，高斯噪声存在于许多自然现象和系统中，如大气干扰、电子电路中的热噪声以及通信信道中的背景噪声等。此外，高斯噪声也可以人为地添加到信号或数据中，用于多种场景，如测试和模拟真实环境条件。高斯噪声对图像的影响主要体现在降低图像的对比度和清晰度上。由于高斯噪声的随机性和分布特性，它可能使图像中的细节变得模糊或难以辨认。去除高斯噪声的常用方法包括高斯滤波和中值滤波等。

针对图像噪声选取不同的平滑滤波方法，下面介绍几种常见的图像平滑方法。

1. 基于盒模糊核均值化平滑

均值滤波器，也被称为盒式滤波器，是一种图像处理中常用的平滑滤波方法。它的原理是用每个像素周围邻域像素的平均值来替代该像素的值，从而实现图像的平滑效果。通过这种平均化的方式，均值滤波器有助于减少图像中的噪声，并在某种程度上模糊清晰的特征，例如边缘，从而实现空间平滑。这一过程有助于提高图像质量并减少不必要的细节。

如下代码演示了使用 PIL 的 ImageFilter.Kernel( ) 函数和大小为 3×3 和 5×5 的均值滤波器来平滑噪声图像：

```python
import numpy as np
from PIL import Image,ImageFilter
from matplotlib import pylab
def plot_image(im,title):
    pylab.imshow(im)
    pylab.title(title)
    pylab.axis('off')
#掺杂了17%噪声的原始图像
im = Image.open('tiger_noise0.175.jpg')
pylab.figure(figsize=(20,7))
pylab.subplot(1,3,1),pylab.imshow(im),pylab.title('Original Image',size=10),
pylab.axis('off')
for n in [3,5]:
    box_blur_kernel=np.reshape(np.ones(n*n),(n,n))/(n*n)
    #盒模糊核平滑噪声
    im1=im.filter(ImageFilter.Kernel((n,n),box_blur_kernel.flatten()))
    pylab.subplot(1,3,(2 if n==3 else 3))
    plot_image(im1,'Blurred with kernel size ='+ str(n)+'x'+ str(n))
pylab.show()
```

程序运行结果如图 4-2 所示，可以看到，大尺寸的盒模糊核的平滑效果比较小尺寸盒模

a) 原始图像　　　　　　　　　b) 3×3的盒模糊核　　　　　　　c) 5×5的盒模糊核

图 4-2　利用不同核大小的 PIL 均值滤波（盒模糊）

糊核的平滑效果好。

2. 基于高斯模糊滤波器平滑

高斯模糊滤波器与简单的均值滤波器不同的是，它采用核窗口内像素的加权平均值来平滑一个像素（相邻像素的权重随着相邻像素与像素的距离呈指数递减）。PIL 的 ImageFilter.GaussianBlur() 函数可用不同半径参数值的核实现对较大噪声图像的平滑，具体代码如下：

```python
from PIL import Image,ImageFilter
from matplotlib import pylab
im = Image.open('tiger_noise0.175.jpg')
pylab.figure(figsize=(20,6))
i = 1
def plot_image(im,title):
    pylab.imshow(im)
    pylab.title(title)
    pylab.axis('off')
for radius in range(1,4):
    #高斯模糊滤波器平滑噪声
    im1 = im.filter(ImageFilter.GaussianBlur(radius))
    pylab.subplot(1,3,i),plot_image(im1,'radius ='+str(round(radius,2)))
    i+=1
pylab.show()
```

程序运行结果如图 4-3 所示。可以看到，随着半径的增大，高斯模糊滤波器去除的噪声越来越多，图像变得更加平滑。

radius = 1　　　　　　　　　　　radius = 2　　　　　　　　　　　radius = 3

a) 半径为1的高斯模糊滤波器平滑　　b) 半径为2的高斯模糊滤波器平滑　　c) 半径为3的高斯模糊滤波器平滑

图 4-3　利用不同半径核的 PIL 高斯滤波

3. 中值滤波器

中值滤波器用邻域像素值的中值替换每个像素。尽管这种滤波器可能会去除图像中的某些小细节,但它可以极好地去除椒盐噪声。使用中值滤波器时,直接考虑邻域内所有像素的强度值,然后从中选择出中位数(即中间值)作为中心像素的新值。中值滤波对统计异常值具有较强的平复性,适应性强,模糊程度较低,易于实现。PIL 的 ImageFilter 模块的 MedianFilter() 函数可从有噪声的图像中去除椒盐噪声,并为图像添加不同级别的噪声,可使用不同大小的核窗口作为中值滤波器,具体代码如下:

```python
import numpy as np
from PIL import Image,ImageFilter
import matplotlib.pylab as pylab
i = 1
pylab.figure(figsize=(25,35))
def plot_image(im,title):
    pylab.imshow(im)
    pylab.title(title)
    pylab.axis('off')
for prop_noise in np.linspace(0.05,0.3,3):
    im=Image.open('tiger.jpg')
    #在图像中随机选择5000个位置
    n=int(im.width * im.height * prop_noise)
    x,y=np.random.randint(0,im.width,n),np.random.randint(0,im.height,n)
    #生成椒盐噪声
    for(x,y) in zip(x,y):
        im.putpixel(((x,y),((0,0,0) if np.random.rand()<0.5 else (255,255,255))))
    im.save('tiger_noise_'+ str(prop_noise)+'.jpg')
    pylab.subplot(6,4,i)
    plot_image(im,'Original Image with '+ str(int(100*prop_noise))+'% added noise')
    i+=1
    #设置滤波器的尺寸
    sz=3
    #中值滤波器平滑噪声
    im1=im.filter(ImageFilter.MedianFilter(size=sz))
    pylab.subplot(6,4,i),plot_image(im1,'Output(Median Filter size='+str(sz)+')')
    i+=1
pylab.show()
```

分别更改程序中滤波器尺寸"sz"的值为 3、7、11 来调整中值滤波器的大小。程序运行结果如图 4-4 所示。

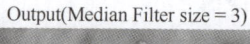

a) 添加5%噪声的原始图像及中值滤波器的输出图像

b) 添加17%噪声的原始图像及中值滤波器的输出图像

图 4-4 添加不同噪声的原始图像及采用中值滤波器滤波后的输出图像

Original Image with 30% added noise   Output(Median Filter size = 3)

Output(Median Filter size = 7)   Output(Median Filter size = 11)

c) 添加30%噪声的原始图像及中值滤波器的输出图像

图 4-4　添加不同噪声的原始图像及采用中值滤波器滤波后的输出图像（续）

4.1.3　图像的锐化

在图像的生成、传输及后处理过程中，由于多种因素（如聚焦不精确、信道带宽限制或平滑处理过度）的影响，图像往往会出现目标物轮廓模糊、细节不清晰的现象。为了改善这一状况，图像锐化技术应运而生，旨在通过增强图像中的高频成分来凸显边缘和细节，从而提升图像的清晰度和视觉质量。从频域分析的角度来看，图像可以分解为低频和高频两个主要部分。低频成分通常代表了图像中的大面积区域和背景信息，它们变化缓慢，对图像的总体亮度和平滑度有重要影响；而高频成分则包含了图像中的边缘、纹理和细节等快速变化的信息，是图像锐化的关键所在。图像模糊的实质是高频分量（即边缘和细节信息）在传输或处理过程中被衰减。因此，在频域内，通过高频提升滤波的方法可以有效增强这些被衰减的高频成分，使图像的边缘和细节更加突出，从而达到锐化的效果。

这种使图像目标物轮廓和细节更突出的方法称为图像锐化，即图像锐化主要是加强高频成分或减弱低频成分。锐化能加强细节和边缘，对图像有去模糊的作用。同时，由于噪声主要分布在高频部分，如果图像中存在噪声，锐化处理对噪声将会有一定的放大作用。

综上所述，图像锐化的目的是通过增强高频成分或减弱低频成分来提高图像的清晰度和细节表现。本节简单介绍两种常见的图像锐化方法。

1. 一阶微分算子法

针对由于平均或积分运算而引起的图像模糊，可用微分运算来实现图像的锐化。微分运算是求信号的变化率，有加强高频分量的作用，从而使图像轮廓清晰。为了把图像中向任何方向伸展的边缘和轮廓变清晰,对图像的某种导数运算应各向同性,梯度的幅度和拉普拉斯运算是符合上述条件的。

(1) 梯度法　对于图像函数 $f(x,y)$,它在点 (x, y) 处的梯度是一个向量,数学定义为

$$\nabla f(x,y) = \left[\frac{\partial f(x,y)}{\partial x} \quad \frac{\partial f(x,y)}{\partial y}\right]^T \tag{4-1}$$

其方向表示函数 $f(x, y)$ 最大变化率的方向,其大小为梯度的幅度,用 $G[f(x,y)]$ 表示为

$$G[f(x,y)] = \sqrt{\left(\frac{\partial f}{\partial x}\right)^2 + \left(\frac{\partial f}{\partial y}\right)^2} \tag{4-2}$$

由式(4-2)可知,梯度的幅度值就是 $f(x, y)$ 在其最大变化率方向上单位距离所增加的量。对于数字图像而言,式(4-2)可以近似为差分算法:

$$G[f(x,y)] = \sqrt{[f(i,j)-f(i+1,j)]^2 + [f(i,j)-f(i,j+1)]^2} \tag{4-3}$$

式中,各像素的位置如图 4-5a 所示。

式(4-4)为式(4-3)的一种近似差分算法:

$$G[f(x,y)] = |f(i,j)-f(i+1,j)| + |f(i,j)-f(i,j+1)| \tag{4-4}$$

以上梯度法又称为水平垂直差分法,是一种典型梯度算法。

另一种梯度法叫做罗伯特梯度法(Robert Gradient),它是一种交叉差分计算法,具体的像素位置如图 4-5b 所示。其数学表达式为

$$G[f(x,y)] = \sqrt{[f(i,j)-f(i+1,j+1)]^2 + [f(i+1,j)-f(i,j+1)]^2} \tag{4-5}$$

式(4-5)可近似表示为

$$G[f(x,y)] = |f(i,j)-f(i+1,j+1)| + |f(i+1,j)-f(i,j+1)| \tag{4-6}$$

由梯度的计算可知,在图像中,灰度变化较大的边沿区域的梯度值较大,灰度变化平缓区域的梯度值较小,而在灰度均匀区域的梯度值为零。图像经过梯度运算后,会留下灰度值急剧变化的边缘处的点。

当梯度计算完之后,可以根据需要生成不同的梯度图像。例如,使各点的灰度 $g(x, y)$ 等于该点的梯度幅度,我们可以得到一种图像,即:

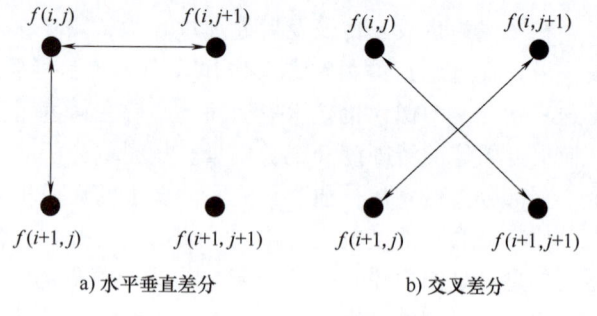

a) 水平垂直差分　　　b) 交叉差分

图 4-5　求梯度的两种差分算法

$$g(x,y) = G[f(x,y)] \tag{4-7}$$

此图像仅显示灰度变化的边缘轮廓。

还可以用式(4-8)表示增强的图像:

$$g(x,y) = \begin{cases} G[f(x,y)] & G[f(x,y)] \geq T \\ f(x,y) & \text{其他} \end{cases} \tag{4-8}$$

对图像而言,物体和物体之间、背景和背景之间的梯度变化一般很小,灰度变化较大处一般集中在图像的边缘,也就是物体和背景交界的地方。如果设定一个合适的阈值 T,当

$G[f(x,y)] \geq T$ 时，认为该像素点处于图像的边缘，增加梯度值以使边缘变亮；而当 $G[f(x,y)] < T$ 时，认为像素点是同类像素点（同为背景或者同为物体）。这样既增加了物体的边界，又同时保留了图像背景原来的状态。

下面介绍使用卷积核来计算梯度及其大小、方向。以灰度象棋图像作为输入，绘制图像像素值和梯度向量的 x 分量，随着图像第一行的 y 坐标变化（x=0）而变化的情况，具体代码如下：

```python
import numpy as np
import pylab
from scipy import signal
import imageio
from skimage.color import rgb2gray
ker_x = [[-1,1]]
ker_y = [[-1],[1]]
im = rgb2gray(imageio.imread('chess.jpg'))
#计算 x 导数
im_x = signal.convolve2d(im,ker_x,mode='same')
#计算 y 导数
im_y = signal.convolve2d(im,ker_y,mode='same')
#计算梯度
im_mag = np.sqrt(im_x**2+im_y**2)
#计算 θ
im_dir = np.arctan(im_y/im_x)
pylab.gray()
pylab.figure(figsize=(30,20))
pylab.subplot(231),plot_image(im,'original'),pylab.subplot(232),plot_image(im_x,'grad_x')
pylab.subplot(233),plot_image(im_y,'grad_y'),pylab.subplot(234),plot_image(im_mag,'||grad||')
pylab.subplot(235),plot_image(im_dir,r'$ \theta $'),pylab.subplot(236)
pylab.plot(range(im.shape[1]),im[0,:],'b-',label=r'$ f(x,y)|_{x=0} $',linewidth=2)
pylab.plot(range(im.shape[1]),im_x[0,:],'r-',label=r'$ grad_x(f(x,y))|_{x=0} $')
pylab.title(r'$ grad_x(f(x,y))|_{x=0} $',size=20)
pylab.legend(prop={'size': 15})
pylab.show()
```

程序运行结果如图 4-6 所示，由图可见，x 和 y 方向上的偏导数分别检测到图像的垂直和水平边缘，梯度大小显示了图像中不同位置边缘的强度。

(2) Sobel 算子　采用梯度微分锐化图像时，不可避免地会使噪声、条纹等干扰信息得到增强，这里介绍的 Sobel 算子可在一定程度上解决这个问题。Sobel 算子也是一种梯度算子，其基本模板如图 4-7 所示。

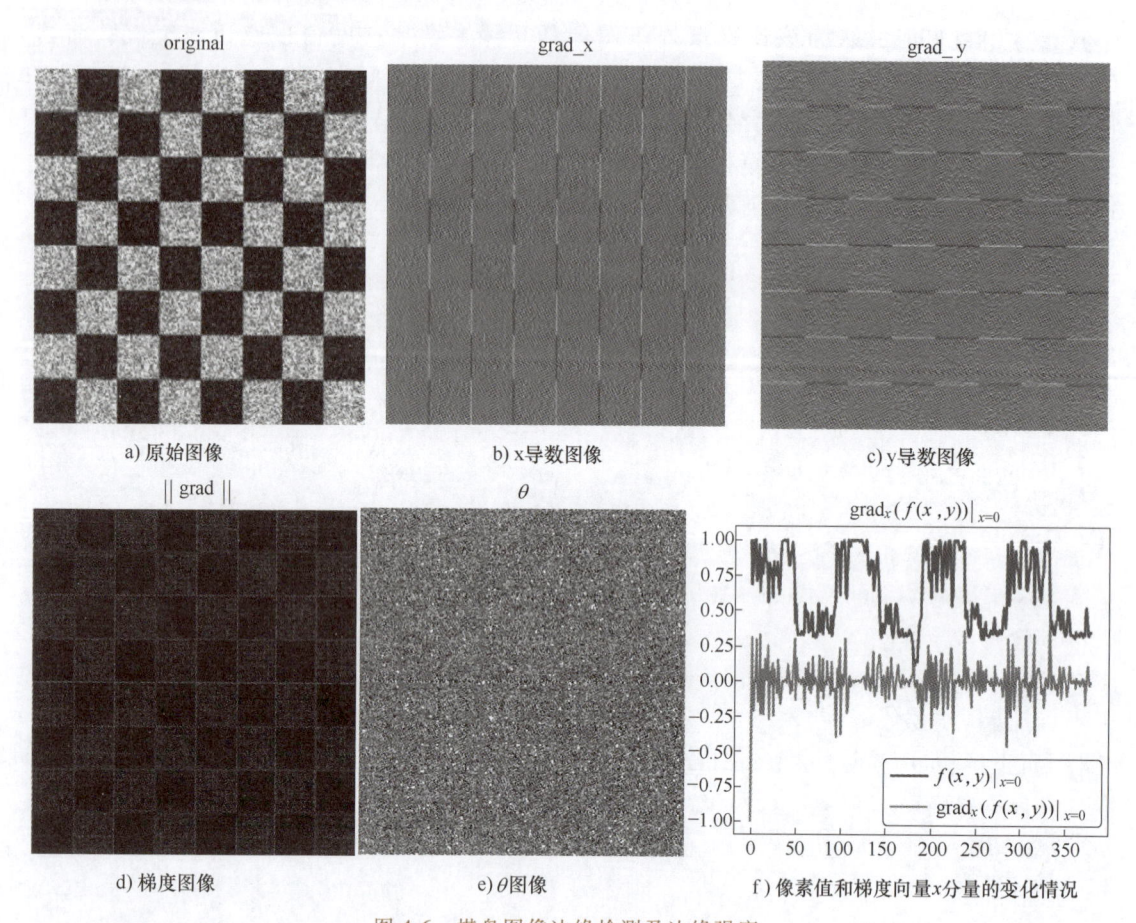

图 4-6 棋盘图像边缘检测及边缘强度

图 4-7 Sobel 算子基本模板

a) 对水平边缘响应最大　　b) 对垂直边缘响应最大

将图像分别经过两个 3×3 算子的窗口滤波,所得的结果为

$$g = \sqrt{G_x^2 + G_y^2} \tag{4-9}$$

式中,G_x 和 G_y 是图像中对应于 3×3 像素窗口中心点 (i, j) 的像素在 x 方向和 y 方向上的梯度,定义如下:

$$G_x = [f(i+1,j-1) + 2f(i+1,j) + f(i+1,j+1)] - [f(i-1,j-1) + 2f(i-1,j) + f(i-1,j+1)] \tag{4-10}$$

$$G_y = [f(i-1,j+1) + 2f(i,j+1) + f(i+1,j+1)] - [f(i-1,j-1) + 2f(i,j-1) + f(i+1,j-1)] \tag{4-11}$$

式（4-10）和式（4-11）分别对应图 4-7a、b 所示的两个滤波模板，所对应的像素点如图 4-8 所示。

为了简化计算，也可以用 $g = |G_x| + |G_y|$ 来代替式（4-9）的计算，得到锐化后的图像。从上面的讨论可知，Sobel 算子不像普通梯度算子使用两个像素的差值，而是采用两列或两行加权和的差值。

下面介绍使用 scikit-image 滤波器模块的 sobel_h()、sobel_y() 和 sobel() 函数分别查找水平与垂直边缘，并使用 Sobel 算子计算梯度大小。具体代码如下：

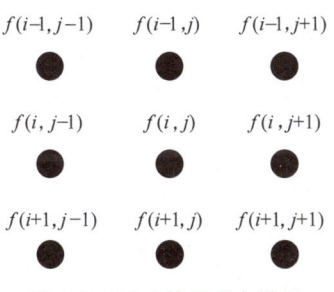

图 4-8 Sobel 算子基本模板对应的像素点

```
import pylab
from skimage import filters
import imageio
from skimage.color import rgb2gray
def plot_image(im, title):
    pylab.imshow(im)
    pylab.title(title)
    pylab.axis('off')
im = rgb2gray(imageio.imread('tiger.jpg'))
pylab.gray()
pylab.figure(figsize=(20,18))
pylab.subplot(2,2,1)
plot_image(im,'original')
pylab.subplot(2,2,2)
#计算 x 导数
edges_x = filters.sobel_h(im)
plot_image(edges_x,'sobel_x')
pylab.subplot(2,2,3)
#计算 y 导数
edges_y = filters.sobel_v(im)
plot_image(edges_y,'sobel_y')
pylab.subplot(2,2,4)
#计算梯度
edges = filters.sobel(im)
plot_image(edges,'sobel')
pylab.subplots_adjust(wspace=0.1, hspace=0.1)
pylab.show()
```

程序运行结果如图 4-9 所示，由图可见，图像的水平和垂直边缘分别由水平和垂直 Sobel 滤波器检测，而使用 Sobel 滤波器计算的梯度大小图像则检测两个方向的边缘。

a) 原始图像　　　　　　　　　　　　　　b) x 导数图像

c) y 导数图像　　　　　　　　　　　　　　d) 梯度图像

图 4-9　原始图像及其 Sobel 滤波器检测边缘

2. 拉普拉斯算子法

拉普拉斯算子是常用的边缘增强处理算子，它是各向同性的二阶导数。拉普拉斯算子的表达式为

$$\nabla^2 f(x,y) = \frac{\partial^2 f(x,y)}{\partial x^2} + \frac{\partial^2 f(x,y)}{\partial y^2} \tag{4-12}$$

如果图像的模糊是由扩散现象引起的（如胶片颗粒化学扩散、光点散射），则锐化后的图像 g 的表达式为

$$g = f + k\nabla^2 f \tag{4-13}$$

式中，f、g 分别为锐化前后的图像，k 为与扩散效应有关的系数。式（4-13）表示模糊图像经拉普拉斯算子法锐化后得到的不模糊图像 g。这里对 k 的选择要合理，k 太大会使图像中的轮廓边缘产生过冲，k 太小又会使锐化作用不明显。

对于数字图像，$f(x,y)$ 的二阶偏导数可近似用二阶差分表示。在 x 方向上，$f(x,y)$ 的二阶偏导数为

$$\begin{aligned}\frac{\partial^2 f(x,y)}{\partial x^2} &\approx \nabla_x f(i+1,j) - \nabla_x f(i,j)\\ &= [f(i+1,j) - f(i,j)] - [f(i,j) - f(i-1,j)]\\ &= f(i+1,j) + f(i-1,j) - 2f(i,j)\end{aligned} \tag{4-14}$$

式中，∇_x 表示 x 方向的一阶差分。

类似地，在 y 方向上，$f(x,y)$ 的二阶偏导数为

$$\frac{\partial^2 f(x,y)}{\partial y^2} = f(i,j+1) + f(i,j-1) - 2f(i,j) \tag{4-15}$$

因此，拉普拉斯算子 $\nabla^2 f$ 可进一步描述为

$$\nabla^2 f = \frac{\partial^2 f(x,y)}{\partial x^2} + \frac{\partial^2 f(x,y)}{\partial y^2} \approx f(i+1,j) + f(i-1,j) + f(i,j+1) + f(i,j-1) - 4f(i,j) \tag{4-16}$$

该算子的 3×3 等效模板如图 4-10 所示。可见数字图像在 (i,j) 点的拉普拉斯算子可以由 (i,j) 点灰度值减去该点邻域平均灰度值来求得。

	-1	
-1	4	-1
	-1	

图 4-10　拉普拉斯算子模板

对于图 4-10 所示的拉普拉斯模板，式（4-13）中的常数 $k=1$ 时拉普拉斯锐化后的图像可表示为

$$g(i,j) = f(i,j) + \nabla^2 f(i,j) = 4f(i,j) + f(i+1,j) + f(i-1,j) + f(i,j+1) + f(i,j-1) \tag{4-17}$$

在实际应用中，拉普拉斯算子能对由扩散引起的图像模糊起到增强边界轮廓的效果，对于并非由扩散过程引起的模糊图像，效果并不一定很好。另外，同梯度算子类似，拉普拉斯算子在增强图像的同时，也增强了图像的噪声。因此，用拉普拉斯算子进行边缘检测时，仍然有必要先对图像进行平滑或去噪处理。和梯度算子相比，拉普拉斯算子对噪声所起的增强效果并不明显。

下面介绍用图 4-10 所示的卷积核来计算图像的拉普拉斯算子，具体代码如下：

```
from scipy import signal
import numpy as np
import pylab
import imageio
from skimage.color import rgb2gray
#卷积核参数设置
ker_laplacian=[[0,-1,0],[-1,4,-1],[0,-1,0]]
im=rgb2gray(imageio.imread('chess_l.jpg'))
#拉普拉斯卷积
im1=np.clip(signal.convolve2d(im,ker_laplacian,mode='same'),0,1)
pylab.gray()
pylab.figure(figsize=(20,10))
pylab.subplot(121),plot_image(im,'original')
pylab.subplot(122),plot_image(im1,'laplacian convolved')
pylab.show()
```

程序运行结果如图 4-11 所示，由图可见，拉普拉斯算子的输出也检测出了图像中的边缘。

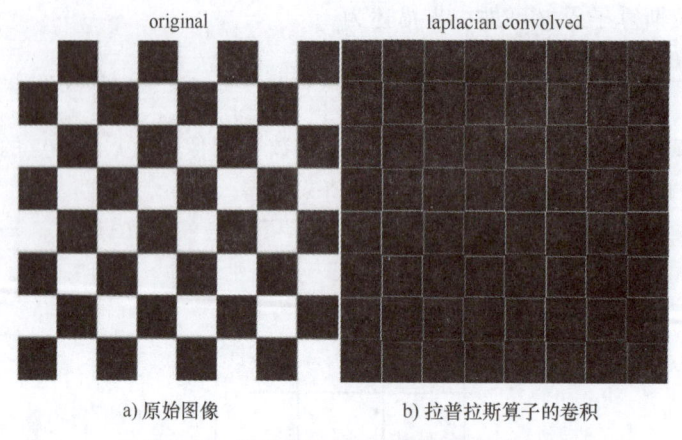

a) 原始图像　　　　　　b) 拉普拉斯算子的卷积

图 4-11　拉普拉斯算子检测棋盘的边缘

4.2　图像分类

图像分类是计算机视觉领域中的一项重要任务，其主要目标是将输入的图像分配给预先定义的类别标签。这一技术在众多实际应用中都有广泛的用途，例如图像搜索、安防监控、物体识别和医学图像分析等领域。传统图像分类方法一般分为两个步骤：特征提取和分类器训练。本节将介绍常见的特征提取方法和分类器，并使用"HOG+分类器"的组合对 CIFAR-10 数据集进行分类。首先使用 HOG 提取图片的全局特征，然后将整个图片的特征输入分类器进行计算。因为从图像中提取的特征维度通常比较高，所以分类器常选择 SVM 或一些集成算法。

4.2.1　特征提取

特征提取是从原始图像中提取有意义的信息，为后续分类器的训练提供输入。其目的是在降低数据维度的同时，尽可能地保留有关图像类别的关键信息。在传统图像分类中，常用的特征包括颜色、纹理、形状和边缘等。

在特征提取的过程中，需要考虑特征的选择和提取方法。特征选择涉及选择哪些特征对于分类任务最为有效，而特征提取则涉及从原始数据中提取这些特征。不同的特征选择和提取方法会对分类结果产生不同的影响。一些常见的特征提取方法包括尺度不变特征变换（Scale-Invariant Feature Transform，SIFT）、加速鲁棒特征（Speeded-Up Robust Features，SURF）和方向梯度直方图（Histogram of Oriented Gradients，HOG）等。其中，HOG 是一种常用的图像特征提取方法，主要用于识别物体的形状信息。

HOG 特征提取过程如下：

1）计算图片中每个像素的梯度，捕获图像中的轮廓信息，因为边缘处的像素点往往具有较大的梯度值。

2）将图片划分为很多大方格（称 block），再将每个 block 划分成多个小方格（称 cell）：通过划分 cell 和 block，可以将图像划分为局部区域，以便在每个局部区域内统计梯度直方图。

3）统计每个 cell 中的梯度分布直方图，得到每个 cell 的描述子（称 descriptor），统计每个像素的梯度方向分布，并按梯度大小加权投影到直方图中，即通过统计每个 cell 内所有像素的梯度方向分布，得到该 cell 的梯度直方图，作为该 cell 的特征描述子。

4）将几个 cell 组成一个 block，将每个 cell 的 descriptor 串联起来得到 block 的 descriptor。由于单个 cell 的描述子可能受到噪声或局部光照变化的影响，通过组合多个 cell 的描述子形成 block 的描述子，可以提高特征的鲁棒性。

5）将图片中每个 block 的 descriptor 串联起来得到图片的 descriptor，即为图片的 HOG 特征。通过将所有 block 的描述子串联起来，形成整幅图像的 HOG 特征向量，用于后续的图像识别或分类任务。

HOG 常用 skimage.feature 中的 hog 函数实现，该函数的完整形式如下：

> skimage.feature.hog(image, orientations = 9, pixels_per_cell = (8,8), cells_per_block = (3,3), block_norm = ' L2-Hys ', visualize = False, transform_sqrt = False, feature_vector = True, multichannel = None)

大多数情况下，只需调整下面 3 个参数就可以获得满意的 HOG 特征提取效果。

1）Orientations（方向数量）：这个参数指定了 HOG 特征直方图中直条的数量。合适的方向数量有助于更好地捕捉图像中的梯度信息。

2）pixels_per_cell（每个 cell 中的像素个数）：这个参数规定了每个 cell 的大小，通常以像素为单位，例如 5×5 像素。

3）cells_per_block（每个 block 中的 cell 个数）：这个参数决定了每个 block 的大小，通常以 cell 的数量来定义，例如 3×3。

HOG 的工作方式如图 4-12 所示。

4.2.2 分类器

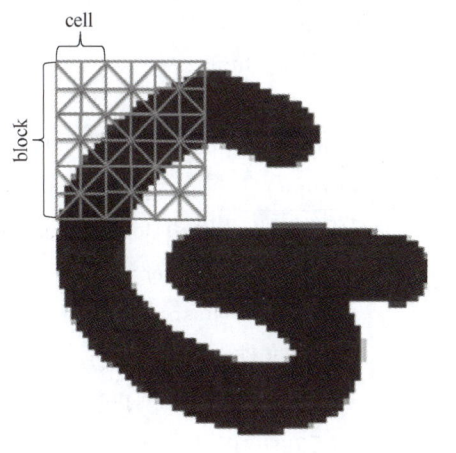

图 4-12　HOG 中的 block 和 cell 示意图

分类器是机器学习和数据挖掘中用于将数据点分配到不同类别的重要工具。在图像分类领域，分类器的主要任务是根据图像提取的特征来学习一个从特征空间到类别标签的映射关系，以便能够准确地为新的图像分配类别标签。分类器的选择对分类结果的准确性和效率有着显著的影响。

在传统图像分类中，常见的分类器包括支持向量机（SVM）、K-近邻（KNN）、朴素贝叶斯（Naive Bayes）和决策树（Decision Tree）等。这些分类器具有各自的优点和限制，需要根据具体的应用场景来选择。其中，支持向量机（SVM）是一种常用的监督学习算法，其主要目标是将输入数据划分为不同的类别。SVM 的核心思想是通过寻找一个能够将不同类别的数据分隔开的超平面来进行分类。SVM 算法的关键思想是将输入数据映射到高维空间，然后在该高维空间中寻找一个最大间隔超平面，以确保分类的鲁棒性和泛化能力。SVM 算法的主要步骤如下：

1）特征提取：对输入数据进行特征提取，将其转换为能够被 SVM 算法所处理的形式。

2)样本标记:将输入数据标记为不同的类别,通常为正类和负类。

3)超平面寻找:在高维空间中寻找一个能够将不同类别的数据分隔开的超平面,使得间隔最大化。

4)新样本分类:对新的未知样本进行分类,将其映射到高维空间中,然后根据超平面的位置确定其所属类别。

4.2.3 CIFAR-10 数据集分类

传统图像分类方法使用的人工提取特征不如卷积网络提取的特征质量高。这里选择CIFAR-10数据集,CIFAR-10数据集中的图像涵盖了广泛的对象类别,包括飞机、汽车、鸟类、猫、鹿、狗、青蛙、马、船和卡车。每个图像都有一个标签,表示它所属的类别。这个数据集被广泛用于计算机视觉领域的算法开发、模型训练和性能评估。

下面将展示传统方法在CIFAR-10数据集中复杂场景下的图片分类任务的效果。

1. 数据加载

这里介绍一种直接使用Python加载CIFAR-10的方法。下面是使用Python加载CIFAR-10数据集的代码:

```python
# load_cifar.py
import pickle
import os.path as osp
import numpy as np
cifar_folder = "/data/cifar10/cifar-10-batches-py"
class Cifar:
    def __init__(self, folder=cifar_folder):
        self.folder = folder
        self.files = [osp.join(self.folder, "data_batch_%d" % n) for n in range(1,6)]
    # 读取文件
    def load_pickle(self, self, path):
        f = open(path, "rb")
        data_dict = pickle.load(f, encoding="bytes")
        X = data_dict[b"data"]
        Y = data_dict[b"labels"]
        X = X.reshape(10000,3,32,32).transpose(0,2,3,1)   # .astype("float")
        Y = np.array(Y)
        return X, Y
    # 加载 CIFAR-10 数据
    def load_cifar10(self, self):
        xs = []
        ys = []
        # 遍历读取
        for file in self.files:
            X, Y = self.load_pickle(file)
```

```
        xs.append(X)
        ys.append(Y)
    # 读取后拼接成矩阵
    train_x = np.concatenate(xs)
    train_y = np.concatenate(ys)
    # test 文件只有一个
    test_x,test_y = self.load_pickle(osp.join(self.folder,"test_batch"))
    return train_x,train_y,test_x,test_y
if __name__ == "__main__":
    data = Cifar()
    train_x,train_y,test_x,test_y = data.load_cifar10()
    print(train_x.shape,train_y.shape,test_x.shape,test_y.shape)
```

CIFAR-10 数据集中提供的二进制文件可以使用 pickle 库进行解析,解析后会得到一个字典,字典的 data 键对应的是图片数据,label 键对应的是图片标签。读取完所有图片数据和标签后,将它们拼接起来,就可以得到所需要的训练数据和测试数据了。

2. 模型训练

提取数据后,我们可以对每张图片进行特征提取,随后利用这些提取出的特征作为输入来训练模型。相关代码如下:

```
# hog_rf.py
from skimage.feature import hog
from load_cifar import Cifar
import numpy as np
import matplotlib.pyplot as plt
from tqdm import tqdm
from sklearn.ensemble import RandomForestClassifier
from sklearn.model_selection import GridSearchCV
class RFClassifier:
    def __init__(self):
        self.data = Cifar()
        # 加载并分割数据
        self.train_x,self.train_y,self.test_x,self.test_y = (
            self.data.load_cifar10()
        )
        # 建立模型
        self.clf = RandomForestClassifier(
            n_estimators = 800,min_samples_leaf = 5,verbose = True,n_jobs = -1
        )
        print("loading train data")
        self.train_hog = []
```

```python
        for img in tqdm(self.train_x):
            self.train_hog.append(self.extract_feature(img))
        print("loading test data")
        self.test_hog = []
        for img in tqdm(self.test_x):
            self.test_hog.append(self.extract_feature(img))
    # 提取HOG特征
    def extract_feature(self, img):
        hog_feat = hog(
            img,
            orientations=9,
            pixels_per_cell=[3,3],
            cells_per_block=[2,2],
            feature_vector=True,
        )
        return hog_feat
    # 训练模型
    def fit(self):
        self.clf.fit(self.train_hog, self.train_y)
    # 验证模型
    def evaluate(self):
        train_pred = self.clf.predict(self.train_hog)
        # 计算训练集的准确率
        train_accuracy = sum(train_pred == self.train_y) / len(self.train_y)
        print("train accuracy: {}".format(train_accuracy))
        test_pred = self.clf.predict(self.test_hog)
        # 计算验证集的准确率
        test_accuracy = sum(test_pred == self.test_y) / len(self.test_y)
        print("test accuracy: {}".format(test_accuracy))
if __name__ == "__main__":
    clf = RFClassifier()
    clf.fit()
    clf.evaluate()
```

实验结果显示，训练集的准确率达到了98%，但验证集的准确率仅为50%。这表明，使用HOG等传统方法来识别自然场景图像并不如卷积神经网络（CNN）等深度学习方法容易。因此，这种传统方法更适用于处理相对简单的任务，比如手写字符识别等。对于更复杂的分类任务，采用基于深度学习的方法已经成为主流方向，本书的后续章节也会进行详细介绍。

4.3 目标检测

目标检测是计算机视觉领域中的一项关键任务,其核心在于自动识别图像或视频帧中的特定对象,并精确地标记出这些对象的位置,这通常通过绘制边界框来实现。这一过程不仅要求系统具备对目标的有效分类能力,还需具备精确的空间定位技术,对于自动驾驶、智能监控、医学影像分析等多个领域具有重要应用价值。除了介绍常见的传统目标检测方法,本节还会探讨感兴趣点检测的相关内容。

4.3.1 Harris 角点检测器

Harris 角点检测算法是一种基于图像灰度变化的一阶导数矩阵检测的算法,相比其他特征提取算法较为简单。该算法的核心思想是局部自相似性/自相关性,即在某个局部窗口内的图像块与在各个方向微小移动后的窗口内图像块的相似性。如果像素周围显示存在多余一个方向的边,该点就被认为是兴趣点(特征点),或者称为角点。

首先把图像域中点 x 上的对称半正定矩阵 $M_I = M_I(x)$ 定义为

$$M_I = \nabla I \ \nabla I^{\mathrm{T}} = \begin{bmatrix} I_x \\ I_y \end{bmatrix} \begin{bmatrix} I_x & I_y \end{bmatrix} \tag{4-18}$$

式中,∇I 为包含导数 I_x 和 I_y 的图像梯度(图像导数用来描述图像中强度的变化,图像梯度用来描述图像强度变化的强弱和每个像素上强度变化最大的方向);M_I 的秩为 1,特征值为 $\lambda_1 = |\nabla I|^2$ 和 $\lambda_2 = 0$。此时,用图像的每一个像素都可以计算出该矩阵。

然后选择权重矩阵 W(通常为高斯滤波器 G_σ),可以得到卷积:

$$\overline{M_I} = W * M_I \tag{4-19}$$

该卷积的目的是得到 M_I 在周围像素上的局部平均。计算出的矩阵 $\overline{M_I}$ 就称为 Harris 矩阵,W 的宽度决定了在像素 x 周围的感兴趣区域。用这种方式在区域附近对矩阵 $\overline{M_I}$ 取平均的原因是特征值会依赖于局部图像特性而变化。如果图像的梯度在该区域变化,那么 $\overline{M_I}$ 的第二个特征值将不再为 0。如果图像的梯度没有变化,$\overline{M_I}$ 的特征值也不会变化。

依据该区域 ∇I 的值,Harris 矩阵 $\overline{M_I}$ 的特征值有三种情况:
1) 如果 λ_1 和 λ_2 都是很大的正数,则该 x 点为角点。
2) 如果 λ_1 很大,$\lambda_2 \approx 0$,则该区域内存在一个边,该区域内的 $\overline{M_I}$ 的特征值变化较小。
3) 如果 $\lambda_1 \approx \lambda_2 \approx 0$,该区域内为空。

在不需要实际计算特征值的情况下,为了把重要的情况和其他情况分开,Harris 和 Stephens(Harris 算子提出者)引入了指示函数:

$$R = \det(\overline{M_I}) - k\mathrm{tr}(\overline{M_I})^2 \tag{4-20}$$

式中,det( ) 表示求矩阵的行列式特征值,tr( ) 表示求矩阵的迹。

为了去除加权常数 k,通常使用商数:

$$R = \frac{\det(\overline{M_I})}{\mathrm{tr}(\overline{M_I})^2} \tag{4-21}$$

作为 Harris 角点检测的指示函数。

Harris 角点检测算法的实现，需要使用 scipy.ndimage.filters 模块中的高斯导数滤波器来计算导数，高斯滤波器在检测过程中可以抑制噪声强度。首先，新建一个 harris.py 文件，将角点响应函数添加到 harris.py 文件中，该函数使用高斯导数实现，其中参数 σ（sigma）定义了使用的高斯滤波器的尺度大小。读者也可以通过对这个函数中 x 和 y 方向上不同的尺度参数以及平均操作中的不同尺度来计算 Harris 矩阵。

Harris 角点检测程序（保存在 harris.py 文件中）具体如下：

```python
from scipy.ndimage import filters
def compute_harris_response(im, sigma = 3):
    """在一幅灰度图像中,对每个像素计算 Harris 角点检测器响应函数"""
    #计算导数
    imx = zeros(im.shape)
    filters.gaussian_filter(im, (sigma, sigma), (0,1), imx)
    imy = zeros(im.shape)
    filters.gaussian_filter(im, (sigma, sigma), (1,0), imy)
    #计算 Harris 矩阵的分量
    Wxx = filters.gaussian_filter(imx * imx, sigma)
    Wxy = filters.gaussian_filter(imx * imy, sigma)
    Wyy = filters.gaussian_filter(imy * imy, sigma)
    #计算特征值和迹
    Wdet = Wxx * Wyy - Wxy ** 2
    Wtr = Wxx + Wyy
    return Wdet / Wtr
```

上述程序会返回像素值为 Harris 响应函数值的一幅图像。Harris 角点检测算法需要从这幅图像中选出所需信息，然后选取像素值高于阈值的所有图像点，再加上额外的限制，即角点之间的间隔必须大于设定的最小距离。为了实现该算法，首先需要获取所有的候选像素点，以角点响应函数值递减的顺序排序，然后，从候选像素点中剔除那些已被标记为距离其他角点过近的区域。代码实现如下（将下面的函数添加到 harris.py 文件中）：

```python
def get_harris_points(harrisim, min_dist = 10, threshold = 0.1):
    #从一幅 Harris 响应图像中返回角点,min_dist 为分割角点和图像边界的最少像素数目
    #寻找高于阈值的候选角点
    corner_threshold = harrisim.max() * threshold
    harrisim_t = (harrisim > corner_threshold) * 1
    #得到候选点的坐标
    coords = array(harrisim_t.nonzero()).T
    #以及它们的 Harris 响应值
    candidate_values = [harrisim[c[0], c[1]] for c in coords]
    #对候选点按照 Harris 响应值进行排序
    index = argsort(candidate_values)
    #将可行点的位置保存到数组中
```

```
allowed_locations = zeros(harrisim.shape)
allowed_locations[min_dist:-min_dist,min_dist:-min_dist] = 1
#按照 min_distance 原则,选择最佳 Harris 点
filtered_coords = []
for i in index:
    if allowed_locations[coords[i,0],coords[i,1]] == 1:
        filtered_coords.append(coords[i])
        allowed_locations[(coords[i,0]-min_dist):(coords[i,0]+min_dist),
        (coords[i,1]-min_dist):(coords[i,1]+min_dist)] = 0
return filtered_coords
```

以上就是检测图像中角点所需要的所有函数。此外,为了显示图像中的角点,需要使用 Matplotlib 模块绘制函数,并将其添加到 harris.py 文件中,代码如下:

```
def plot_harris_points(image,filtered_coords):
    """绘制图像中检测到的角点"""
    figure()
    gray()
    imshow(image)
    plot([p[1] for p in filtered_coords],[p[0] for p in filtered_coords],'*')
    axis('off')
    show()
```

接着使用上面定义的所有函数,运行如下代码:

```
import harris
from PIL import Image
from pylab import *
im = array(Image.open('building.jpg').convert('L'))   # 读取图像并预处理
harrisim = harris.compute_harris_response(im)# 计算 Harris 角点检测器响应函数
filtered_coords = harris.get_harris_points(harrisim,6)# 返回角点
harris.plot_harris_points(im,filtered_coords)# 绘制角点
```

在上述代码中,首先导入相关模块并读取图像。随后,为了提高处理效率,将图像从彩色转换为了灰度空间。接着,应用 Harris 角点检测,该算法通过计算图像中每个像素点的响应函数来评估其作为角点的可能性。响应函数的值越高,表示该点越有可能是角点。基于这些响应值,我们设定了一个阈值来筛选出真正的角点。最后在原始图像中覆盖绘制检测出的角点。绘制出的结果图像如图 4-13 所示。

4.3.2 斑点检测器

斑点和角点是图像中两种极具代表性的局部特征点。角点,作为图像中物体的拐角或线条交汇点,通常具有显著的几何特征,是图像结构的关键组成部分。而斑点,则是指那些与

a) 原图 　　　　　　　　　　　　　b) 阈值0.1的角点检测

c) 阈值0.05的角点检测 　　　　　　　d) 阈值0.01的角点检测

图 4-13　角点检测结果图

周围区域在颜色、灰度或纹理上存在显著差异的区域，如黑暗背景上的明亮光斑或明亮背景上的暗色区域。斑点特征不仅反映了图像中的局部信息，还因其较大的区域覆盖而表现出更强的抗噪声能力和稳定性，特别适用于复杂场景下的特征提取。

为了实现斑点检测，研究者们开发了多种算法，其中最具代表性的包括高斯拉普拉斯（Laplacian of Gaussian，LoG）算子检测法、高斯差分（Difference of Gaussian，DoG）方法，以及基于像素点黑塞（Hessian）矩阵及其行列式值的方法（Determinant of Hessian，DoH）。

在本节中将讨论如何使用以上 3 种算法在图像中实现斑点特征检测。

1. 高斯拉普拉斯（LoG）算子

在图像处理中，图像与滤波器的交叉相关可以看作模式匹配，即将模板图像与图像中的所有局部区域进行比较来寻找相似区域，而图像与某个二维函数进行卷积运算也可以看作是求取图像与这一函数的相似性。同理，图像与高斯拉普拉斯函数的卷积实际就是求取图像与高斯拉普拉斯函数的相似性。当图像中的斑点尺寸与高斯拉普拉斯函数的形状近似一致时，图像的拉普拉斯响应达到最大，这是斑点检测的核心思想。

Laplace 算子常通过对图像求取二阶导数的零交叉点来进行边缘检测，其计算公式如下：

$$\nabla^2 f(x, y) = \frac{\partial^2 f}{\partial x^2} + \frac{\partial^2 f}{\partial y^2} \tag{4-22}$$

由于微分运算对噪声比较敏感，可以先对图像进行高斯平滑滤波，再使用 Laplace 算子进行边缘检测，以降低噪声的影响。由此便形成了用于局部极值点检测的 LoG。

常用的二维高斯函数如下：

$$G_\sigma(x, y) = \frac{1}{\sqrt{2\pi\sigma^2}} \exp\left(-\frac{x^2 + y^2}{2\sigma^2}\right) \tag{4-23}$$

而原图像与高斯核函数卷积定义为

$$\Delta[G_\sigma(x,y)*f(x,y)] = [\Delta G_\sigma(x,y)]*f(x,y) \qquad (4\text{-}24)$$

所以 LoG 可以认为是先对高斯核函数求取二阶偏导,再与原图像进行卷积操作,可以将 LoG 核函数定义为

$$\text{LoG} = \Delta G_\sigma(x,y) = \frac{\partial^2 G_\sigma(x,y)}{\partial x^2} + \frac{\partial^2 G_\sigma(x,y)}{\partial y^2} = \frac{x^2+y^2-2\sigma^2}{\sigma^4} e^{-(x^2+y^2)/2\sigma^2} \qquad (4\text{-}25)$$

由于高斯函数是圆对称的,因此 LoG 算子可以有效地实现极值点或局部极值区域(例如斑点)的检测。

使用 LoG 虽然能较准确地检测到图像中的特征点,但是其运算量过大,速度很慢(特别是对于检测较大的斑点),通常可使用高斯差分(Difference of Gaussina,DoG)来近似计算 LoG。

2. 高斯差分(DoG)

高斯差分可以看作为高斯拉普拉斯算子的一个近似算子,但是它比高斯拉普拉斯算子的效率更高。高斯差分算子是高斯函数的差分,具体到图像中,就是将图像在不同参数下的高斯滤波结果相减,得到差分图。具体过程可由理论公式表述如下。

首先,高斯函数见式(4-23),其次,两幅图像的高斯滤波表示为

$$g_1(x,y) = G_{\sigma 1}(x,y)*f(x,y) \qquad (4\text{-}26)$$

$$g_2(x,y) = G_{\sigma 2}(x,y)*f(x,y) \qquad (4\text{-}27)$$

最后,将上面滤波得到的两幅图像 g_1 和 g_2 相减得

$$g_1(x,y) - g_2(x,y) = (G_{\sigma 1} - G_{\sigma 2})*f(x,y) = \text{DoG}*f(x,y) \qquad (4\text{-}28)$$

即 DoG 算子的表达式如下:

$$\text{DoG} = G_{\sigma 1} - G_{\sigma 2} = \frac{1}{\sqrt{2\pi}} \left[\frac{1}{\sigma_1} e^{-(x^2+y^2)/2\sigma_1^2} - \frac{1}{\sigma_2} e^{-(x^2+y^2)/2\sigma_2^2} \right] \qquad (4\text{-}29)$$

由以上公式可看出,LoG 算子和 DoG 算子相比,DoG 算子(高斯差分)的计算更加简单且效率更高,因此可用 DoG 算子近似替代 LoG 算子。

3. 黑塞矩阵(DoH)

黑塞矩阵(DoH)方法是所有这些方法中最快的,其基本思路与 LoG 相似,不同之处在于它通过计算图像黑塞矩阵中的极大值来检测斑点。斑点尺寸大小对 DoH 方法的检测速度没有任何影响,该方法既能检测到深色背景上的亮斑,也能检测到浅色背景上的暗斑,但不能准确地检测到小亮斑。此外,与 LoG 相比,DoH 对图像中的细长结构的斑点有较好的抑制作用。

4. 斑点检测器的 Python 实现

接下来将演示如何使用 scikit-image 实现上述 3 种斑点检测算法(LoG、DoG 和 DoH),首先讲解主要函数。

(1)blob_log() 函数

> skimage.feature.blob_log(image,min_sigma = 1,max_sigma = 50,num_sigma = 10,threshold = 0.2)

功能:在给定的灰度图像中查找 Blob(一种标准的二进制数据格式)。使用高斯拉普拉斯算子(LoG)方法找到 Blob,对于找到的每个 Blob,该方法返回其坐标和检测到 Blob 的高斯核的标准偏差。

具体参数解读：

1）image：输入灰度图像，假设斑点在深色背景上是亮的（例如黑底白字）。

2）min_sigma：可选参数，高斯核的最小标准偏差，设定这个值以检测较小的斑点。

3）max_sigma：可选参数，高斯核的最大标准偏差，设定这个值以检测更大的斑点。

4）num_sigma：可选参数，min_sigma 和 max_sigma 之间要考虑的标准差中间值的数量。

5）threshold：可选参数，尺度空间最大值的绝对下限。小于这个阈值的局部最大值被忽略，减少它可检测强度较低的斑点。

（2）dog_blobs()函数及doh_blobs()函数 dog_blobs()函数及doh_blobs()函数与blob_log()函数结构类似，这里不再赘述，值得注意的是，doh_blobs()函数使用 Hessian 行列式方法来找到 Blob，其返回的高斯核的标准偏差 sigma 约等于斑点半径。

下面编写斑点检测程序的代码（保存在 bandian.py 文件中），输入图像如图 4-14 所示。

图 4-14　蝴蝶图像

```python
from matplotlib import pylab as pylab
from skimage.io import imread
from skimage.color import import rgb2gray
from numpy import sqrt
from skimage.feature import blob_dog, blob_log, blob_doh
# 读入图像并做预处理为斑点检测做准备
im = imread('蝴蝶.png')
im_gray = rgb2gray(im)
# 实现基于 LoG、DoG 和 DoH 的斑点检测
log_blobs = blob_log(im_gray, max_sigma = 20, num_sigma = 5, threshold = 0.1)
log_blobs[:,2] = sqrt(2) * log_blobs[:,2]    # 计算斑点的半径
dog_blobs = blob_dog(im_gray, max_sigma = 20, threshold = 0.1)
dog_blobs[:,2] = sqrt(2) * dog_blobs[:,2]    # 计算斑点的半径
doh_blobs = blob_doh(im_gray, max_sigma = 20, threshold = 0.005)
# 输出结果可视化显示
list_blobs = [log_blobs, dog_blobs, doh_blobs]
colors, titles = ['yellow','lime','red'], ['Laplacian of Gaussian','Difference of Gaussian','Determinant of Hessian']
sequence = zip(list_blobs, colors, titles)
fig, axes = pylab.subplots(2, 2, figsize = (20,20), sharex = True, sharey = True)
axes = axes.ravel()
axes[0].imshow(im, interpolation = 'nearest')
axes[0].set_title('original image', size = 30), axes[0].set_axis_off()
for idx, (blobs, color, title) in enumerate(sequence):
```

```
        axes[idx+1].imshow(im,interpolation='nearest')
        axes[idx+1].set_title('Blobs with ' + title,size = 30)
        for blob in blobs:
            y,x,row = blob
            col = pylab.Circle((x,y),row,color = color,linewidth = 2,fill = False)
            axes[idx+1].add_patch(col),axes[idx+1].set_axis_off()
pylab.tight_layout(),pylab.show()
```

运行上述代码，输出结果如图 4-15 所示。从图中可以看到采用 3 种不同算法检测到的斑点，LoG 算法检测出的斑点数量众多，但检测速度较慢，且对于细长结构图形存在误检现象；DoG 算法与 LoG 算法检测结果相似，但检测速度更快，准确率也有所提升；DoH 算法检测速度最快，且对图像中细长结构图形的误检现象有较好的改善效果，但不能准确地检测到小斑点。

a) 基于 LoG 的斑点检测

b) 基于 DoG 的斑点检测　　　　c) 基于 DoH 的斑点检测

图 4-15　使用 LoG、DoG 和 DoH 算法检测蝴蝶图像上的斑点

4.3.3　基于 HOG 特征的 SVM 检测目标

正如 4.2 节所述，方向梯度直方图（HOG）是一种特征描述方式，适用于各种计算机视觉和图像处理应用的目标检测。Navneet Dalal 和 Bill Triggs 最早使用 HOG 与 SVM 分类器一起对行人进行检测。HOG 在检测人、动物、人脸和文本等方面一直都是一项特别完美的技术，例如，可以考虑使用目标检测系统生成描述输入图像中目标特征的 HOG。前面已经阐述了如何从一幅图像计算出 HOG。用若干正、负训练样本图像对 SVM 模型进行训练：正例图像包含欲检测的目标，而负训练集可能是不包含欲检测目标的任何图像。正例原始图像和负例原始图像都被转换成 HOG。

1. HOG 训练

SVM 训练器选择最优超平面以从训练集中分离正、负样本。训练器通常输出一组支持向量，即来自最能描述超平面的训练集的样例。超平面是将正例与负例分离的学习决策边界。SVM 模型稍后将使用这些支持向量对测试图像中的 HOG 进行分类，以检测目标存在与否。

2. 多尺度 HOG 计算与 SVM 分类

传统上，在测试图像帧中利用 SVM 模型进行分类时，会采用一种方法来计算 HOG。这种方法涉及在测试图像帧上重复地滑动一个 64 像素宽、128 像素高的窗口，并在每个窗口位置计算图像的 HOG。由于 HOG 计算不包含尺度的内在意义，且目标可以出现在一幅图像的多个尺度中，因此 HOG 计算在尺度金字塔的每一层上是逐步重复的。尺度金字塔中每一层之间的尺度因子通常在 1.05 和 1.2 之间，图像重复地按尺度缩小，直到尺度的源帧不再能容纳完整的 HOG 窗口。如果 SVM 分类器以任何尺度预测检测目标，则返回相应的边界框。图 4-16 所示的是典型的 HOG 目标（行人）检测流程。

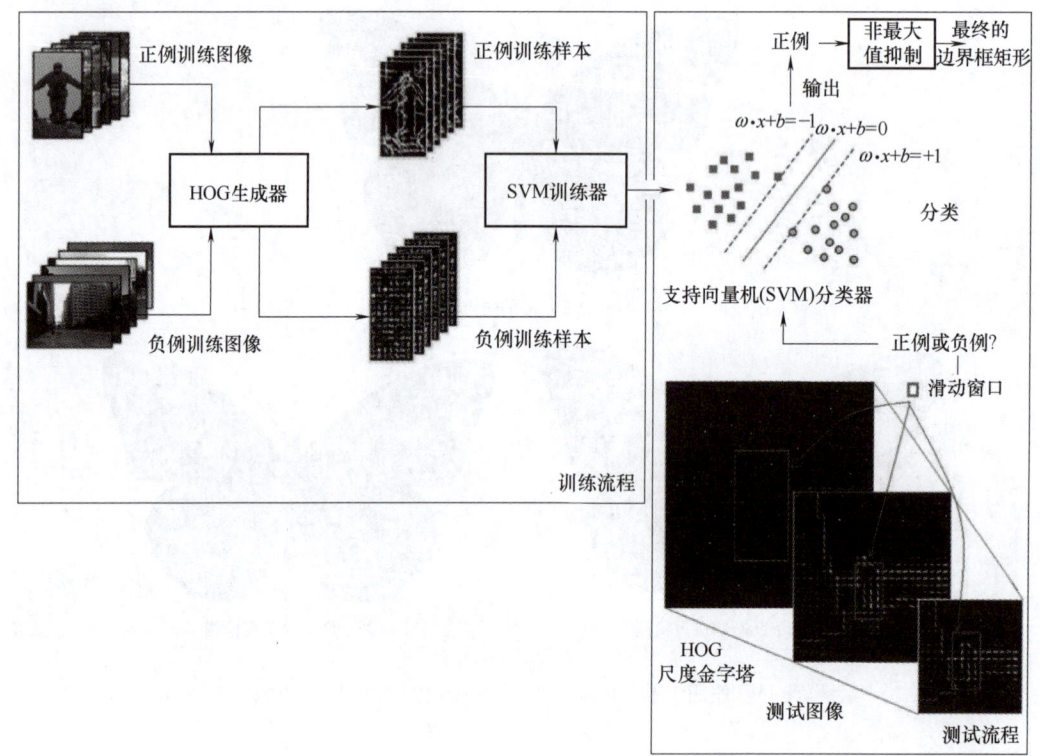

图 4-16 典型的 HOG 目标检测流程

3. 使用 HOG-SVM 计算边界框

接下来，我们将演示如何利用 python-opencv 库函数通过使用 HOG-SVM 来检测图像中的人。如下代码显示了如何从图像计算 HOG，并使用 HOG 输入预训练的 SVM 分类器（使用 cv2 的 HOGDescriptor_getDefaultPeopleDetector( )），利用 python-opencv 的 detectMultiScale( ) 函数，可以从多个尺度的图像块中预测人是否存在。

```
import numpy as np
import cv2
```

```
import matplotlib.pylab as pylab
img = cv2.imread("https://res.weread.qq.com/wrepub/web/36816793/me16.jpg")
# 创建HOG,使用默认的人(行人)检测器
hog = cv2.HOGDescriptor()
hog.setSVMDetector(cv2.HOGDescriptor_getDefaultPeopleDetector())
# 运行检测,使用4个像素的空间步长(水平和垂直),1.02的尺度步长,并且不合并
#矩形框(以演示HOG可能会在尺度金字塔的多个位置进行检测)
(foundBoundingBoxes, weights) = hog.detectMultiScale(img, winStride=(4,4),
padding=(8,8), scale=1.02, finalThreshold=0)
print(len(foundBoundingBoxes))
# 边界框的数量
# 357(注意:这个数字是示例性的,实际检测到的边界框数量可能会有所不同)
# 复制原始图片以便在其上绘制边界框,因为稍后可能还会用到原始图片
imgWithRawBboxes = img.copy()
for(hx, hy, hw, hh) in foundBoundingBoxes:
        cv2.rectangle(imgWithRawBboxes, (hx,hy), (hx+hw, hy+hh), (0,0,255), 1)
pylab.figure(figsize=(20,12))
imgWithRawBboxes = cv2.cvtColor(imgWithRawBboxes, cv2.COLOR_BGR2RGB)
pylab.imshow(imgWithRawBboxes, aspect='auto'), pylab.axis('off'),
pylab.show()
```

运行上述代码,输出结果如图4-17所示。可以看到,图像和检测到的目标在不同的尺度上由边界框(红色矩形)表示。

图4-17所示展显了HOG的一些有趣的特性和问题。可以看到,有许多无关的检测(共357个),需要使用非极大值抑制将它们融合在一起。

4. 非极大值抑制

接下来,需要调用一个非极大值抑制函数,以免在多个时间和范围内检测到相同的目标。如下代码展示了如何使用cv2库函数来实现它。

图4-17 检测到目标的红色矩形框

```
from imutils.object_detection import non_max_suppression
# 将边界框从(x1,y1,w,h)格式转换为(x1,y1,x2,y2)格式
rects = np.array([[x,y,x+w,y+h] for (x,y,w,h) in foundBoundingBoxes])
# 基于65%的重叠阈值,对这些边界框执行非极大值抑制
nmsBoundingBoxes = non_max_suppression(rects, probs=None, overlapThresh=0.65)
print(len(rects), len(nmsBoundingBoxes))
# 打印转换前的边界框数量和非极大值抑制后的边界框数量
# 357 1(注意:这些数字是示例性的,实际数量可能会有所不同)
```

```
# 绘制最终的边界框
for(x1,y1,x2,y2) in nmsBoundingBoxes：
    cv2.rectangle(img,(x1,y1),(x2,y2),(0,255,0),2)
pylab.figure(figsize=(20,12))
img = cv2.cvtColor(img,cv2.COLOR_BGR2RGB)
pylab.imshow(img,aspect='auto'),pylab.axis('off'),pylab.show()
```

运行上述代码，输出结果如图 4-18 所示。可以看到，抑制之前有 357 个边界框，而抑制之后只有一个边界框。

图 4-18 采用非极大值抑制函数后检测到目标的矩形框

4.4 图像分割

图像分割，作为计算机视觉领域的核心任务之一，扮演着将复杂图像转化为易于理解和分析形式的关键角色。其核心理念在于，通过精细的算法将图像划分为多个具有独特属性的区域或类别，确保同一区域内的像素在颜色、纹理、亮度等特征上高度相似，而不同区域之间则存在显著差异。这一过程不仅极大地简化了图像数据的表示，还为后续的图像识别、目标跟踪、场景理解等高级任务奠定了坚实基础。在本节中，我们将介绍几种常见的图像分割方法，包括基于阈值、基于区域和基于边缘的方法。

4.4.1 基于阈值的图像分割

基于阈值的图像分割方法称为阈值法。阈值法的基本思想是基于图像的灰度特征来计算一个或多个灰度阈值，并将图像中每个像素的灰度值与阈值相比较，最后将像素根据比较结果分到合适的类别中。因此，该方法最为关键的一步就是按照某个准则函数来求解最佳灰度阈值。

二值化是指将像素值作为阈值，从灰度图像中创建二值图像（只有黑白像素的图像）的一系列算法。它提供了从图像背景中分割目标的最简单方法。阈值可以手动选择（通过查看像素值的直方图），也可以使用算法自动选择。在 scikit-image 中，有两种阈值算法，一种是基于直方图的阈值算法（使用像素强度直方图，并假定直方图的某些特性为双峰型），另一种是局部的阈值算法（仅使用相邻的像素来处理像素，这使得这些算法的计算成本更高）。

本节仅讨论一种流行的基于直方图的二值化方法，称为 Otsu 分割法（假设直方图为双峰型）。它通过同时最大化类间方差和最小化由该阈值分割的两类像素之间的类内方差来计算最优阈值。下面以房屋作为输入图像（ceramic-houses_t0.png），采用 Otsu 分割法实现图像分割，并计算出最优阈值，以将前景从背景中分离出来。具体代码如下：

```
from skimage.io import imread
from skimage.color import rgb2gray
import matplotlib.pyplot as pylab
from skimage.filters import threshold_otsu
image = rgb2gray(imread(r'ceramic-houses_t0.png'))
#阈值分割
thresh = threshold_otsu(image)
binary = image > thresh
fig, axes = pylab.subplots(nrows=2, ncols=2, figsize=(20,15))
axes = axes.ravel()
axes[0], axes[1] = pylab.subplot(2,2,1), pylab.subplot(2,2,2)
axes[2] = pylab.subplot(2,2,3, sharex=axes[0], sharey=axes[0])
axes[3] = pylab.subplot(2,2,4, sharex=axes[0], sharey=axes[0])
#显示原图
axes[0].imshow(image, cmap=pylab.cm.gray)
axes[0].set_title('Original', size=20), axes[0].axis('off')
axes[1].hist(image.ravel(), bins=256, stacked=True)
#显示灰度直方图
axes[1].set_title('Histogram', size=20), axes[1].axvline(thresh, color='r')
#显示阈值分割结果
axes[2].imshow(binary, cmap=pylab.cm.gray)
axes[2].set_title('Thresholded (Otsu)', size=20), axes[2].axis('off')
axes[3].axis('off'), pylab.tight_layout(), pylab.show()
```

运行上述代码，Otsu 方法计算的最优阈值在直方图中以红线标示，如图 4-19 所示。根据最优阈值可将前景从背景中分离出来，如图 4-20 所示。

4.4.2　基于区域的图像分割

基于区域的分割方法是将图像按照相似性准则分成不同的区域，主要包括种子区域生长法、区域分裂合并法和分水岭法等几种类型。在本节中，将使用形态学分水岭算法对同一幅图像应用基于区域的图像分割方法。

任何灰度图像都可以看作一个地表面。当该表面从其最低点开始被淹没，并且该表面防止来自不同方向的水流聚集时，图像就被分割成两个不同的集合，即集水盆和分水岭线。如果将这种分割（分水岭变换）应用于图像梯度，在理论上集水盆应与图像的同质的灰度区域（片段）相对应。然而，在实际应用中，由于梯度图像中存在噪声或局部不规则性，使用变换时图像会过度分割。为了防止过度分割，使用一组预定义标记，从这些标记开始对地表面进行注水浸没。因此，通过分水岭变换分割图像的步骤如下：

1）找到标记和分割准则（用于分割区域的函数，通常是图像对比度或梯度）。
2）利用这两个元素运行标记控制的分水岭算法。

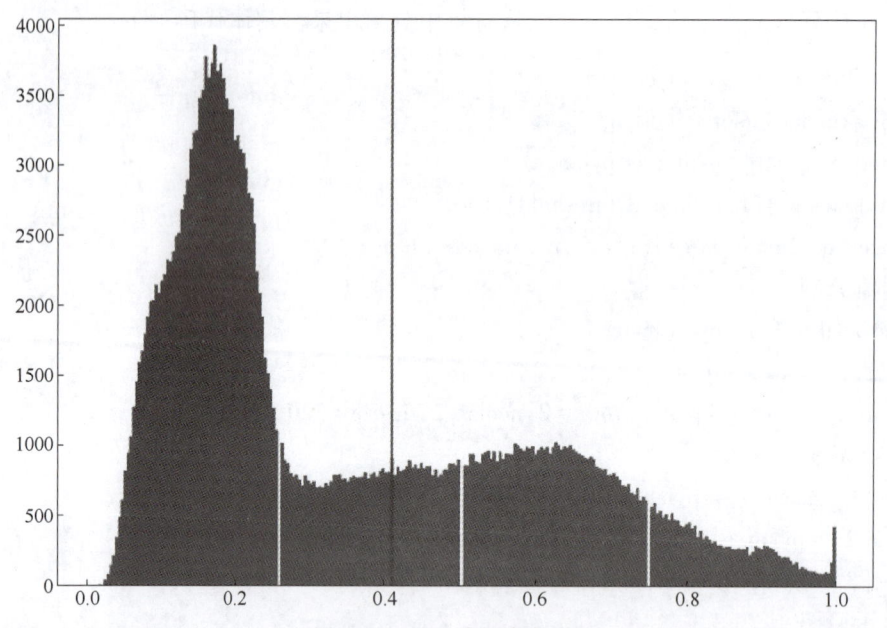

图 4-19　Otsu 分割直方图

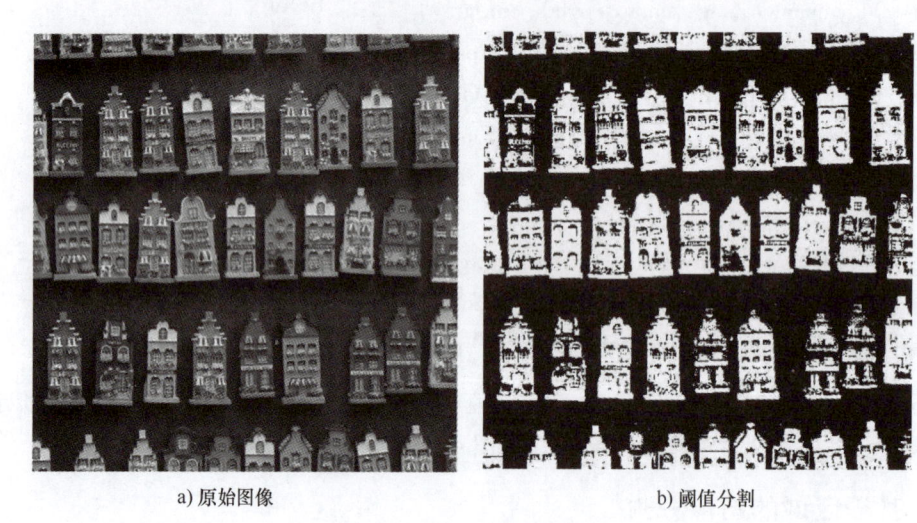

a）原始图像　　　　　　　　　　　　b）阈值分割

图 4-20　Ostu 分割法分割结果

现在，使用 scikit-image 中的形态学分水岭算法实现从图像的背景中分离出前景硬币。首先，使用图像的 sobel 梯度找到图像的高程图（用来表示某一区域海拔高低的图，这里指图像的前景后景程度），具体代码如下：

```
import matplotlib.pyplot as pylab
from skimage.filters import sobel
from skimage import data
coins = data.coins()
elevation_map = sobel(coins)
```

```python
fig,axes = pylab.subplots(figsize=(10,6))
axes.imshow(elevation_map,cmap=pylab.cm.gray,interpolation='nearest')
axes.set_title('elevation map'),axes.axis('off'),pylab.show()
```

运行上述代码，输出高程图，如图4-21所示。

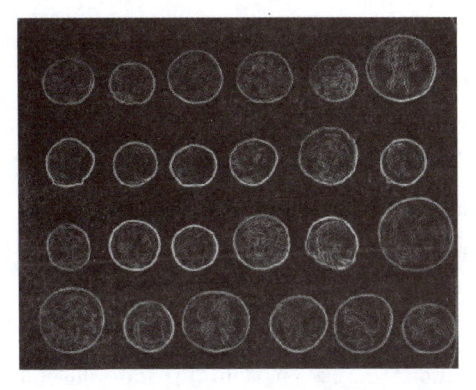

图4-21 利用sobel梯度得到硬币图像的高程图

然后，基于灰度直方图的极值部分计算背景标记和硬币标记，具体代码如下：

```python
import numpy as np
from skimage import data
import matplotlib.pyplot as pylab
coins = data.coins()
markers = np.zeros_like(coins)
markers[coins < 30] = 1
markers[coins > 150] = 2
print(np.max(markers),np.min(markers))
fig,axes = pylab.subplots(figsize=(10,6))
a = axes.imshow(markers,cmap=pylab.cm.hot,interpolation='nearest')
pylab.colorbar(a)
axes.set_title('markers'),axes.axis('off'),pylab.show()
```

运行上述代码，输出结果如图4-22所示。

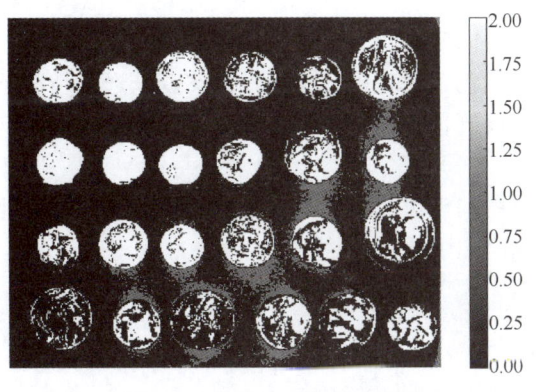

图4-22 背景标记和硬币标记

最后，利用分水岭变换，从确定的标记点开始注入高程图的区域，具体代码如下：

```python
import numpy as np
from skimage import data, morphology
import matplotlib.pyplot as pylab
from skimage.filters import sobel
coins = data.coins()
markers = np.zeros_like(coins)
elevation_map = sobel(coins)
#利用分水岭变换
segmentation = morphology.watershed(elevation_map, markers)
fig, axes = pylab.subplots(figsize=(10,6))
#显示分割图像
axes.imshow(segmentation, cmap=pylab.cm.gray, interpolation='nearest')
axes.set_title('segmentation'), axes.axis('off'), pylab.show()
```

运行上述代码，输出使用形态学分水岭算法进行分割后所得到的二值图像，如图 4-23 所示。

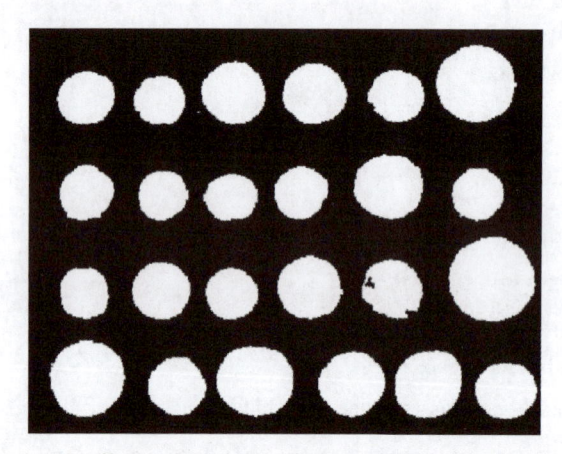

图 4-23 使用形态学分水岭算法进行分割后的二值图像

4.4.3 基于边缘的图像分割

边缘是指图像中两个不同区域的边界线上连续的像素点的集合，是图像局部特征不连续性的反映，体现了灰度、颜色、纹理等图像特性的突变。通常情况下，基于边缘的分割方法指的是基于灰度值的边缘检测，它是建立在边缘灰度值会呈现出阶跃型或屋顶型变化这一观测基础上的方法。

在本例中，将尝试使用基于边缘的分割来描绘硬币的轮廓。为此，先使用 Canny 边缘检测器获取特征的边缘，代码如下：

```python
from skimage import data
import matplotlib.pyplot as pylab
from skimage.feature import canny
```

```
#读取图像
coins = data.coins()
edges = canny(coins, sigma = 2)
fig, axes = pylab.subplots(figsize = (10,6))
#显示硬币轮廓图
axes.imshow(edges, cmap = pylab.cm.gray, interpolation = 'nearest')
axes.set_title('Canny detector'), axes.axis('off'), pylab.show()
```

运行上述代码，使用 Canny 边缘检测器得到的硬币轮廓如图 4-24 所示。

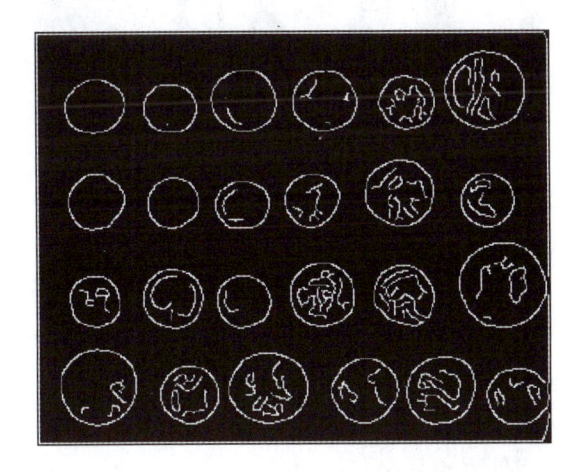

图 4-24　使用 Canny 边缘检测器得到的硬币轮廓

然后使用 scipy ndimage 模块中的形态学函数 binary_fill_holes() 填充这些轮廓，代码如下：

```
from skimage import data
import matplotlib.pyplot as pylab
from skimage.feature import canny
from scipy import ndimage as ndi
#读取图像
coins = data.coins()
edges = canny(coins, sigma = 2)
fill_coins = ndi.binary_fill_holes(edges)
fig, axes = pylab.subplots(figsize = (10,6))
#显示轮廓填充图
axes.imshow(fill_coins, cmap = pylab.cm.gray, interpolation = 'nearest')
axes.set_title('filling the holes'), axes.axis('off'), pylab.show()
```

运行上述代码，输出硬币的填充轮廓，如图 4-25 所示。

如图 4-25 所示，有三枚硬币的轮廓没有被填充。在接下来的步骤中，将通过为有效目标设置最小尺寸，并再次使用形态学函数来删除诸如此类小目标。这次使用的是 scikit-image

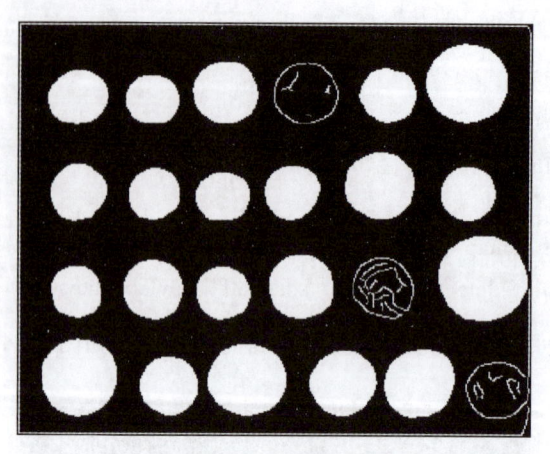

图 4-25 硬币的填充轮廓

形态学模块的 remove_small_objects( ) 函数,代码如下:

```
from skimage import morphology
from skimage import data
import matplotlib.pyplot as pylab
from skimage.feature import canny
from scipy import ndimage as ndi
coins = data.coins( )
edges = canny( coins, sigma = 2 )
fill_coins = ndi.binary_fill_holes( edges )
coins_cleaned = morphology.remove_small_objects( fill_coins, 21 )
fig, axes = pylab.subplots( figsize = ( 10, 6 ) )
axes.imshow( coins_cleaned, cmap = pylab.cm.gray, interpolation = 'nearest' )
axes.set_title( 'removing small objects' ), axes.axis( 'off' ), pylab.show( )
```

运行上述代码,输出结果如图 4-26 所示。

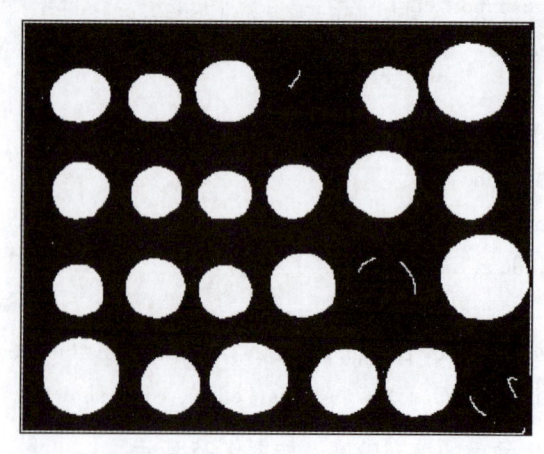

图 4-26 删除未填满的硬币轮廓

基于边缘的图像分割方法并不是很稳定的,因为非完全闭合的轮廓没有被正确填充,正如图 4-26 所示未被填充的三枚硬币一样。

本 章 小 结

在本章中，我们探讨了传统图像处理的主要方法，包括图像增强、图像分类、目标检测和图像分割。这些传统方法为计算机视觉领域提供了基础和重要工具，用于处理和分析各种类型的图像数据。尽管深度学习方法在某些任务上取得了巨大成功，但传统图像处理仍然在许多实际应用中发挥着关键作用，并为更复杂的任务提供了基础。深度学习和传统图像处理方法的结合也是未来研究的一个重要方向，以提高图像处理的效率和性能。

习　　题

1. 读取一张图像，对其进行直方图均衡化以及自适应直方图均衡化，要求输出结果图像以及像素分布的情况，并进行对比观察。
2. 介绍一种常用的图像特征提取方法及其特征提取过程。
3. 目标检测中的非极大值抑制（NMS）是什么，它的作用是什么？
4. 基于形态学分水岭算法的图像分割原理是什么？

第5章

深度卷积神经网络基础

深度学习是机器学习的一个分支，它从有限的样本数据中通过算法总结出一般性的规律，然后将这些规律应用到新的未知数据上。它的核心模型是神经网络，而神经网络存在多种不同的形式，包括递归神经网络、卷积神经网络、人工神经网络和前馈神经网络等。深度卷积神经网络（Deep Convolutional Neural Networks，DCNN）是一类在计算机视觉领域广泛应用的深度学习模型，主要用于图像识别、目标检测、图像分割等任务。它是一种特殊的神经网络，能够自动提取图像的特征，使得对图像的处理更加高效和准确。本章将介绍深度卷积神经网络的一些基础知识，这些知识将为我们后续章节的学习奠定基础。

5.1 监督学习和无监督学习

监督学习（Supervised Learning）和无监督学习（Unsupervised Learning）是在机器学习中经常被提及的两个重要的学习方法，下面通过一个生活中的实例对这两个概念进行理解。

假如有一堆由苹果和梨混在一起组成的水果，需要设计一个机器对这堆水果按苹果和梨进行分类，但是这个机器现在并不知道苹果和梨是什么样的，所以我们首先要拿一堆苹果和梨的照片，告诉机器苹果和梨分别长什么样；经过多轮训练后，机器已经能够准确地对照片中的水果类别做出判断，并且对苹果和梨的特征形成自己的定义；之后我们让机器对这堆水果进行分类，看到这堆水果被准确地按类别分开。这就是一个监督学习的过程。

如果我们没有提供苹果和梨的照片作为训练数据，机器自然不会具备识别这两种水果的能力。然而，如果我们允许机器对这一堆未标记的水果图像进行分类，那么机器将通过无监督学习过程自动发现和提取出苹果和梨的特征。这种无监督学习的过程能够使机器自动学习和归纳出苹果和梨的外貌特征，从而更加接近我们期望的人工智能水平。

5.1.1 监督学习

我们可以对监督学习做如下简单定义：提供一组输入数据和其对应的标签数据，然后搭建一个模型，让模型在通过训练后准确地找到输入数据和标签数据之间的最优映射关系，在输入新的数据后，模型能够通过之前学到的最优映射关系快速地预测出这组新数据的标签。这就是一个监督学习的过程。

在实际应用中有两类问题使用监督学习的频次较高，这两类问题分别是回归问题和分类问题。

1. 回归问题

回归问题就是使用监督学习的方法，使搭建的模型在通过训练后建立起一个连续的线性映射关系，其重点如下：

1）通过提供数据训练模型，让模型得到映射关系并能对新的输入数据进行预测。

2）得到的映射模型是线性连续的对应关系。

下面通过图 5-1 来直观地看一个线性回归问题。

如图 5-1 所示提供的数据是两维的，其中 X 轴表示房屋的面积，Y 轴表示房屋的价格，用叉号表示的单点是房价和面积相对应的数据。在该图中有一条弧形的曲线，这条曲线就是我们使用单点数据通过监督

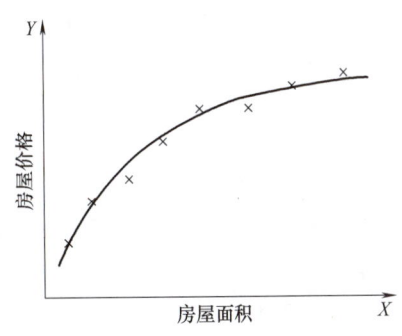

图 5-1 线性回归模型

学习的方法最终拟合出来的线性映射模型。无论我们想要得到哪种房屋面积对应的价格，通过使用这个线性映射模型，都能很快地做出预测。这就是一个线性回归的完整过程。

线性回归的使用场景是我们已经获得一部分有对应关系的原始数据，并且问题的最终答案是得到一个连续的线性映射关系，其过程就是使用原始数据对建立的初始模型不断地进行训练，让模型不断拟合和修正，最后得到我们想要的线性模型，这个线性模型能够对我们之后输入的新数据准确地进行预测。

2. 分类问题

分类问题就是让我们搭建的模型在通过监督学习之后建立起一个离散的映射关系。分类模型和回归问题在本质上有很大的不同，它依然需要使用提供的数据训练模型，让模型得到映射关系，并能够对新的输入数据进行预测，不过最终得到的映射模型是一种离散的对应关系。如图 5-2 所示就是一个分类模型的实例。

在图 5-2 中使用的依然是两个维度的数据，X 轴表示肿瘤的尺寸大小，Y 轴表示肿瘤的属性，即是良性肿瘤还是恶性肿瘤。因为 Y 轴只有两个离散的输出结果，即 0 和 1，所以用 0 表示良性肿瘤，用 1 表示恶性肿瘤。我们通过监督学习的方法对已有的数据进行训练，最后得到一个分类模型，这个分类模型能够对我们输入的新数据进行分类，预测它们最有可能归属的类别，因为这个分类模型最终输出的结果只有两个，所以我们通常也把这种类型的分类模型叫做二分类模型。

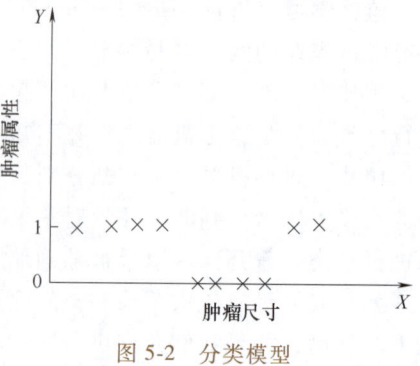

图 5-2 分类模型

分类模型的输出结果有时不仅仅有两个，也可以有多个，多分类问题与二分类问题相比会更复杂。我们也可以将刚才的实例改造成一个四分类问题，比如将肿瘤大小对应的最终输出结果改成 4 个：0 对应良性肿瘤；1 对应第 1 类肿瘤；2 对应第 2 类肿瘤；3 对应第 3 类肿瘤，这样就构造出了四分类模型。当然，我们也需要相应地调整用于模型训练的输入数据，因为现在的标签数据变成了 4 个，不做调整会导致模型不能被正常训练。依照四分类模型的构造方法，我们还能够构造出五分类模型甚至五分类以上的多分类模型。

5.1.2 无监督学习

我们可以对无监督学习做如下简单定义：提供一组没有任何标签的输入数据，将其在我们搭建好的模型中进行训练，对整个训练过程不做任何干涉，最后得到一个能够发现数据之间隐藏特征的映射模型，使用这个映射模型能够实现对新数据的分类，这就是一个无监督学习的过程。无监督学习主要依靠模型自己寻找数据中隐藏的规律和特征，人工参与的成分远远少于监督学习的过程。如图 5-3 所示为使用监督学习模型和使用无监督学习模型完成数据分类的效果。

如图 5-3a 所示为监督学习中的一个二分类模型，因为每个数据都有自己唯一对应的标签，这个标签在图中体现为叉号或者圆点；如图 5-3b 所示为无监督学习的过程，虽然数据也被最终分成了两类，但没有相应的数据标签，统一使用圆点表示，实现了将具有相似关系的数据聚集在一起，所以使用无监督学习实现分类的算法又叫做聚类。在无监督训练的整个过程中，我们需要做的仅仅是将训练数据提供给我们的无监督模型，让它自己挖掘数据中的

a) 监督学习　　　　　　　　　　　　b) 无监督学习

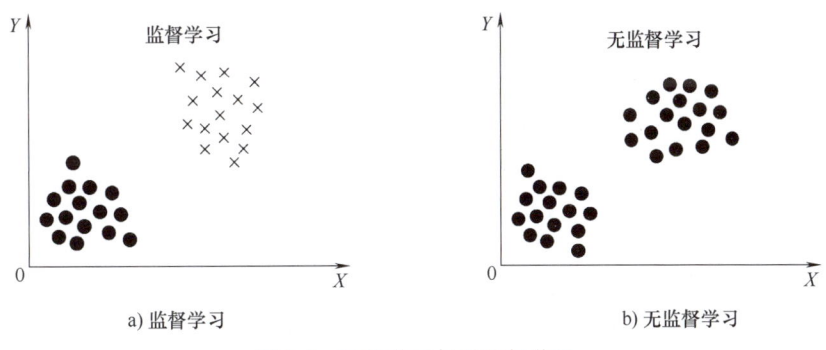

图 5-3　监督学习与无监督学习

特征和关系。

通过总结以上内容,我们发现监督学习和无监督学习的主要区别如下。

1)我们通过监督学习能够按照指定的训练数据搭建出想要的模型,但这个过程需要投入大量的精力处理原始数据,也因为我们的紧密参与,所以最后得到的模型更符合设计者的需求和初衷。

2)我们通过无监督学习过程搭建的训练模型能够自己寻找数据之间隐藏的特征和关系,更具有创造性,有时还能够挖掘到数据之间让我们意想不到的映射关系,不过最后的结果也可能会向不好的方向发展。

所以监督学习和无监督学习各有利弊,用好这两种方法对于我们挖掘数据的特征和搭建强泛化能力的模型是必不可少的。

除了上面提到的监督学习和无监督学习方法,在实际应用中还有半监督学习和弱监督学习等更具创新性的方法出现,例如半监督学习结合了监督学习和无监督学习各自的优点,是一种更先进的方法。所以我们需要深刻理解各种学习方法的优缺点,只有通过这样的方式,才能明确在各种应用场景中,哪种学习方法能够更有效地解决问题。

5.2　欠拟合和过拟合

我们可以将搭建的模型是否发生欠拟合或者过拟合作为评价模型拟合程度好坏的指标。欠拟合和过拟合的模型预测新数据的准确性都不理想,其最显著的区别就是拥有欠拟合特性的模型对已有数据的匹配性很差,不过对数据中的噪声不敏感;而拥有过拟合特性的模型对数据的匹配性太好,所以对数据中的噪声非常敏感。接下来介绍这两种拟合的具体细节。

5.2.1　欠拟合

我们先通过之前在监督学习中讲到的线性回归的实例,来直观地感受一下模型在什么情况下才算欠拟合。

图 5-4a 所示的是已获得的房屋的大小和价格的关系数据;图 5-4b 所示的就是一个欠拟合模型,这个模型虽然捕获了数据的一部分特征,但是不能很好地对新数据进行准确预测,因为这个欠拟合模型的缺点非常明显,如果输入的新数据的真实价格在该模型中上下抖动,那么相同面积的房屋在模型中得到的预测价格会和真实价格存在较大的误差;图 5-4c 所示的是一个较好的拟合模型,从某种程度上来讲,该模型已经捕获了原始数据的大部分特征,

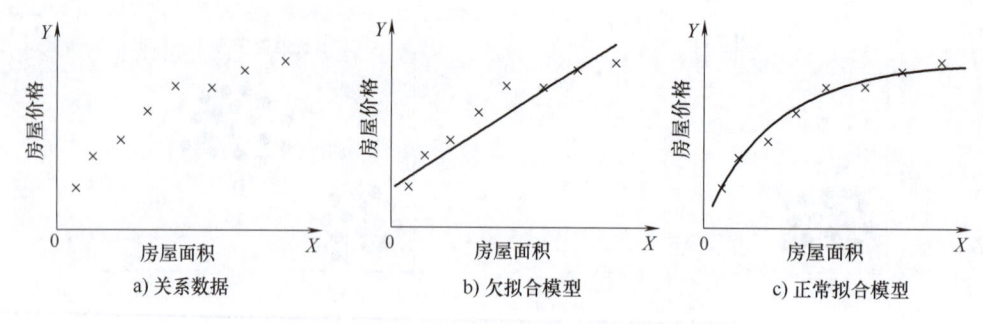

图 5-4 房屋的大小和价格的关系数据欠拟合

与欠拟合模型相比,不会存在那么严重的问题。

在解决欠拟合问题时,主要从以下三方面着手。

1)增加特征项:在大多数情况下出现欠拟合是因为我们没有准确地把握数据的主要特征,所以我们可以尝试在模型中加入更多的和原数据有重要相关性的特征来训练搭建的模型,这样得到的模型可能会有更好的泛化能力。

2)构造复杂的多项式:这种方法很容易理解,我们知道一次项函数就是一条直线,二次项函数是一条抛物线,一次项和二次项函数的特性决定了它们的泛化能力是有局限性的,如果数据不在直线或者抛物线附近,那么必然出现欠拟合的情形,所以我们可以通过增加函数中的次项来增强模型的变化能力,从而提升其泛化能力。

3)减少正则化参数:正则化参数出现的目的其实是防止过拟合情形的出现,但是如果我们的模型已经出现了欠拟合的情形,就可以通过减少正则化参数来消除欠拟合。

5.2.2 过拟合

同样,我们通过之前在监督学习中讲到的线性回归的实例来直观地感受一下模型的过拟合。

图 5-5a 所示的仍然是之前已获得的房屋的大小和价格的关系数据,图 5-5b 所示的是一个过拟合的模型,可以看到这个模型过度捕获了原数据的特征。不仅同之前的欠拟合模型存在同样的问题,而且过拟合模型受原数据中的噪声数据影响非常严重。如图 5-5c 所示,如果噪声数据严重偏离既定的数据轨道,则拟合出来的模型会发生很大改变,这个影响是灾难性的。

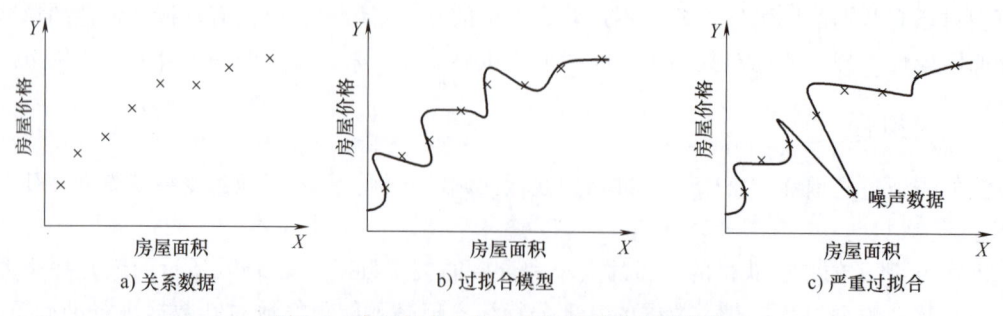

图 5-5 房屋的大小和价格的关系数据过拟合

要想解决在实践中遇到的过拟合问题,主要从以下三方面着手。

1)增大训练的数据量:在大多数情况下发生过拟合是因为我们用于模型训练的数据量

太小，搭建的模型过度捕获了数据的有限特征，这时就会出现过拟合，在增加参与模型训练的数据量后，模型自然就能捕获数据的更多特征，模型就不会过于依赖数据的个别特征。

2）采用正则化方法：正则化一般指在目标函数之后加上范数，用来防止模型过拟合的发生，在实践中最常用到的正则化方法有 L0 正则、L1 正则和 L2 正则。

3）Dropout 方法：Dropout 方法在网络模型中使用的频率较高，简单来说就是在神经网络模型进行前向传播的过程中，随机选取和丢弃指定层次之间的部分神经连接，因为整个过程是随机的，所以能有效防止过拟合发生。

5.3 反向传播

前向传播是神经网络中从输入层到输出层的信息传递过程，它主要用于根据输入数据计算网络的输出结果。然而，为了使神经网络能够适应不同的数据集和任务，我们需要一种方法来调整网络参数，以最小化预测结果与实际标签之间的误差。这就是反向传播算法的作用所在。

深度学习中的反向传播主要用于对神经网络模型中的参数进行微调，在通过多次反向传播后，就可以得到模型的最优参数组合。接下来介绍反向传播这一系列的优化过程具体是如何实现的。深度神经网络中的参数进行反向传播的过程其实就是一个复合函数求导的过程。

首先来看一个模型结构相对简单的实例，在这个实例中我们定义模型的前向传播的计算函数为 $f=(x+y)\times z$，它的流程如图 5-6 所示。

假设输入数据 $x=2$、$y=5$、$z=3$，则可以得到前向传播的计算结果 $f=(x+y)\times z=21$，如果把原函数改写成复合函数的形式 $h=x+y=7$，就可以得到 $f=h\times z=21$。

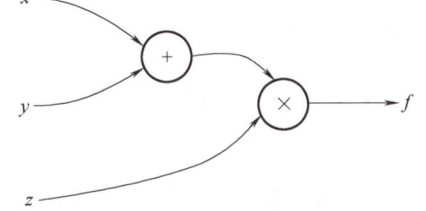

图 5-6 前向传播

接下来看看在反向传播中需要计算的内容，假设在反向传播的过程中需要做调整的参数有三个，分别是 x、y、z，这三个参数每轮反向传播的微调值为 $\frac{\partial f}{\partial x}$、$\frac{\partial f}{\partial y}$ 和 $\frac{\partial f}{\partial z}$，这三个值计算的都是偏导数，我们把求偏导的步骤进行拆解，这样就更容易理解整个计算过程了。

首先，分别计算 $\frac{\partial h}{\partial y}=1$、$\frac{\partial h}{\partial x}=1$、$\frac{\partial f}{\partial z}=h$、$\frac{\partial f}{\partial h}=z$，然后计算 x、y、z 的反向传播微调值，即它们的偏导数：

1）z 的偏导数为 $\frac{\partial f}{\partial z}=7$。

2）y 的偏导数为 $\frac{\partial f}{\partial y}=\frac{\partial f}{\partial h}\frac{\partial h}{\partial y}=z\times 1=3$。

3）x 的偏导数为 $\frac{\partial f}{\partial x}=\frac{\partial f}{\partial h}\frac{\partial h}{\partial x}=z\times 1=3$。

在清楚反向传播的大致计算流程和思路后，我们再来看一个模型结构相对复杂的实例，其结构是一个初级神经网络，如图 5-7 所示。

我们假设 $x_0=1$、$x_1=1$、$b=-1$，同时存在相对应的权重值 $w_0=0.5$、$w_1=0.5$，使用

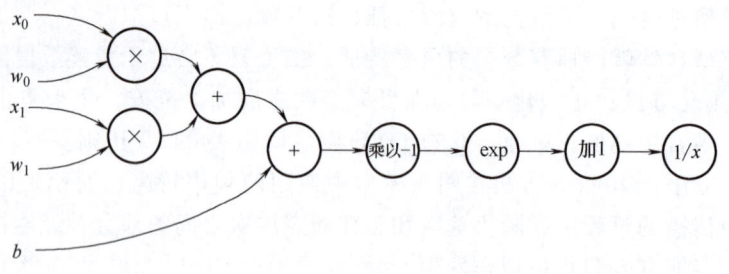

图 5-7 初级神经网络

Sigmoid 函数作为该神经网络的激活函数，就可以得到前向传播的计算函数为 $f=\dfrac{1}{1+e^{-(w_0x_0+w_1x_1+b)}}$，将相应的参数代入函数中进行计算，得到 $f=\dfrac{1}{1+e^0}=0.5$，之后再对函数进行求导。同样，可以将原函数进行简化，改写成复合函数的形式求解，令 $h=w_0x_0+w_1x_1+b=0$，简化后的函数为 $f(h)=\dfrac{1}{1+e^{-h}}=0.5$，在分别计算后得到 $\dfrac{\partial h}{\partial x_0}=w_0=0.5$、$\dfrac{\partial h}{\partial x_1}=w_1=0.5$，有了以上结果后，下面来看 x_0、x_1 的反向传播微调值：

1）x_0 的反向传播的微调值为 $\dfrac{\partial f}{\partial x_0}=\dfrac{\partial f}{\partial h}\dfrac{\partial h}{\partial x_0}=(1-f(h))f(h)\times 0.5=(1-0.5)\times 0.5\times 0.5=0.125$。

2）x_1 的反向传播的微调值为 $\dfrac{\partial f}{\partial x_1}=\dfrac{\partial f}{\partial h}\dfrac{\partial h}{\partial x_1}=(1-f(h))f(h)\times 0.5=(1-0.5)\times 0.5\times 0.5=0.125$。

反向传播算法其主要思想是：

1）将训练集数据输入到神经网络的输入层，经过隐藏层，最后达到输出层并输出结果，这是神经网络的前向传播过程。

2）由于神经网络的输出结果与实际结果有误差，则计算估计值与实际值之间的误差，并将该误差从输出层向隐藏层反向传播，直至传播到输入层。

3）在反向传播的过程中，根据误差调整各参数的值，不断迭代上述过程，直至收敛。

5.4 损失和优化

深度神经网络中的损失用来度量我们的模型得到的预测值和数据真实值之间的差距，也是一个用来衡量我们训练出来的模型泛化能力好坏的重要指标。模型预测值和真实值的差距越大，损失值就会越高，这时我们就需要通过不断地对模型中的参数进行优化来减少损失。同理，预测值和真实值的差距越小，则说明我们训练的模型预测越准确，具有更好的泛化能力。

对模型进行优化的最终目的是尽可能地在不过拟合的情况下降低损失值。在拥有一部分数据的真实值后，就可通过模型获得这部分数据的预测值，然后计算预测值与真实值之间的损失值，通过不断地优化模型参数来使这个损失值变得尽可能小。可见，优化在模型的整个过程中有举足轻重的作用。

在损失和优化的具体应用过程中，以 5.1 节的二分类问题为例，目标是构建一个模型对一堆混合的苹果和梨进行准确分类。

1）首先，建立一个二分类模型，对这堆水果进行第一轮预测。模型会根据输入的特征值，通过特定的算法预测每个水果的类别，得到预测值 y_{pred}。同时记录下每个水果的真实类别作为真实值 y_{true}。将真实值 y_{true} 与预测值 y_{pred} 之间的差值，即预测误差，作为第一轮的损失值，这个损失值反映了模型的预测结果与真实情况之间的差距。如果损失值较大，说明模型的预测结果不够准确，需要进行优化。

2）接下来，使用特定的优化算法对模型的参数进行优化。这个过程通常包括对模型的权重、偏置等参数进行更新，以降低预测误差。具体根据损失函数的梯度信息，对模型的参数进行相应的更新。

3）完成第一轮的优化后，使用更新后的模型参数进行第二轮的预测。然后再次计算预测值与真实值之间的误差，即第二轮的损失值。如果损失值仍然较大，则继续对模型参数进行优化，并进行下一轮的预测和误差计算。这个过程循环往复，直到模型的预测值与真实值的差异足够小，达到满意的分类准确率。

4）通过不断的迭代和优化过程，可以逐渐改进模型的性能，使其更准确地分类混合的苹果和梨。最终得到的模型就是所期望的理想模型，能够有效地对混合水果进行分类。这个过程是深度学习中常见的训练过程，也是损失函数和优化算法在神经网络中的重要应用之一。

在上面的二分类问题的解决过程中，计算模型的真实值和预测值之间损失值的方法有很多，而进行损失值计算的函数叫做损失函数。同样，对模型参数进行优化的函数也有很多，这些函数叫做优化函数。下面对几种较为常用的损失函数和优化函数进行介绍。

5.4.1 损失函数

这里将会列举三种在深度学习实践中经常用到的损失函数，分别是均方误差函数、均方根误差函数和平方绝对误差函数。

1. 均方误差函数

均方误差（Mean Square Erro，MSE）函数计算的是预测值与真实值之差的平方的期望值，可用于评价数据的变化程度，其得到的值越小，则说明模型的预测值具有越好的精确度。均方误差函数的计算如下：

$$MSE = \frac{1}{N} \sum_{i=1}^{N} (y_{true}^i - y_{pred}^i)^2 \quad (5-1)$$

式中，y_{pred} 表示模型的预测值，y_{true} 表示真实值，它们的上标 i 用于指明是哪个真实值和预测值在进行损失计算。

2. 均方根误差函数

均方根误差（Root Mean Square Error，RMSE）函数在均方误差函数的基础上进行了改良，计算的是均方误差的算术平方根值，其得到的值越小，则说明模型的预测值具有越好的精确度。均方根误差函数的计算如下：

$$RMSE = \sqrt{\frac{1}{N} \sum_{i=1}^{N} (y_{true}^i - y_{pred}^i)^2} \quad (5-2)$$

3. 平方绝对误差函数

平均绝对误差（Mean Absolute Error，MAE）函数算的是绝对误差的平均值，绝对误差即模型预测值和真实值之间的差的绝对值,能更好地反映预测值误差的实际情况,其得到的值越小,则说明模型的预测值具有越好的精确度。平均绝对误差函数如下:

$$MAE = \frac{1}{N} \sum_{i=1}^{N} |(y_{\text{true}}^i - y_{\text{pred}}^i)| \tag{5-3}$$

5.4.2 优化函数

在计算出模型的损失值之后,接下来需要利用损失值进行模型参数的优化。之前提到的反向传播只是模型参数优化中的一部分,在实际的优化过程中,我们还面临在优化过程中相关参数的初始化、参数以何种形式进行微调以及如何选取合适的学习速率等问题。我们可以把优化函数看作上述问题解决方案的集合。

在实践操作中最常用到的是一阶优化函数,典型的一阶优化函数包括 GD、SGD、Momentum、Adagrad、Adam 等。一阶优化函数在优化过程中求解的是参数的一阶导数,这些一阶导数的值就是模型中参数的微调值。

这里引入了一个新的概念:梯度。梯度其实就是将多元函数的各个参数求得的偏导数以向量的形式展现出来,也叫做多元函数的梯度。举例来说,有一个二元函数 $f(x, y)$,分别对元函数中的 x、y 求偏导数,然后把参数 x、y 求得的偏导数写成向量的形式,即 $\left(\frac{\partial f}{\partial x}, \frac{\partial f}{\partial y}\right)$,这就是二元函数 $f(x, y)$ 的梯度,我们也可以将其记作 $\text{grad} f(x, y)$。同理,三元函数 $f(x, y, z)$ 的梯度为 $\left(\frac{\partial f}{\partial x}, \frac{\partial f}{\partial y}, \frac{\partial f}{\partial z}\right)$,以此类推。

不难发现,梯度中的内容其实就是在反向传播中对每个参数求得的偏导数,所以我们在模型优化的过程中使用的参数微调值其实就是函数计算得到的梯度,这个过程又叫做参数的梯度更新。对于只有单个参数的函数,我们选择使用计算得到的导数来完成参数的更新,如果在一个函数中需要处理的是多个参数的问题就选择使用计算得到的梯度来完成参数的更新。下面来看几种常用的优化函数。

1. 梯度下降

梯度下降(Gradient Descent,GD)是参数优化的基础方法。虽然梯度下降已被广泛应用,但是其自身存在许多不足,所以在其基础上改进的优化函数也非常多。

全局梯度下降的参数更新公式如下:

$$\theta_j = \theta_j - \eta \times \frac{\partial J(\theta_j)}{\partial \theta_j} \tag{5-4}$$

式中,训练样本总数为 n,$j=0, 1, 2, \cdots, n$。可以将这里的等号看作编程中的赋值运算,θ 是我们优化的参数对象,η 是学习速率,$J(\theta)$ 是损失函数,$\partial J(\theta)/\partial \theta$ 表示根据损失函数来计算 θ 的梯度。学习速率用于控制梯度更新的快慢,如果学习速率过快,参数的更新跨步就会变大,极易出现局部最优和抖动;如果学习速率过慢,梯度更新的迭代次数就会增加,参数更新、优化的时间也会变长,所以选择一个合理的学习速率是非常关键的。

全局的梯度下降在每次计算损失值时都是针对整个参与训练的数据集而言的,所以会出现一个令人困扰的问题:因为模型的训练依赖于整个数据集,所以增加了计算损失值的时间成本和模型训练过程中的复杂度,而参与训练的数据量越大,这两个问题越明显。

2. 批量梯度下降

为了避免全局梯度下降优化算法的弊端,人们对全局梯度下降进行了改进,创造了批量梯度下降(Batch Gradient Descent,BGD)的优化算法。批量梯度下降就是将整个参与训练的数据集划分为若干个大小差不多的训练数据集,我们将其中一个训练数据集叫做一个批量,每次用一个批量的数据来对模型进行训练,并以这个批量计算得到的损失值为基准来对模型中的全部参数进行梯度更新,默认这个批量只使用一次,然后使用下一个批量数据来完成相同的工作,直到所有批量的数据全部使用完毕。

假设划分出来的批量个数为 m,其中的一个批量包含 $batch$ 个数据样本,那么一个批量的梯度下降的参数更新公式如下:

$$\theta_j = \theta_j - \eta \times \frac{\partial J_{batch}(\theta_j)}{\partial \theta_j} \tag{5-5}$$

式中,训练样本总数为 $batch$,$j=0,1,2,\cdots,batch$。从以上公式中我们可以知道,其批量梯度下降优化算法大体上和全局梯度下降优化算法没有多大的区别,唯一的不同就是损失值的计算方式使用的是 $J_{batch}(\theta_j)$,即这个损失值是基于我们的一个批量的数据来进行计算的。如果我们将批量划分得足够好,则计算损失函数的时间成本和模型训练的复杂度将会大大降低,不过仍然存在一些小问题,就是选择批量梯度下降很容易导致优化函数的最终结果是局部最优解。

3. 随机梯度下降

还有一种方法能够很好地处理全局梯度下降中的问题,就是随机梯度下降(Stochastic Gradient Descent,SGD)。随机梯度下降是通过随机的方式从整个参与训练的数据集中选取一部分来参与模型的训练,所以只要我们随机选取的数据集大小合适,就不用担心计算损失函数的时间成本和模型训练的复杂度,而且与整个参与训练的数据集的大小没有关系。

假设我们随机选取的一部分数据集包含 $stochastic$ 个数据样本,那么随机梯度下降的参数更新公式如下:

$$\theta_j = \theta_j - \eta \times \frac{\partial J_{stochastic}(\theta_j)}{\partial \theta_j} \tag{5-6}$$

式中,训练样本的总数为 $stochastic$,$j=0,1,2,\cdots,stochastic$。从该公式中可以看出,随机梯度下降和批量梯度下降的计算过程非常相似,只不过计算随机梯度下降损失值时使用的是 $J_{stochastic}(\theta_j)$,即这个损失值基于我们随机抽取的 $stochastic$ 个训练数据集。随机梯度下降虽然很好地提升了训练速度,但是会在模型的参数优化过程中出现抖动的情况,原因就是我们选取的参与训练的数据集是随机的,所以模型会受到随机训练数据集中噪声数据的影响,又因为有随机的因素,所以也容易导致模型最终得到局部最优解。

4. Adam

最后来看一个比较"智能"的优化函数方法——自适应时刻估计方法(Adaptive Moment Estimation,Adam)。Adam 在模型训练优化的过程中通过让每个参数获得自适应的学习率,来达到优化质量和速度的双重提升。举个简单的实例,假设我们在一开始进行模型参数的训练时损失值比较大,则这时需要使用较大的学习速率让模型参数进行较大的梯度更新,但是到了后期我们的损失值已经趋近于最小了,这时就需要使用较小的学习速率让模型参数进行较小的梯度更新,以防止在优化过程中出现局部最优解。

在实际应用中,虽然存在多种自适应优化函数,但 Adam 因其收敛速度快、学习效果好等优点，应用广泛且效果理想。Adam 对于优化过程中可能出现的学习速率消失、收敛过慢、高方差的参数更新等问题，都有很好的解决方案，使得损失值波动得到有效控制。

5.5 激活函数

在神经网络中，激活函数起着至关重要的作用。它们被引入神经元之间，目的是在神经网络中引入非线性特性。由于非线性是大多数现实世界数据所固有的，因此激活函数对于使神经网络能够更好地学习和理解这些复杂数据至关重要。当我们探索感知机和多层感知机时，我们可以清晰地理解没有激活函数的单层神经网络模型。此类模型在数学上的表示形式为

$$f(x) = \mathbf{W} \cdot \mathbf{X} \tag{5-7}$$

式中，大写字母代表矩阵或者张量。下面搭建一个二层的神经网络模型并在模型中加入激活函数。假设激活函数的激活条件是比较 0 和输入值中的最大值，如果小于 0，则输出结果为 0；如果大于 0，则输出结果是输入值本身。同时，在神经网络模型中加入偏置（Bias），偏置可以让我们搭建的神经网络模型偏离原点，而没有偏置的函数必定会经过原点。

比如 $f(x) = 2 \cdot x$ 是不带偏置的函数，而 $g(x) = 2 \cdot x + 3$ 是偏置为 3 的函数。模型偏离原点的好处就是能够使模型具有更强的交换能力，在面对不同的数据时拥有更好的泛化能力。在增加偏置后，我们之前的单层神经网络模型的数学表示如下：

$$f(x) = \mathbf{W} \cdot \mathbf{X} + b \tag{5-8}$$

如果搭建二层神经网络，那么加入激活函数的二层神经网络的数学表示如下：

$$f(x) = \max(\mathbf{W}_2 \cdot \max(\mathbf{W}_1 \cdot \mathbf{X} + b_1, 0) + b_2, 0) \tag{5-9}$$

如果是更多层次的神经络模型，比如一个三层神经网络模型，并且每层的神经输出都使用同样的激活函数，那么数学表示如下：

$$f(x) = \max(\mathbf{W}_3 \cdot \max(\mathbf{W}_2 \cdot \max(\mathbf{W}_1 \cdot \mathbf{X} + b_1, 0) + b_2, 0) + b_3, 0) \tag{5-10}$$

深度更深的神经网络模型如上原则类推。就数学意义而言，在构建神经网络模型的过程中，激活函数发挥了重要的作用，比如就上面的三层神经网络模型而言，如果没有激活函数，只是一味地加深模型层次，则搭建出来的神经网络数学表示如下：

$$f(x) = \mathbf{W}_3 \cdot (\mathbf{W}_2 \cdot (\mathbf{W}_1 \cdot \mathbf{X} + b_1) + b_2) + b_3 \tag{5-11}$$

可以看出，上面的模型存在一个很大的问题，它仍然是一个线性模型，如果不引入激活函数，则无论我们加深多少层，其结果都一样，线性模型在应对非线性问题时会存在很大的局限性。激活函数的引入给我们搭建的模型带来了非线性因素，非线性的模型能够处理更复杂的问题，所以通过选取不同的激活函数便可以得到复杂多变的深度神经网络，从而应对诸如图片分类这类复杂的问题。

下面讲解我们在实际应用中最常用到的三种非线性激活函数 Sigmoid、tanh 和 ReLU。

5.5.1 Sigmoid 函数

Sigmoid 函数的数学表达式如下：

$$f(x) = \frac{1}{1 + e^{-x}} \tag{5-12}$$

根据 Sigmoid 函数，我们可以得到 Sigmoid 的几何图形，如图 5-8 所示。

如图 5-8 所示可见，输入 Sigmoid 激活函数的数据经过激活后输出数据的区间为 0~1，输入数据越大，输出数据越靠近 1，反之越靠近 0。Sigmoid 在一开始被作为激活函数使用时就受到了大众的普遍认可，其主要原因是从输入到经过 Sigmoid 激活函数激活输出的一系列过程与生物神经网络的工作机理非常相似，不过 Sigmoid 作为激活函数的缺点也非常明显，其最大的缺点就是使用 Sigmoid 作为激活函数会导致模型的梯度消失，因为 Sigmoid 导数的取值区间为 0~0.25，如图 5-9 所示。

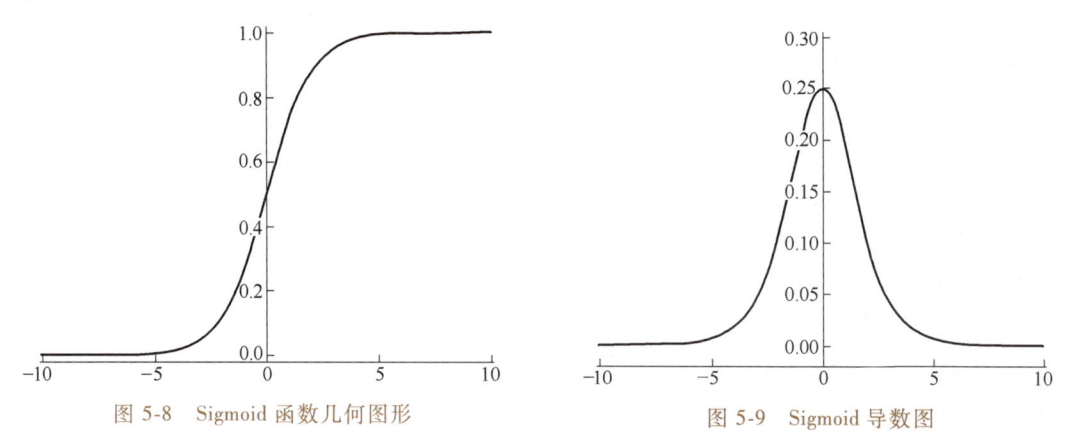

图 5-8　Sigmoid 函数几何图形

图 5-9　Sigmoid 导数图

根据复合函数的链式法则可以知道，如果我们的每层神经网络的输出节点都使用 Sigmoid 作为激活函数，那么在反向传播的过程中每逆向经过一个节点，就要乘上一个 Sigmoid 的导数值，而 Sigmoid 的导数值的取值区间为 0~0.25，所以即便每次乘上 Sigmoid 的导数值中的最大值 0.25，也相当于在反向传播的过程中每逆向经过一个节点，梯度值的大小就会变成原来的四分之一，如果模型层次达到了一定深度，那么反向传播会导致梯度值越来越小，直到梯度消失。

其次是 Sigmoid 函数的输出值恒大于 0，这会导致我们的模型在优化过程中收敛速度变慢。因为深度神经网络模型的训练和参数优化往往需要消耗大量的时间，如果模型的收敛速度变慢，就又会增加时间成本。考虑到这一点，在选取参与模型中相关计算的数据时，要尽量使用零中心（Zero-Centered）数据，而且要尽量保证计算得到的输出结果是零中心数据。

5.5.2　tanh 函数

激活函数 tanh 数学表达式如下：

$$f(x)=\frac{e^x-e^{-x}}{e^x+e^{-x}} \quad (5-13)$$

我们根据 tanh 函数可以得到其几何图形，如图 5-10 所示。

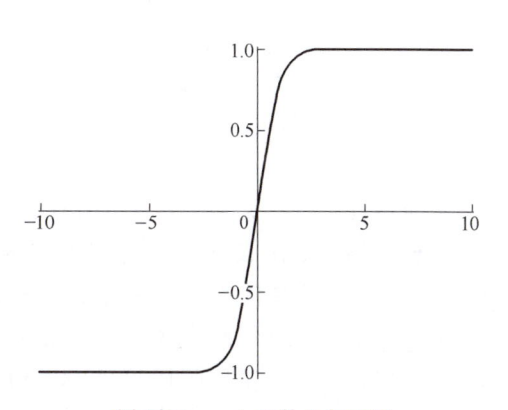

如图 5-10 所示可见，tanh 函数的输出结果是零中心数据，所以解决了激活函数在模型优化过程中收敛速度变慢的问题。但 tanh 函数的导数取值区间为 0~1，仍然不够大，如图 5-11 所示。

所以，因为导数取值范围的关系，在深度神经网络模型的反向传播过程中仍有可能出现梯度

图 5-10　tanh 函数几何图形

消失的情况。

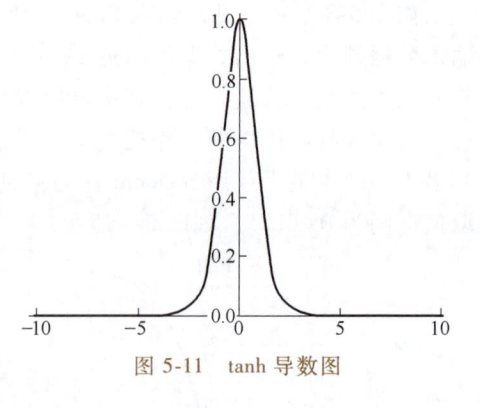

5.5.3 ReLU 函数

修正线性单元（Rectified Linear Unit，ReLU）函数是目前在深度神经网络模型中使用率最高的激活函数，其数学表达式如下：

$$f(x) = \max(0, x) \qquad (5-14)$$

ReLU 函数通过判断 0 和输入数据 x 中的最大值作为结果进行输出，即如果 x<0，则输出结果 0；如果 x>0，则输出结果 x。其逻辑非常简单，使用该激活函数的模型在实际计算过程中非常高效。我们根据 ReLU 函数，可以得到 ReLU 的几何图形，如图 5-12 所示。

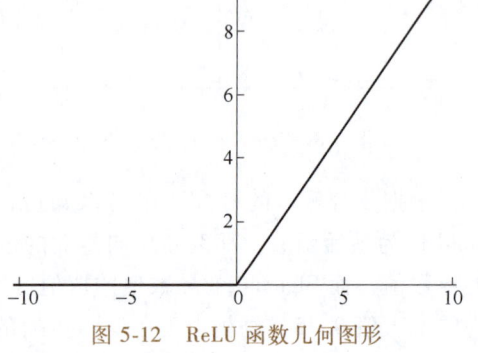

图 5-11　tanh 导数图

ReLU 函数的收敛速度非常快，其计算效率远远高于 Sigmoid 和 tanh 函数，其优点如下：

1）解决了随着网络层数的加深而出现的梯度消失的情况。

2）ReLU 激活函数的计算速度非常快，只需要判断输入是否大于 0 即可。

3）收敛速度远远快于 Sigmoid 和 tanh 激活函数。

ReLU 函数已经成为许多人搭建深度神经网络模型时使用的主流激活函数，它也在不断被改

图 5-12　ReLU 函数几何图形

进，现在已经出现很多 ReLU 的改进版本，如 Leaky-ReLU、R-ReLU 等。

5.6　卷积神经网络基础

一般来说，计算机视觉图片普遍的表达方式是 RGB 颜色模型，即红、绿、蓝三原色的色光以不同的比例相加产生多种多样的色光。因此，在 RGB 颜色模型中，基于灰度图像的单个像素矩阵就扩展成了有序排列的三个矩阵，其中，每一个矩阵又叫这个图片的一个通道（Channel）。例如我们有一张 JPG 格式的 480×480 像素的彩色图片，那么它对应的数组就有 480×480×3 个元素（3 表示 RGB 的三个通道）。所以在计算机中，一张 RGB 图片是数字矩阵所构成的"长方体"。如图 5-13 所示，可用宽（Width）、高（Height）、深（Depth）来描述。

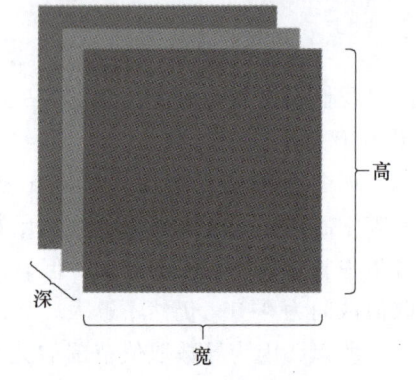

在应用计算机视觉时，要考虑的就是该如何处理这些作为输入的"数字长方体"，使用传统神经网络处理机器视觉的一个主要问题是输入层维度很大。例如一张 64×64×3 的图像，神经网络输入层的维度为 12288。如果图像尺寸较大，例如一张 1000×1000×3 的图像，神经网络输入层的维度将达到三百万，这使得网络权重非常

图 5-13　RGB 图像模型示意图

庞大。会造成两个后果，一是神经网络结构复杂，数据量相对不够，容易出现过拟合；二是所需内存、计算量较大。解决这一问题的方法就是使用卷积神经网络（CNN）。

卷积神经网络是由生物学家 Hubel 和 Wiesel 在早期关于猫视觉皮层的研究基础上发展而来的。视觉皮层的细胞存在一个复杂的构造，这些细胞对视觉输入空间的子区域非常敏感，称之为感受野。而卷积神经网络这一表述是由纽约大学的 Yann Lecun 于 1998 年提出来的，其本质是一个多层感知机（MLP）变种，其成功的原因在于其所采用的局部连接和权值共享的方式。卷积神经网络是一种带有卷积结构的深度神经网络，卷积结构可以减少深层网络占用的内存量，其有三个关键的操作，一是局部感受野，二是权值共享，三是池化层，有效地减少了网络的参数个数，缓解了模型的过拟合问题。

卷积神经网络是一种多层的监督学习神经网络，隐藏层的卷积层和池化层是实现卷积神经网络特征提取功能的核心模块，如图 5-14 所示。该网络模型通过采用梯度下降法最小化损失函数对网络中的权重参数逐层反向调节，通过频繁的迭代训练提高网络的精度。

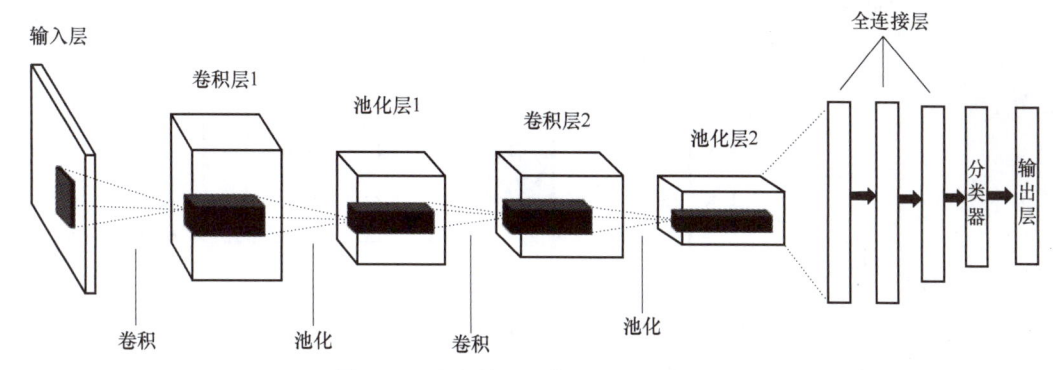

图 5-14　卷积神经网络基本结构示意图

卷积神经网络结构包括：卷积层、池化层、全连接层。每一层有多个特征图，每个特征图通过一种卷积滤波器提取输入的一种特征，每个特征图有多个神经元。输入图像和滤波器进行卷积之后，提取局部特征，该局部特征一旦被提取出来之后，它与其他特征的位置关系也随之确定，每个神经元的输入和前一层的局部感受野相连，每个特征提取层都紧跟一个用来求局部平均与二次提取的计算层，也叫特征映射层，网络的每个计算层由多个特征映射平面组成，平面上所有的神经元的权重相等。通常将输入层到隐藏层的映射称为一个特征映射，也就是通过卷积层得到特征提取层，经过池化之后得到特征映射层。

网络的低隐层是由卷积层和池化层交替组成，而高层是全连接层，对应传统多层感知器的隐含层和逻辑回归分类器。第一个全连接层的输入是由卷积层和池化层进行特征提取得到的特征图像，最后一层输出层是一个分类器，可以采用逻辑回归，Softmax 回归或支持向量机对输入图像进行分类。

下面将讲解卷积神经网络中的核心基础，涉及卷积层、池化层、全连接层在卷积神经网络中扮演的角色、实现的具体功能和工作原理。

5.6.1　卷积层

卷积层（Convolution Layer）的主要作用是对输入的数据进行特征提取，而完成该功能的是卷积层中的卷积核（Filter）。我们可以将卷积核看作一个指定窗口大小的扫描器，扫器通过一次又一次地扫描输入的数据,来提取数据中的特征。如果我们输入的是图像数据,那么在通过卷积核的处理后,就可以识别出图像中的重要特征了。

那么,在卷积层中是如何定义这个卷积核的呢?卷积层又是怎样工作的呢?下面通过一个实例进行说明。假设有一张32×32×3的输入图像,其中32×32指图像的高度×宽度,3指图像具有R、G、B三个色彩通道,即红色(Red)、绿色(Green)和蓝色(Blue),我们定义一个窗口大小为5×5×3的卷积核,其中5×5指卷积核的高度×宽度,3指卷积核的深度,对应之前输入图像的R、G、B三个色彩通道,这样做的目的是当卷积核窗口在输入图像上滑动时,能够一次在其三个色彩通道上同时进行卷积操作。注意,如果我们的原始输入数据都是图像,那么我们定义的卷积核窗口的宽度和高度要比输入图像的宽度和高度小,较常用的卷积核窗口的宽度和高度大小是3×3和5×5。在定义卷积核的深度时,只要保证与输入图像的色彩通道一致就可以了,如果输入图像是3个色彩通道的,那么卷积核的深度就是3;如果输入图像是单色彩通道的,那么卷积核的深度就是1,以此类推。如图5-15所示为单色彩通道的输入图像的卷积过程。

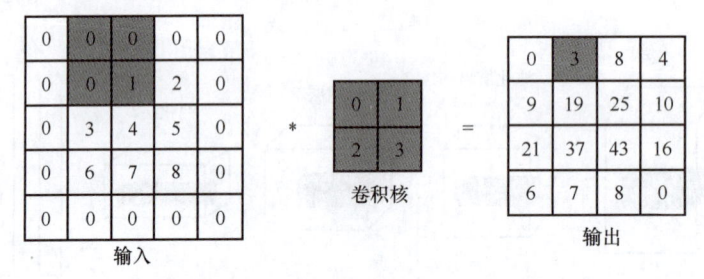

图 5-15　单色彩通道的输入图像的卷积过程

如图5-15所示,输入的是一张原始图像,中间的是卷积核,图中显示的是卷积核的一次工作过程,通过卷积核的计算输出了一个结果,其计算方式就是将对应位置的数据相乘然后相加:

$$3 = 0×0+0×1+0×2+1×3$$

下面,根据我们定义的卷积核步长对卷积核窗口进行滑动。卷积核的步长其实就是卷积核窗口每次滑动经过的图像上的像素点数量,如图5-16所示是一个步长为1的卷积核经过一次滑动后窗口位置发生的变化。

如果我们仔细观察,则还会发现在图5-16中输入图像的最外层多了一圈全为0的像素,这其实是一种用于提升卷积效果的边界像素填充方式。我们在对输入图像进行卷积之前,有两种边界像素填充方式可以选择,分别是 Same 和 Valid。Valid 方式就是直接对输入图像

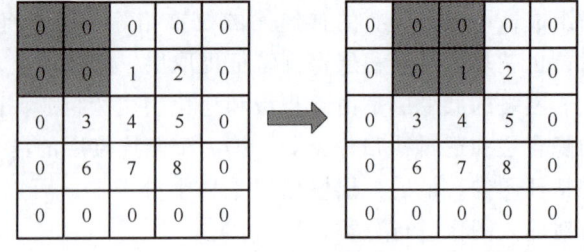

图 5-16　卷积核滑动

进行卷积,不对输入图像进行任何前期处理和像素填充,这种方式的缺点是可能会导致图像中的部分像素点不能被滑动窗口捕捉;Same 方式是在输入图像的最外层加上指定层数的值全为0的像素边界,这样做是为了让输入图像的全部像素都能被滑动窗口捕捉。

通过对卷积过程的计算,我们可以总结出一个通用公式,在本书中我们统一把它叫做卷积通用公式,用于计算输入图像经过一轮卷积操作后的输出图像的宽度和高度的参数,公式

如下：

$$W_{\text{output}} = \frac{W_{\text{input}} - W_{\text{filter}} + 2P}{S} + 1 \qquad (5\text{-}15)$$

$$H_{\text{output}} = \frac{H_{\text{input}} - H_{\text{filter}} + 2P}{S} + 1 \qquad (5\text{-}16)$$

式中，W 和 H 分别表示图像的宽度（Weight）和高度（Height）的值；下标 input 表示输入图像的相关参数；下标 output 表示输出图像的相关参数；下标 filter 表示卷积核的相关参数；S 表示卷积核的步长；P（是 Padding 的缩写）表示在图像边缘增加的边界像素层数，如果图像边界像素填充方式选择的是 Same 模式，那么 P 的值就等于图像增加的边界层数，如果选择的是 Valid 模式，那么 $P=0$。

我们已经了解了单通道的卷积操作过程，但是在实际应用中一般很少处理色彩通道只有一个的输入图像，所以接下来看看如何对三个色彩通道的输入图像进行卷积操作，三个色彩通道的输入图像的卷积过程如图 5-17 所示。

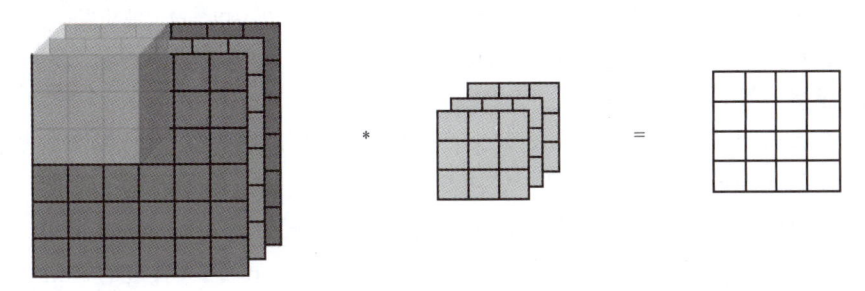

图 5-17　三个色彩通道的输入图像的卷积过程

对于三通道的 RGB 图片，其对应的滤波器算子同样也是三通道的。例如一个图片的大小是 6×6×3，分别对应图片的高度（Height）、宽度（Weight）和通道（Channel）。三通道图片的卷积运算与单通道图片的卷积运算基本一致。过程是将每个单通道（R、G、B）与对应的滤波器进行卷积运算求和，然后再将 3 通道的和相加，得到输出图片的一个像素值。

不同通道的滤波算子可以不相同。例如 R 通道滤波器实现垂直边缘检测，G 和 B 通道不进行边缘检测，全部置零，或者将 R、G、B 三通道滤波器全部设置为水平边缘检测。

为了进行多个卷积运算，实现更多边缘检测，可以增加更多的滤波器组。例如设置第一个滤波器组实现垂直边缘检测，第二个滤波器组实现水平边缘检测。这样，不同滤波器组卷积得到不同的输出，个数由滤波器组决定。双滤波器组卷积示意图如图 5-18 所示。

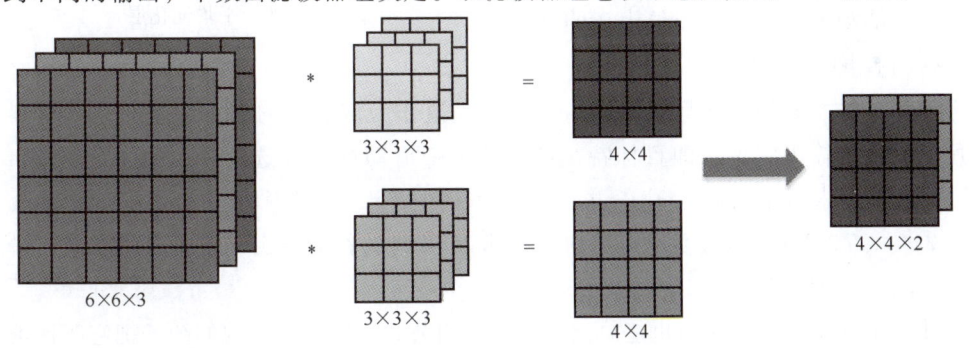

图 5-18　双滤波器组卷积示意图

若输入图片的尺寸为 $n×n×n_c$，滤波器尺寸为 $f×f×n_c$，则卷积后的图片尺寸为 $(n-f+1)×(n-f+1)×n_c'$。其中，n_c 为图片通道数目，n_c' 为滤波器组个数。

5.6.2 池化层

卷积神经网络中的池化层可以被看作卷积神经网络中的一种提取输入数据的核心特征的方式，不仅实现了对原始数据的压缩，还大量减少了参与模型计算的参数，从某种意义上提升了计算效率。其中，最常被用到的池化层方法是平均池化层和最大池化层，池化层处理的输入数据在一般情况下是经过卷积操作之后生成的特征图。如图 5-19 所示是一个最大池化层的操作过程。

如图 5-19 所示，池化层也需要定义一个类似卷积层中卷积核的滑动窗口，但是这个滑动窗口仅用来提取特征图中的重要特征，本身并没有参数。这里使用的滑动窗口的高度×宽度是 2×2，滑动窗口的深度和特征图的深度保持一致。

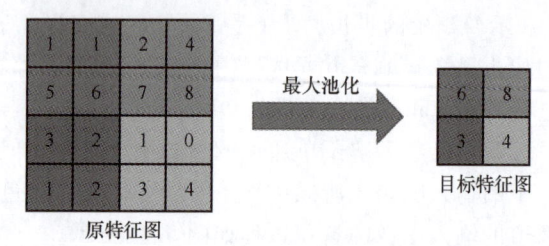

图 5-19 最大池化层

下面来看看这个滑动窗口的计算细节。首先通过滑动窗口框选出特征图中的数据，然后将其中的最大值作为最后的输出结果。如图 5-19 所示左边的是输入的特征图像，即原特征图，如果滑动窗口是步长为 2 的 2×2 窗口，则刚好可以将输入图像划分成 4 部分，取每部分中数字的最大值作为该部分的输出结果，便可以得到如图 5-19 所示右边的输出图像，即目标特征图。第 1 个滑动窗口框选的 4 个数字分别是 1、1、5、6，所以最后选出的最大的数字是 6；第 2 个滑动窗口框选的 4 个数字分别是 2、4、7、8，所以最后选出的最大的数字是 8，以此类推，最后得到的结果就是 6、8、3、4。

在了解最大池化层的工作方法后，我们再来看另一种常用的池化层方法，如图 5-20 所示是一个平均池化层的操作过程。

平均池化层的窗口、步长和最大池化层没有区别，但平均池化层最后对窗口框选的数据使用的计算方法与最大池化层不同。平均池化层在得到窗口中的数字后，将它们全部相加再求平均值，将该值作为最后的输出结果。如果滑动窗口依旧是步长为 2 的 2×2 窗口，则同样刚好将输入图像划分成 4 部

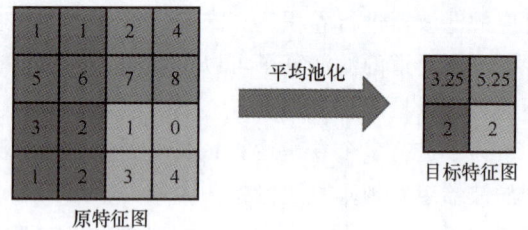

图 5-20 平均池化层

分，将每部分的数据相加然后求平均值，并将该值作为该部分的输出结果，最后得到如图 5-20 所示右边的输出图像，即目标特征图。第 1 个滑动窗口框选的 4 个数字分别是 1、1、5、6，那么最后求得平均值为 3.25 并将其作为输出结果；第 2 个滑动窗口框选的 4 个数字分别是 2、4、7、8，那么最后求得平均值为 5.25 并将其作为输出结果，以此类推，最后得到的结果就是 3.25、5.25、2、2。

通过池化层的计算，我们也能总结出一个通用公式，在本书中我们统一把它叫做池化通用公式，用于计算输入的特征图经过一轮池化操作后输出的特征图的宽度和高度：

$$W_{\text{output}} = \frac{W_{\text{input}} - W_{\text{filter}}}{S} + 1 \quad (5\text{-}17)$$

$$H_{\text{output}} = \frac{H_{\text{input}} - H_{\text{filter}}}{S} + 1 \quad (5\text{-}18)$$

式中，W 和 H 分别表示特征图的宽度和高度值；下标 input 表示输入的特征图的相关参数；下标 output 表示输出的特征图的相关参数；下标 filter 表示滑动窗口的相关参数；S 表示滑动窗口的步长，并且输入的特征图的深度和滑动窗口的深度保持一致。

下面通过一个实例来了解如何计算输入的特征图经过池化层后输出的特征图的高度和宽度，定义一个 16×16×6 的输入图像，池化层的滑动窗口为 2×2×6，滑动窗口的步长 S 为 2。这样可以得到 $W_{\text{input}} = 16$、$H_{\text{input}} = 16$、$W_{\text{filter}} = 2$、$S = 2$，然后根据总结得到的公式，最后输出特征图的宽度和高度都是 8。使用 2×2×6 的滑动窗口对输入图像进行池化操作后，得到的输出特征图的高度和宽度变成了原来的一半，这也印证了我们之前提到的池化层的作用：池化层不仅能够最大限度地提取输入的特征图的核心特征，还能够对输入的特征图进行压缩。

5.6.3 全连接层

全连接层的主要作用是将输入图像在经过卷积和池化操作后提取的特征进行压缩，并且根据压缩的特征完成模型的分类功能。如图 5-21 所示是一个全连接层的简化流程。

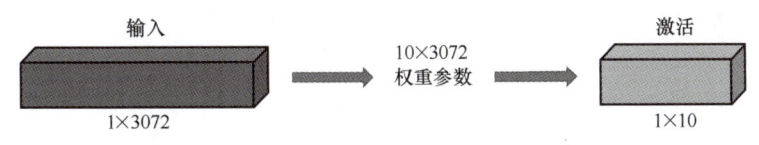

图 5-21 全连接层

其实全连接层的计算比卷积层和池化层更简单，如图 5-21 所示的输入就是我们通过卷积层和池化层提取的输入图像的核心特征，与全连接层中定义的权重参数相乘，最后被压缩成仅有的 10 个输出参数，这 10 个输出参数其实已经是一个分类的结果，再经过激活函数的进一步处理，就能让我们的分类预测结果更明显。将 10 个参数输入到分类器激活函数中，激活函数的输出结果就是模型预测的输入图像对应各个类别的可能性值。

本 章 小 结

本章主要介绍了深度卷积神经网络的基本理念和架构，同时探讨了监督学习和无监督学习、欠拟合和过拟合等相关概念。此外，还详细讲解了卷积层、池化层和全连接层的工作原理和作用。特别是卷积层，它的运作机制、卷积核、步长以及填充等概念都得到了深入的解释。深度卷积神经网络是深度学习中具有极其重要地位的一种神经网络模型，它在计算机视觉领域的应用广泛而深入，如图像识别、物体检测、图像分割等任务。由于其独特的优势，卷积神经网络已成为解决这些问题的重要工具。

同时，本章还介绍了反向传播、损失函数和激活函数等关键概念。这些概念在神经网络中起着至关重要的作用，特别是激活函数，它们可以帮助神经网络更好地适应各种类型的数据和任务。对这些知识的理解和掌握，不仅是深度学习的基础，也是计算机视觉领域的重要知识点。

通过本章的学习，读者可以深入理解卷积神经网络的基本原理和结构，并学会如何使用卷积层、池化层和全连接层来构建卷积神经网络模型。这些知识将为后续的学习和实践打下坚实的基础，并为读者在解决实际问题时提供有力的支持。

习　　题

1. 为什么 ReLU 常用作神经网络的激活函数？
2. 如何使卷积层的输入和输出相同？
3. 简述全连接层对模型的影响。
4. 池化层的作用是什么？

第6章

PyTorch深度学习框架

PyTorch 前身为 Torch，其底层结构和 Torch 框架一样，但是 PyTorch 使用 Python 语言重新实现了 Torch 的很多功能。PyTorch 作为一个以 Python 为基础的深度学习框架，为搭建深度学习模型提供了极大的便利。目前很多主流深度学习模型都以 PyTorch 为基础，搭建 PyTorch 深度学习框架有助于更好地理解一些优秀的网络模型。本章主要对 PyTorch 深度学习框架的基本内容进行介绍。

6.1 PyTorch 框架简介

PyTorch 由 Torch7 团队开发，是 Torch 的 Python 版本。与 Torch 的不同之处在于 PyTorch 使用了 Python 作为开发语言，是由 Facebook 开源的神经网络框架，属于专门针对 GPU 加速的深度神经网络（DNN）编程。Torch 是一个经典的对多维矩阵数据进行操作的张量（Tensor）库，在机器学习和其他数学密集型学习中有着广泛应用。与 TensorFlow 的静态计算图不同，PyTorch 的计算图是动态的，可以根据计算需要实时改变计算图。作为经典机器学习库 Torch 的端口，PyTorch 为 Python 语言使用者提供了舒适的编写环境。PyTorch 可以看作是一个基于 Python 的科学计算包，主要用于满足两类需求：

1）作为 NumPy 的替代品，可以利用 GPU 的性能进行计算。
2）要求深度学习研究平台拥有足够的灵活性和速度。

6.1.1 使用框架的必要性

为什么不直接实现网络结构而必须使用框架呢？实际上如果有能力实现神经网络结构，完全可以自己动手实现所需的神经网络，但是这样会使工作量增大，大部分精力会花费在底层的构建而非主要模型的构建上。在当下的使用环境之中，使用框架是大势所趋，有助于节省大量底层的、烦琐的、容易出错的工作，一方面可以使用户专注于高层次的工作，另一方面又可以避免底层的一些错误。例如，在 Web 开发中会使用 Django 和 Spring Boot 等框架，在桌面开发中会使用 MFC、QT 等框架，而在深度学习领域则可以选择使用 PyTorch、TensorFlow 等框架。

6.1.2 主流框架对比

1. TensorFlow

2015 年 11 月 9 日，Google 正式发布并开源 TensorFlow，TensorFlow 是一个开源的机器学习框架，用户可以使用 TensorFlow 快速地构建神经网络，同时快捷地进行网络的训练、评估与保存。TensorFlow 灵活的架构可以部署在一个或多个 CPU、GPU 的台式机服务器中，或者在移动设备中使用单一的 API 应用。最初，TensorFlow 是由研究人员和 Google Brain 团队针对机器学习和深度神经网络进行研究而开发的，是目前全世界使用人数最多、社区最为庞大的一个框架。TensorFlow 是由 Google 公司开发的，维护和更新比较频繁，并且拥有 Python 和 C++的接口，教程也非常完善。很多文献复现的第一个版本都是基于 TensorFlow 的，它是目前用户基数非常大的框架。然而，由于其语言太过于底层，目前有很多基于 TensorFlow 的第三方抽象库对其函数进行封装，使其变得更加简洁，比较有名的包括 Keras、Tflearn、tfslim 以及 TensorLayer。

2. Caffe

Caffe 由贾扬清在加州大学伯克利分校攻读博士期间创建，全称是 Convolutional Architecture for Fast Feature Embedding，是一个兼具表达性、速度和思维模块化的开源深度学习框架，目前由伯克利视觉和学习中心维护。虽然 Caffe 由 C++编写，但是有 Python 和 Matlab 相关接口。2017 年 4 月，Facebook 发布 Caffe2，加入了递归神经网络等新功能。2018 年 3 月底，Caffe2 并入 PyTorch。

3. Theano

Theano 是一个较为老牌和稳定的深度学习 Python 库，擅长处理多维数组，属于比较底层的框架。Theano 起初是为了深度学习中神经网络算法的运算所设计的，可利用符号化语言定义想要的结果，会对程序进行编译，使程序高效运行于 GPU 或 CPU。Theano 支持自动计算函数梯度，带有 Python 接口并集成了 NumPy，这使得它从一开始就成为深度学习领域最常使用的库之一。但由于不支持多 GPU 和水平扩展，在其他优秀深度学习框架的热潮下，Theano 已然开始被遗忘。由于目前开发 Theano 的研究人员大都去了 Google 并参与了 TensorFlow 的开发，可以说 TensorFlow 是在 Theano 的基础上开发的。

4. Torch

Torch 是一个有大量机器学习算法支撑的科学计算框架，其诞生已经有数十年之久，但是真正起势得益于 Facebook 开源了大量 Torch 的深度学习模块。Torch 的特点是十分灵活，另外一个特殊之处是采用了编程语言 Lua。但是目前大部分深度学习算法都以 Python 为基础，因此学习 Lua 编程语言增加了使用 Torch 框架的成本。而 PyTorch 的前身就是 Torch，其底层结构和 Torch 框架一样，PyTorch 使用 Python 语言重新编写了很多内容，不仅更加灵活，还支持动态图，同时提供了 Python 接口。

5. MXNet

MXNet 是一个支持大多数编程语言的框架，支持 7 种主流编程语言，包括 C++、Python、R、Scala、Julia、Matlab 和 JavaScript。MXNet 的优势是其开发者之一李沐是中国人，在 MXNet 的推广中具有语言优势（汉语），有利于国内开发者的学习。MXNet 有着非常好的分布式支持形式，而且性能超强，内存占用率低。但是 MXNet 的缺点也很明显：教程不够完善，使用者不多导致社区不大，基于 MXNet 的比赛和论文很少，使得 MXNet 的推广力度不够，知名度不高。

6.1.3 PyTorch 的优点

1. 代码简洁

PyTorch 的设计追求最少的封装，不像 TensorFlow 中充斥着 Session、Graph、Operation、name_scope、Variable、Tensor、Layer 等全新的概念，PyTorch 的设计遵循 tensor→autograd→nn.Module 这三个由低到高的抽象层次，分别代表张量、自动求导和神经网络（层/模块），而且这三个抽象层次之间联系紧密，可以同时进行修改和操作。简洁的设计带来的另外一个好处就是代码简洁，易于理解。PyTorch 的源码只有 TensorFlow 的十分之一左右，更直观的设计使得 PyTorch 的源码十分易于阅读。

2. 运行速度快

PyTorch 的灵活性不以牺牲速度为代价，在许多评测中，PyTorch 的速度表现完胜 TensorFlow 和 Keras 等框架。虽然框架的运行速度和程序员的编码水平有极大关系，但对于同样的算法，使用 PyTorch 实现的框架运行速度更有可能快过其他框架实现的速度。

3. 逻辑简单易懂

PyTorch 是所有面向对象设计的框架中较为优雅的一个。PyTorch 的接口设计思路来源于 Torch，而 Torch 的接口设计以灵活易用而著称，Keras 的作者最初就是受到了 Torch 的启发才成功开发了 Keras。PyTorch 继承了 Torch 的衣钵，尤其是 API 的设计和模块的接口都与 Torch 高度一致。PyTorch 的设计最符合人们的思维，它让用户尽可能专注于实现自己的想法，即"所思即所得"，不需要考虑太多关于框架本身的束缚。

4. 社区活跃

PyTorch 提供了完整的文档、循序渐进的指南以及供用户交流和请教问题的论坛。Facebook 人工智能研究院对 PyTorch 提供了强力支持，作为当今排名前三的深度学习研究机构，FAIR 的支持足以确保 PyTorch 获得持续的开发更新，不至于像许多由个人开发的框架一样昙花一现。

6.1.4 PyTorch 的架构

PyTorch 通过混合前端、分布式训练以及工具和库这套生态系统实现快速、灵活的实验。PyTorch 和 TensorFlow 具有不同的计算图实现形式，TensorFlow 采用静态图机制（预定义后再使用），而 PyTorch 采用动态图机制（运行时动态定义）。PyTorch 具有以下特征：

1）混合前端：新的混合前端在显卡加速模式下同样具有良好的兼容性和易用性，同时可以无缝转换到图形模式，以便在 C++中运行时实现速度优化。

2）分布式训练：PyTorch 通过异步执行和从 Python、C++访问的对等通信，实现了性能优化。

3）Python 优先：PyTorch 是为了深入集成到 Python 中而构建的，因此它可以与流行的库以及 Cython、Numba 等软件包一起使用。

4）丰富的工具和库：研究人员和开发人员建立了丰富的工具和库生态系统，用于扩展 PyTorch 并支持从计算机视觉到深度学习等领域的开发。

5）本机 ONNX 支持：PyTorch 以 ONNX（开放式神经网络交换）格式导出模型，以便直接访问与 ONNX 兼容的平台。

6）C++前端：C++前端是 PyTorch 的纯 C++接口，PyTorch 的前端设计和体系结构与 Python 相同。此接口可以提供 PyTorch 基本的数据结构和功能，例如张量和自动求导，从而使 C++程序可以使用 PyTorch 中 GPU 和 CPU 优化的深度学习张量库。

6.2 PyTorch 环境配置与安装

PyTorch 目前支持 Linux、Mac 和 Windows 三种系统，并且支持多种安装方式。PyTorch 官网上给出了 Conda、Pip、LibTorch、Source 几种不同的安装方式，以及基于 Python、C++/Java 等不同语言进行安装。Anaconda 是配置深度学习环境所必要的软件，提供了包管理与环境管理的功能，可以很方便地解决 Python 版本并存、切换以及各种第三方包安装的问题。

PyTorch 有多种安装方式，在这里介绍两种安装方式，分别是 Pip 安装以及 Conda 安装。

1. Pip 安装

首先进入 PyTorch 官网（https：//pytorch.org/），根据计算机系统配置选择相应的

PyTorch 版本，如图 6-1 所示。

图 6-1　使用 Pip 安装时选择相应的 PyTorch 版本

根据计算机环境选择相应版本进行安装。在这里选择操作系统为"Windows"，选择"Package"为"Pip"，选择"Language"为"Python"，选择"Compute Platform"为"CUDA 10.2"（当有英伟达 GPU 且已经安装 CUDA 时选择 CUDA，没有 GPU 或者未安装 CUDA 时选择 CPU，使用 GPU 可以大幅度加快训练速度，安装时要注意计算机显卡、CUDA、PyTorch 三者的版本对应关系）。选择完之后，复制"Run this Command"里给出的代码"pip3 install torch＝＝1.9.1+cu102 torchvision＝＝0.10.1+cu102 torchaudio＝＝＝0.9.1-f https：//download.pytorch.org/whl/torch_stable.html"。将代码粘贴在 CMD 中按回车键运行，如图 6-2 所示。

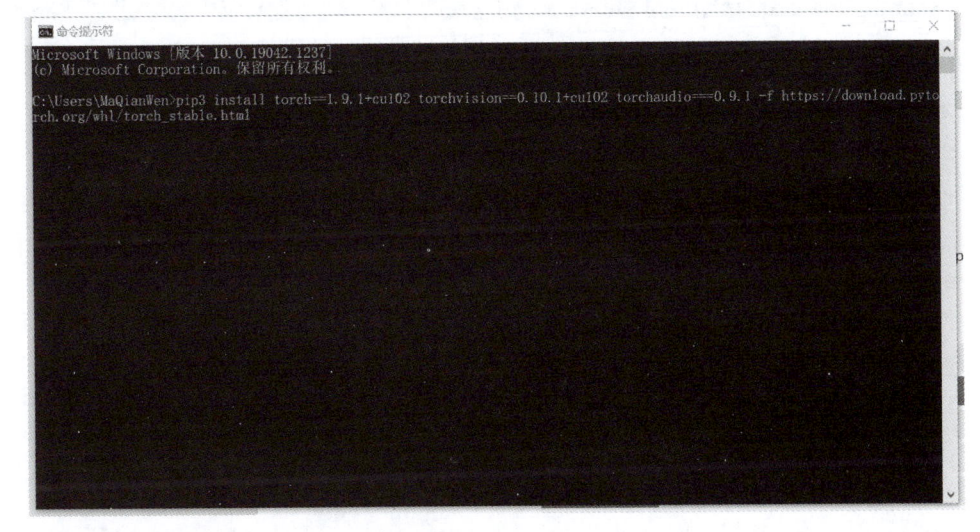

图 6-2　CMD 界面

2. Conda 安装

使用 Conda 安装方式类似于使用 Pip 安装方式，首先需要进入 PyTorch 官网（https：//pytorch.org/），然后根据计算机系统配置选择相应的 PyTorch 版本，如图 6-3 所示。

在这里选择操作系统为"Windows"，选择"Package"为"Conda"，选择"Language"为"Python"，选择"Compute Platform"为"CUDA 10.2"（当有英伟达 GPU 且已经安装 CUDA 时选择 CUDA，没有 GPU 或者未安装 CUDA 时选择 CPU，使用 GPU 可以大幅度加快

图 6-3　使用 Conda 安装时选择相应的 PyTorch 版本

训练速度，安装时要注意计算机显卡、CUDA、PyTorch 三者的版本对应关系）。复制 "Run this Command" 中的代码 "conda install pytorch torchvision torchaudio cudatoolkit = 10.2-c pytorch"。同样，将代码粘贴在 CMD 中按回车键运行。安装过程如图 6-4 所示。

图 6-4　PyTorch 安装过程

安装完毕后，验证 PyTorch 是否安装成功。打开 Anaconda 的 Jupyter 编辑器，新建 Python 文件，运行 demo。首先，单击 "New"，然后单击 "Python3"，如图 6-5 所示。

图 6-5　Jupyter Notebook

之后输入如图 6-6 所示的 In［1］、In［2］、In［3］、In［5］的代码，进行测试，最后打印出 Tensor 数组，说明安装成功。

图 6-6　安装成功界面

6.3　PyTorch 中的 Tensor

Tensor（张量）是一个多维数组，它是标量、向量、矩阵的高维拓展。标量是一个零维张量，没有方向，是一个数。一维张量只有一个维度，只有一行或者一列。二维张量是一个矩阵，有两个维度，灰度图片就是一个二维张量。当图像为彩色图像（RGB）时，就得使用三维张量了。不同维度的 Tensor 如图 6-7 所示。

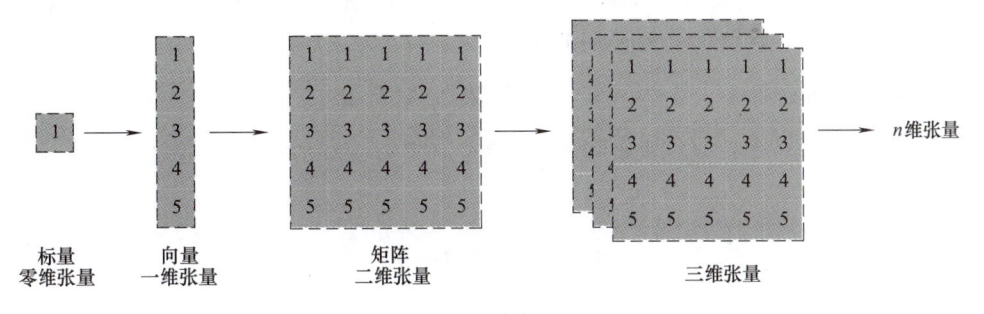

图-6-7　不同维度的 Tensor

6.3.1　Tensor 的创建

Tensor 是 PyTorch 中基本的数据单元，下面主要介绍 3 种创建 Tensor 的方式。

1. 直接创建

可以用代码 torch.tensor（data，dtype = None，device = None，requires_grad = False）直接创建 Tensor。注意：torch.tensor 是函数，还有一种 torch.Tensor 的类创建方式，都可用来生成张量。此代码中各变量解释如下：

1）data：可以是 list、tuple、numpy array、scalar 或其他类型。

2）dtype：可以返回想要的 Tensor 类型。

3）device：可以指定返回的设备。

4）requires_grad：是否进行参数跟踪，默认为 False。

使用此代码直接创建 Tensor 的示例如下：

例 1：
\>\>\>torch.tensor([[0.1,1.2],[2.2,3.1],[4.9,5.2]])
tensor([[0.1000,1.2000],
　　　　[2.2000,3.1000],
　　　　[4.9000,5.2000]])

例 2：
\>\>\>torch.tensor([[0.11111,0.222222,0.3333333]],
　　　　　　　　dtype=torch.float64,#返回 float 格式的张量类型
　　　　　　　　device=torch.device('cuda:0'))#将张量返回到 GPU 上
tensor([[0.1111,0.2222,0.3333]],device='cuda:0',dtype=torch.float64)

例 3：
\>\>\>torch.tensor(3.14159)#创建标量
tensor(3.1416)

例 4：
\>\>\>torch.tensor([])#创建空张量
tensor([])

2. 从 NumPy 中获得数据

可以使用代码 torch.from_numpy（ndarry）从 NumPy 中获得数据，并创建 Tensor。需要注意的是，使用此代码生成的 Tensor 会和 ndarry 共享数据，任何对 Tensor 的操作都会影响到 ndarry，反之亦然，代码的具体使用如下：

\>\>\>a=numpy.array([1,2,3])#从 numpy 获得数据,赋值给 a
\>\>\>t=torch.from_numpy(a)#从 a 中获取张量,赋值给 t
\>\>\>t
tensor([1,2,3],dtype=torch.int32)
\>\>\>t[0]=-1　#将 t 中索引为 0 的数据"1"变更为"-1"
\>\>\>a
array([-1,2,3])

3. 创建特定的 Tensor

创建特定的 Tensor 是指直接通过 PyTorch 代码指定 Tensor 的格式，因为需求多样化，创建特定 Tensor 的代码也相对较多，下面将其汇总为三类进行介绍。

（1）根据数值要求创建 Tensor 的代码解释

torch.zeros(*sizes,out=None,)

作用：返回大小为 sizes 的零张量。

torch.zeros_like(input,)

作用：返回与 input 相同大小的零张量。

torch.ones(*sizes,out=None,)

作用：返回大小为 sizes 的单位张量。

torch.ones_like(input,)

作用：返回与 input 相同大小的单位张量。

torch.full(size,fill_value,)

作用：返回大小为 size，单位值为 fill_value 的张量。

torch.full_like(input,fill_value,)

作用：返回与 input 相同大小，单位值为 fill_value 的张量。

torch.arange(start,end,step,)

作用：返回从 start 到 end，单位步距为 step 的张量。

torch.linspace(start,end,steps,)

作用：返回从 start 到 end，steps 个插值间隔数目的张量。

torch.logspace(start,end,steps,)

作用：返回从 10^{start} 到 10^{end}，steps 个对数间隔的张量。

（2）根据矩阵要求创建 Tensor 的代码解释

torch.eye(n,m=None,out=None,)

作用：返回二维的单位对角矩阵。

torch.empty(*sizes,out=None,)

作用：返回未被初始化的数值填充，大小为 sizes 的张量。

torch.empty_like(input,)

作用：返回与 input 相同大小，并未被初始化的数值填充的张量。

（3）随机生成 Tensor 的代码解释

torch.normal(means,std,out=None)

作用：返回一个张量，此张量包含从 means 到 std 的离散正态分布中抽取的随机数。

torch.rand(*size,out=None,dtype=None,)

作用：返回[0,1]之间均匀分布的随机数值。

torch.rand_like(input,dtype=None,)

作用：返回与 input 相同大小的 Tensor，填充均匀分布的随机数值。

torch.randint(low=0,high,size,)

作用：返回均匀分布的[low,high]之间的整数随机值。

torch.randn(*sizes,out=None,)

作用：返回大小为 size、均值为 0、方差为 1 的正态分布的随机数值。

```
torch.randn_like(input,dtype=None,)
```

作用：返回与 input 相同大小的张量，该张量由区间［0，1）上均匀分布的随机数填充。

```
torch.randperm(n,out=None,dtype=torch.int64)
```

作用：返回将 0 到 $n-1$ 打乱后进行随机排列的数组。

6.3.2　Tensor 的基本操作

Tensor 作为 PyTorch 中基本的数据单元，具有组合、分块、索引、变换等一系列的运算操作。下面通过一些基本的函数来对这些操作进行介绍。

1. 组合操作

组合操作是将不同的 Tensor 叠加起来，主要有 torch.cat 和 torch.stack 两个函数。下面对这两个函数进行解释。

```
torch.cat(seq,dim=0,out=None)
```

作用：沿着 dim 连接 seq 中的 Tensor，所有的 Tensor 必须有相同的维度，其相反的操作为 torch.split() 和 torch.chunk()。

```
torch.stack(seq,dim=0,out=None)
```

作用：与 torch.cat() 作用类似，但是注意 torch.cat 和 torch.stack 的区别在于 torch.cat 会增加现有维度的值，可以理解为续接，torch.stack 会增加一个维度，可以理解为叠加。

组合操作函数的使用示例代码如下：

```
>>>a=torch.Tensor([1,2,3])
>>>torch.stack((a,a)).size()          #通过 stack 函数进行维度叠加
torch.size(2,3)
>>>torch.cat((a,a)).size()            #通过 cat 函数进行现有维度的数据增加
torch.size(6)
torch.gather(input,dim,index,out=None) #返回沿着 dim 收集的新的 Tensor
>>>t=torch.Tensor([[1,2],[3,4]])
>>>index=torch.LongTensor([[0,0],[1,0]])
>>>torch.gather(t,0,index)            #由于 dim=0,所以结果为
tensor([[1.,2.],
        [3.,2.]])
```

2. 分块操作

分块操作是与组合操作相反的操作，分块操作将 Tensor 分割成不同的子 Tensor，主要有 torch.split() 与 torch.chunk() 两个函数。下面对这两个函数进行解释。

```
torch.split(tensor,split_size,dim=0)
```

作用：将输入张量分割成相等形状的子张量。如果沿指定维的张量不能被 split_size 整分，则最后一个分块会小于其他分块。

```
torch.chunk(tensor,chunks,dim = 0)
```

作用：将 Tensor 拆分成相应的分块，torch.split 和 torch.chunk 的区别在于 torch.split 的 split_size 表示每一个分块中数据的大小，torch.chunk 的 chunks 表示分块的数量。

分块操作函数的使用示例代码如下：

```
>>>a = torch.Tensor([1,2,3])
>>>torch.split(a,1)                    #将张量 a 分割为尺度为 1 的子张量
(tensor([1.]),tensor([2.]),tensor([3.]))
>>>torch.chunk(a,1)                    #将张量 a 分割成 1 个子张量
(tensor([1.,2.,3.]),)
```

3. 索引操作

在 PyTorch 中，通过索引操作可以返回 Tensor 中的一部分数据，下面主要通过 torch.index_select() 和 torch.masked_select() 两个函数来对索引操作进行介绍。

```
torch.index_select(input,dim,index,out = None)
```

作用：返回沿着 dim 的指定 Tensor，其中 index 需为 longTensor 类型。

```
torch.masked_select(input,mask,out = None)
```

作用：返回 input 中 mask 为 True 的元素，组成一个一维的 Tensor，其中 mask 需为 ByteTensor 类型。

索引操作函数的使用示例代码如下：

```
>>>x = torch.randn(3,4)                #定义一个尺寸为 3×4 的随机张量
>>>x
tensor([[-0.1683,0.2495,-0.2279,1.7840],
        [0.2027,1.1605,0.1744,1.0889],
        [0.8350,-1.1400,-0.1012,-2.0131]])
>>>mask = x.ge(0.5)                    #将 x 变为二元张量,阈值为 0.5
>>>mask
tensor([[False,False,False,True],
        [False,True,False,True],
        [True,False,False,False]])
>>>torch.masked_select(x,mask)         #返回 x 中为 True 的元素
tensor([1.7840,1.1605,1.0889,0.8350])
```

4. 变换操作

在使用 PyTorch 处理问题时，有时需要改变张量的维度，以便后期进行其他计算和处理。下面通过介绍部分常用的变换函数来对张量的变换操作进行介绍。

```
torch.transpose(input,dim0,dim1,out = None)
```

作用：返回 dim0 和 dim1 交换后的 Tensor。

```
torch.squeeze(input,dim,out = None)
```

作用：对维度进行压缩。当不指定 dim 时，仅删除 input 中大小为 1 的维度。当给定 dim 时，只在给定的维度上进行压缩操作。

torch.unsqueeze(input,dim,out=None)

作用：与 torch.squeeze() 功能相反，在输入维度的指定位置插入维度 1，如 $A×B$ 变为 $1×A×B$。

torch.reshape(input,shape)

作用：返回大小为 shape 且与输入张量具有相同数值的 Tensor，注意 shape=-1 这种表述，-1 表示输出的大小是任意的。

torch.unbind(tensor,dim)

作用：将输入的 Tensor 按 dim 进行切片，并返回切片的结果，返回的结果里面没有 dim 这个维度。

torch.nonzero(input,out=None)

作用：返回输入张量中非零值的索引，每一行都是一个非零值的索引值。
变换操作函数的使用示例代码如下：

```
>>>a=torch.Tensor([1,2,3,4,5])
>>>b=a.reshape(1,-1)
>>>b.size()
torch.size([1,5])
>>>a=torch.Tensor([[1,2,3],[2,3,4]])
>>>torch.unbind(a,dim=0)                    #对 a 从零维进行分解,返回的结果里面不含
                                            #零维
(tensor([1.,2.,3.]),tensor([2.,3.,4.]))
>>>torch.nonzero(torch.tensor([1,1,1,0,1]))    #返回输入张量中非零值的索引
tensor([[0],
        [1],
        [2],
        [4]])
>>>torch.nonzero(torch.tensor([[0.6,0.0,0.0,0.0],
                               [0.0,0.4,0.0,0.0],
                               [0.0,0.0,1.2,0.0],
                               [0.0,0.0,0.0,-0.4]]))#返回输入张量中非零值的索引
tensor([[0,0],
        [1,1],
        [2,2],
        [3,3]])
```

6.4　PyTorch 常用模块及库

6.4.1　torch.autograd 模块（自动求导）

PyTorch 作为一个深度学习框架，在深度学习任务中比 NumPy 更有优越性，主要体现在两个方面。一是 PyTorch 提供了自动求导（autograd）模块，二是 PyTorch 支持 GPU 加速。由此可见，自动求导是 PyTorch 的重要组成部分。

autograd 包是 PyTorch 中所有神经网络的核心。PyTorch 的 autograd 模块主要是对深度学习算法中的反向传播过程求导数。在张量上进行的所有操作，autograd 模块都能对其自动进行微分，简化了手动计算导数的复杂过程。

张量在数学中是多维数组，在 PyTorch 中，张量不仅表示多维数组，而且还是 PyTorch 中自动求导的关键。在 PyTorch 0.4.0 以前的版本中，PyTorch 使用 Variable 自动计算所有的梯度。从 PyTorch 0.4.0 起，Variable 正式合并到 Tensor 中，通过 Variable 实现的自动微分功能也整合进入了 Tensor 中。虽然为了兼容性，目前还是可以使用 Variable（Tensor）这种方式进行嵌套，但是这个操作已经无法实现原有的功能了。后续的代码建议直接使用 Tensor 进行操作，因为官方文档已经将 Variable 设置成过期模块。Tensor 本身就支持使用 autograd 功能，只需要在函数中设置 requires_grad=Ture 即可。

如图 6-8 所示，Variable 主要由以下 5 个部分组成：
1）data：表示被封装的 Tensor。
2）grad：表示 data 的梯度。
3）grad_fn：表示创建 Tensor 的函数，是自动求导的关键。
4）requires_grad：表示是否进行参数跟踪，默认为 False。
5）is_leaf：表示是否是叶子节点（张量）。

自 PyTorch 0.4.0 版本后，Variable 已并入 Tensor 中。Tensor 主要由 8 个部分组成，如图 6-9 所示。

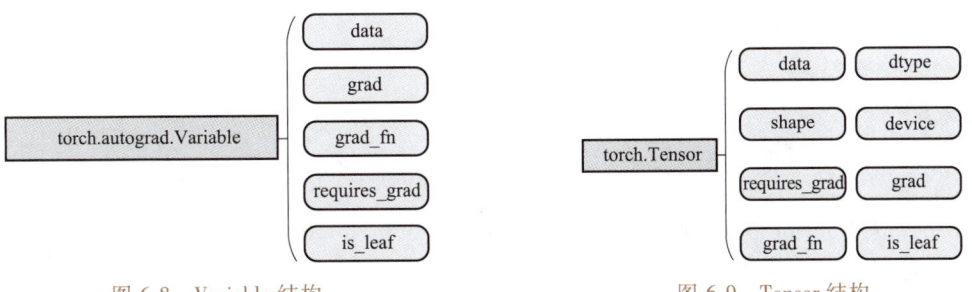

图 6-8　Variable 结构　　　　　图 6-9　Tensor 结构

torch.Tensor 参数说明：
1）data：可以是 list、tuple、numpy array、scalar 或其他类型。
2）dtype：可以返回想要的 Tensor 类型。
3）shape：表示张量的形状，如（64，3，224，224）。
4）device：可以指定返回的设备。
5）requires_grad：表示是否进行参数跟踪，默认为 False。

6）grad：表示 data 的梯度。

7）grad_fn：表示创建 Tensor 的函数，是自动求导的关键。

8）is_leaf：表示是否是叶子节点（张量）。

使用下述代码可以进行自动求导：

```
import torch
x = torch.ones(2,2,requires_grad = True) #创建一个张量,设置 requires_grad = True 跟踪与它
                                         #相关的计算
print(x)              #输出 x
tensor([[1.,1.],
        [1.,1.]],requires_grad = True)
y = x + 2             #针对张量做一个操作
print(y)              #输出 y
tensor([[3.,3.],
        [3.,3.]],grad_fn = <AddBackward0>) #y 作为操作的结果被创建,所以它有 grad_fn
print(y.grad_fn)      #输出
<AddBackward0 object at 0x000001F7F346C3C8>
z = y * y * 3         #针对 y 做更多的操作
out = z.mean()
print(z,out)          #输出
tensor([[27.,27.],
        [27.,27.]],grad_fn = <MulBackward0>)
tensor(27.,grad_fn = <MeanBackward0>)
a = torch.randn(2,2)
a = ((a * 3)/(a-1))
print(a.requires_grad)
a.requires_grad_(True)
print(a.requires_grad)
b = (a * a).sum()
print(b.grad_fn)
False                 #输出
True
<SumBackward0 object at 0x000001F7F2D379C8>
out.backward()
print(x.grad)         #打印结果
tensor([[4.5000,4.5000],
[4.5000,4.5000]])
```

6.4.2 torch.nn 模块

Autograd 模块虽然可以构建深度学习模型，但其代码编写量大，增加了编程人员的编写

难度。这种情况下 torch.nn 应运而生，torch.nn 是 PyTorch 中专门用来构建神经网络模型的模块。torch.nn 提供了很多与实现神经网络中的具体功能相关的类，这些类涵盖了深度神经网络模型在搭建和参数优化过程中的常用内容。torch.nn 的核心数据结构是 Module，这是一个抽象概念，既可以表示神经网络中的某个层，例如卷积层、池化层和全连接层等常用层，也可以表示含多个层的神经网络。

当使用 PyTorch 来搭建神经网络时，使用的主要工具都存放在 torch.nn 模块中。torch.nn 依赖于 autograd 来定义模型，搭建于 autograd 之上，可用来定义和运行网络模型，并对其自动求导。torch.nn 模块内包含搭建神经网络需要用到的一系列模块和 loss 函数，包括全连接、卷积、批量归一化、dropout、CrossEntryLoss、MSELoss 等。torch.nn 可以使代码变得更加简洁。

1. torch.nn 构成

下面主要对 torch.nn 中的 nn.Parameter、nn.Module 及 nn.functional 这 3 个经常用到的类进行介绍。

1）nn.Parameter：主要继承自 torch.Tensor 的子类，作为 nn.Module 中的可训练参数来使用。它与 torch.Tensor 的区别是 nn.Parameter 会被自动认为是 Module 的可训练参数，会被加入到 Parameter 迭代器中；而 Module 中的普通 Tensor 并不位于 Parameter 中。

2）nn.Module：是 torch.nn 中十分重要的类，包含网络各层的定义及前向传播的各种方法，是 PyTorch 体系下所有神经网络模块的基类。

3）nn.functional：torch.nn 中的大多数层在 functional 中都有一个与之对应的函数。其使用情况与 nn.Module 类似，但是也存在一定的区别。当模型中有可学习的参数时，最好使用 nn.Module。否则，既可以使用 nn.functional，也可以使用 nn.Module，二者在性能上没有太大差异，具体的使用方式取决于个人喜好。由于激活函数（ReLU 函数、Sigmoid 函数、Tanh 函数）、池化（MaxPool）等层没有可学习的参数，因此可以使用对应的 functional 函数。而对于卷积、全连接等有可学习参数的网络，则建议使用 nn.Module。

2. 网络搭建典型流程

在上文中已经提到，torch.nn 模块的出现主要是为了搭建神经网络模型，其内部含有很多搭建神经网络模型的子类，在后面章节中将从分类、检测、分割等领域来详细介绍如何建立深度学习神经网络，搭建深度学习神经网络总的来说可以分为 6 步：

1）定义一个拥有可学习参数的神经网络。
2）遍历训练数据集。
3）处理输入数据使其流经神经网络。
4）计算损失值。
5）将网络参数的梯度进行反向传播。
6）更新网络的权重。

3. torch.nn 常用函数介绍

构建神经网络常用的函数包括卷积函数和池化函数，池化函数又可细分为平均池化和最大池化，平均池化和最大池化可分别起到不同的池化效果。

（1）卷积函数　卷积函数的格式为

nn.Conv2d(in_channels, out_channels, kernel_size, stride = 1, padding = 0, dilation = 1, groups = 1, bias = True)

功能：常用于二维图像，对输入数据进行特征提取。

参数说明：

1）in_channels：表示输入信号的通道。

2）out_channels：表示卷积输出的通道。

3）kerner_size：表示卷积核的尺寸。

4）stride：表示卷积步距，默认为1。

5）padding：表示输入的每一条边填充的层数，默认为0。

6）dilation：表示卷积核元素之间的距离，默认为1。

7）groups：表示从输入通道到输出通道的阻塞连接数，默认为1。

8）bias：表示是否要添加偏置参数作为可学习参数之一。

（2）最大池化函数　最大池化函数的格式为

nn.MaxPool2d(kernel_size, stride = None, padding = 0, dilation = 1, return_indices = False, ceil_mode = False)

功能：对二维信号（图像）进行最大池化，对邻域内特征点的特征值仅取最大值，能够很好地保留纹理特征。

最大池化也称为欠采样或下采样，主要用于特征降维、压缩数据和参数的数量、减小过拟合，同时提高模型的容错性及网络模型的运算速度。

参数说明：

1）kernel_size：表示池化核尺寸。

2）stride：表示步距。

3）padding：表示填充个数。

4）dilation：表示池化核间隔大小。

5）return_indices：表示记录池化像素索引。

6）ceil_mode：表示尺寸向上取整。

（3）平均池化函数　平均池化函数的格式为

nn.AvgPool2d(kernel_size, stride = None, padding = 0, ceil_mode = False, count_include_pad = True, divisor_override = None)

功能：对二维信号（图像）进行平均池化，对邻域内特征点的特征值求平均，能够很好地保留背景，但是容易使数据变得模糊。

平均池化与最大池化一样，也称为欠采样或下采样。主要用于特征降维、压缩数据和参数的数量、减小过拟合，同时提高模型的容错性及网络模型的运算速度。这点与最大池化是一样的。

参数说明：

1）kernel_size：表示池化核尺寸。

2）stride：表示步距。

3）padding：表示填充个数。

4）ceil_mode：表示尺寸向上取整。

5）count_include_pad：表示用于计算的填充值。

6）divisor_override：表示除法因子。

6.4.3 torch.optim 模块

在构建神经网络时需要使用一些模块来实现权重参数的自动优化以及更新，torch.optim 模块内提供了非常多的可实现参数自动优化的类，比如 SGD、AdaGrad、RMSprop、Adam 等，这些类在 PyTorch 中用于优化模型的参数。

1. 构建优化器

为了使用 torch.optim，需先构造一个优化器对象 Optimizer，用来保存当前的参数，并能够根据梯度信息实时更新参数。

优化器主要是在模型训练阶段对模型的可学习参数进行更新，常用优化器如前文提到的 SGD、RMSprop、Adam 等。优化器初始化时需要给模型传入可学习参数以及其他超参数，如 lr、momentum 等。在训练过程中需要先调用 optimizer.zero_grad() 函数清空梯度，再调用 loss.backward() 反向传播，最后调用 optimizer.step() 更新模型参数。

2. 优化步骤

前文中提到，所有优化器 Optimizer 都调用 step() 函数对所有的参数进行更新，主要有两种调用方法。

1）利用 optimizer.step() 函数进行调用。这是大多数优化器都支持的简化版本，使用如下的 loss.backward() 方法计算梯度时会使用此函数，其代码如下：

```
for input,target in dataset:
    optimizer.zero_grad()
    output=model(input)
    loss=loss_fn(output,target)
    loss.backward()
optimizer.step()
```

2）利用 optimizer.step(closure) 函数进行调用。一些优化算法，如共轭梯度和 LBFGS 优化器需要多次重新评估目标函数，所以必须传递一个 closure 重新计算模型参数。需要用到 closure 清除梯度，计算并返回损失，其代码如下：

```
for input,target in dataset:
    def closure():
        optimizer.zero_grad()
        output=model(input)
        loss=loss_fn(output,target)
        loss.backward()
        return loss
optimizer.step(closure)
```

6.4.4 torchvision 库

torchvision 服务于 PyTorch 深度学习框架，用来生成图片、视频数据集和一些流行的预训练模型。torchvision 是一个专门用来处理图像的库，主要用来构建计算机视觉模型。

torchvision 主要包含以下 4 个部分：

1）torchvision.datasets：提供一些加载数据的函数以及常用数据集接口。可以从主流的视觉数据集中加载数据。

2）torchvision.models：提供很多已经训练好的深度学习网络模型，如 AlexNet、VGG、ResNet 以及预训练模型等。

3）torchvision.transforms：提供丰富的类，可以对载入的数据进行变换操作。

4）torchvision.utils：提供一些常用工具包。

上述前 3 类函数常用于计算机视觉模型，本节主要对这 3 类进行介绍。

1. torchvision.datasets

torchvision.datasets 的主要作用是进行数据加载。PyTorch 团队在 torchvision.datasets 包中已提前处理了大量图片数据集，并且提供了一些针对数据集的参数设置，因而可以通过一些简单的参数设置完成数据集的调用。MNIST COCO、Captions、Detection、LSUN、ImageFolder、Imagenet-12、CIFAR、STL10、SVHN、PhotoTour 等数据集都可以通过此方法进行直接调用。

2. torchvision.models

torchvision.models 的主要作用是提供已经训练好的网络模型，方便加载之后直接使用。AlexNet、DenseNet、Inception、ResNet、SqueezeNet、VGG 等常用网络模型都可以通过此方法调用。可以通过两种方式创建网络模型：一种是直接创建一个初始参数随机的网络模型，另一种是使用 pretrained=True 加载其他已经训练好的模型，创建网络模型的具体方式如下：

1）创建一个初始参数随机的模型，代码如下：

```
import torchvision.models as models
resnet18 = models.resnet18()
alexnet = models.alexnet()
vgg16 = models.vgg16()
squeezenet = models.squeezenet1_0()
```

2）创建一个带有预训练权重的模型（仅需设置 pretrained=True 即可），代码如下：

```
import torchvision.models as models
resnet18 = models.resnet18(pretrained=True)
alexnet = models.alexnet(pretrained=True)
squeezenet = models.squeezenet1_0(pretrained=True)
```

3. torchvision.transforms

torchvision.transforms 是 PyTorch 中的图像处理包，包含了多种对图像数据进行变换的函数。在读入图像数据时要经常用到这些函数，当输入数据集中图片的格式或者大小不统一时，需要进行归一化或缩放等操作。当输入数据集中的图片数量太少时，也需要一些针对图片的操作来进行数据增强。torchvision.transforms 有助于很好地完成以上操作。

可以将 torchvision.transforms 中常见的函数分为四大类，分别是裁剪、翻转和旋转、图像变换以及针对 transforms 本身的操作。下面按类别对一些主要函数进行介绍。

（1）裁剪 裁剪操作函数主要包括：

1）中心裁剪：transforms.CenterCrop()。

2）随机裁剪：transforms.RandomCrop()。

3）随机长宽比裁剪：transforms.RandomResizedCrop()。
4）上下左右中心裁剪：transforms.FiveCrop()。
5）上下左右中心裁剪后翻转：transforms.TenCrop()。

（2）翻转和旋转　翻转和旋转操作函数主要包括：
1）按照概率 p 水平翻转：transforms.RandomHorizontalFlip（p=0.5），这里 $p=0.5$。
2）按照概率 p 垂直翻转：transforms.RandomVerticalFlip（p=0.5），这里 $p=0.5$。
3）随机旋转：transforms.RandomRotation()。

（3）图像变换　图像变换操作函数主要包括：
1）标准化：transforms.Normalize()。
2）将载入的数据转换为 Tensor 数据类型的变量：transforms.ToTensor()。
3）填充：transforms.Pad。
4）修改亮度、对比度和饱和度：transforms.ColorJitter()。
5）转灰度图：transforms.Grayscale()。
6）线性变换：transforms.LinearTransformation()。
7）仿射变换：transforms.RandomAffine()。
8）将载入数据转换为灰度图：transforms.RandomGrayscale()。
9）将载入数据转换为 PILImage：transforms.ToPILImage()。
10）将 lambda 应用作为变换：transforms.Lambda()。

（4）transforms 本身　transforms 本身操作函数主要包括：
1）从给定的一系列 transforms 中选一个进行操作：transforms.RandomChoice()。
2）给一个 transforms 加上概率，依概率进行操作：transforms.RandomApply()。
3）将 transforms 中的操作随机打乱：transforms.RandomOrder()。

6.5　神经网络模型搭建与参数优化

下面通过一个示例来看看如何使用已经掌握的知识，以简单快捷的方式搭建出一个基于 PyTorch 框架的神经网络模型，同时让模型参数的优化方法趋于高效。

搭建神经网络模型的具体代码如下，这里会将完整的代码分成几部分进行详细介绍，以便于读者理解。代码的开始处是相关包的导入：

```
import torch
from torch.autograd import Variable
batch_n = 100
hidden_layer = 100
input_data = 1000
output_data = 10
```

我们先通过 import 导入必要的包，例如导入 torch.autograd 包来完成网络自动梯度过程，然后定义 4 个整型变量，其中，batch_n 是在一个批次中输入数据的数量，值是 100，这意味着我们在一个批次中输入 100 个数据，同时，每个数据包含的数据特征有 input_data 个，即每个数据的数据特征就是 1000 个；hidden_layer 用于定义经过隐藏层后保留的数据特征的个数，这里有 100 个，因为我们的模型只考虑一层隐藏层，所以在代码中仅定义了一个隐藏层的参数；output_data 是输出的数据，值是 10，我们可以将输出的数据看作一个分类结果值的数量，数字 10 表示我们最后要得到 10 个分类结果值。

一个批次的数据从输入到输出的完整过程是：先输入 100 个具有 1000 个特征的数据，经过隐藏层的线性变换和激活函数后变成 100 个具有 100 个特征的数据，再经过输出层后输出 100 个具有 10 个分类结果值的数据，在得到输出结果之后计算损失并进行反向传播，这样一次模型的训练就完成了，然后循环这个流程就可以完成指定次数的训练，并达到优化模型参数的目的，如图 6-10 所示。

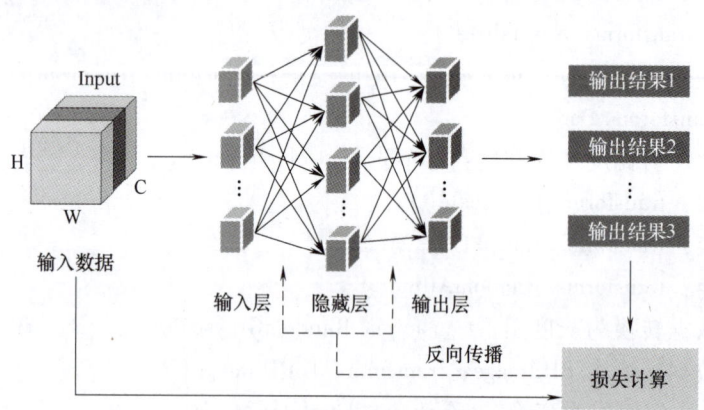

图 6-10 模型训练流程图

下面看看如何完成从输入层到隐藏层、从隐藏层到输出层的权重初始化定义工作，这里仅定义了输入和输出的 x 和 y 变量，这和我们下面在代码中使用的 torch.nn 包中的类有关，这些类能够帮助我们自动生成和初始化对应维度的权重参数，而不需要另外自己定义权重参数。具体代码如下：

```
x = Variable(torch.randn(batch_n, input_data), requires_grad = False)
y = Variable(torch.randn(batch_n, output_data), requires_grad = False)

models = torch.nn.Sequential(
    torch.nn.Linear(input_data, hidden_layer),
    torch.nn.ReLU(),
    torch.nn.Linear(hidden_layer, output_data)
)
```

torch.nn.Sequential 括号内的内容就是我们搭建的神经网络模型的具体结构，这里首先通过 torch.nn.Linear（input_data, hidden_layer）完成从输入层到隐藏层的线性变换，然后经过激活函数及 torch.nn.Linear（hidden_layer, output_data）完成从隐藏层到输出层的线性变换。接下来对已经搭建好的模型进行训练并对参数进行优化，代码如下：

```
epoch_n = 20
learning_rate = 1e-4
loss_fn = torch.nn.L1Loss()
optimzer = torch.optim.Adam(models.parameters(), lr = learning_rate)
```

这里将训练次数 epoch_n 设为 20 次，将学习速率 learning_rate 设置为 0.0001，使用 torch.nn 包中已经定义好的平均绝对误差函数类 torch.nn.L1Loss 来计算损失值（读者可根据具体任务自行替换例如 torch.nn.MSELoss、torch.nn.CrossEntropyLoss 等损失函数）。同时这里使用了 torch.optim 包中的 torch.optim.Adam 类作为我们的模型参数的优化函数，在 torch.optim.Adam 类中输入的是被优化的参数和学习速率的初始值，如果没有输入学习速率的初始值，那么默认使用 0.0001 这个值。因为我们需要优化的是模型中的全部参数，所以传递给 torch.optim.Adam 类的参数是 models.parameters()。另外，Adam 优化函数还有一个强大的功能，就是可以对梯度更新使用到的学习速率进行自适应调节，所以最后得到的结果自然会比之前的代码更理想。进行模型训练的代码如下：

```
for epoch in range(epoch_n):
    y_pred = models(x)
    loss = loss_fn(y_pred, y)
    print("Epoch:{}, Loss:{:.4f}".format(epoch, loss.item()))
    optimzer.zero_grad()
    loss.backward()
    optimzer.step()
```

以上代码通过最外层的一个大循环来保证我们的模型可以进行 20 次训练，循环内的是神经网络模型具体的前向传播和后向传播代码，参数的优化和更新使用优化算法来完成。我们的模型通过"y_pred = model(x)"来完成对模型预测值的输出（前向传播），在得到了预测值后就可以使用预测值和真实值来计算误差值。我们用 loss 来表示误差值，对误差值的计算使用了平均绝对误差函数。我们采用 loss.backward() 函数实现后向传播计算部分，这个函数的功能在于让模型根据计算图自动计算每个节点的梯度值并根据需求进行保留。此外模型使用了 Adam 优化算法，所以通过直接调用 optimzer.zero_grad() 来完成对模型参数梯度的归零（防止梯度被一直累加）；并且在以上代码中增加了 optimzer.step()，它的主要功能是使用计算得到的梯度值对各个节点的参数进行梯度更新。这里只进行 20 次训练并打印每轮训练的 Loss 值，结果如下：

```
Epoch:0, Loss:0.8506
Epoch:1, Loss:0.8403
Epoch:2, Loss:0.8301
Epoch:3, Loss:0.8202
Epoch:4, Loss:0.8106
Epoch:5, Loss:0.8013
Epoch:6, Loss:0.7923
Epoch:7, Loss:0.7833
Epoch:8, Loss:0.7746
Epoch:9, Loss:0.7661
Epoch:10, Loss:0.7578
Epoch:11, Loss:0.7496
Epoch:12, Loss:0.7416
```

```
Epoch:13,Loss:0.7336
Epoch:14,Loss:0.7258
Epoch:15,Loss:0.7180
Epoch:16,Loss:0.7103
Epoch:17,Loss:0.7028
Epoch:18,Loss:0.6954
Epoch:19,Loss:0.6881
```

可以看到使用 torch. optim. Adam 类进行参数优化后仅仅进行了 20 次训练，Loss 值就迅速下降，得到的 Loss 值远远低于不使用优化器进行训练的结果。在搭建复杂的神经网络模型的时候，我们可以使用 PyTorch 中已定义的类和方法（如线性变换、激活函数、卷积层等常用神经网络结构）以及 PyTorch 提供的类型丰富的优化函数来完成对模型参数的优化，不仅能减少代码量，让代码逻辑更清晰，也会让搭建好的网络模型性能进一步得到提升。

本章小结

PyTorch 是当前难得的简洁优雅且高效快速的框架。在编者眼里，PyTorch 达到了目前深度学习框架的最高水平。当前开源的框架中，很少有一个框架能够在灵活性、易用性、速度这三个方面同时兼具两种及以上的特性，而 PyTorch 做到了。

本章主要介绍了 PyTorch 框架的基本内容，主要包括 PyTorch 的安装；PyTorch 中 Tensor 的基本概念；PyTorch 的一些常用模块，例如 torch. autograd 模块、torch. nn 模块、torch. optim 模块、torchvision 库等。环境配置是深度学习的第一步，错误的环境会让后续运行深度学习模型时出现各种错误，要想完美运行一个网络模型，环境配置是第一步，也是重中之重的一步，因此在运行深度学习网络模型时应先配置好计算机的深度学习环境。

习 题

1. 请举出至少 3 种常见的深度学习框架。
2. Tensor 的定义是什么？0 维、1 维、2 维 Tensor 分别代表什么？
3. 使用 torch 包创建一个 3×2 的随机矩阵，并输出。
4. 张量的常见操作有哪几种？试用 PyTorch 语言表示出来。
5. 在调用 torchvision 内自带数据集时，需要用哪个函数？若调用神经网络模型则需要用哪个函数？

第7章

计算机视觉应用——图像分类

在前面章节里，我们系统地讨论了 PyTorch 深度学习框架的基本原理和应用。现在，我们将聚焦深度学习在计算机视觉领域的典型应用，即图像分类、目标检测与语义分割三大任务。这三个任务代表着深度学习在不同层面上的应用，从简单的图像分类到更复杂的目标定位和像素级别的语义分析，体现了深度学习模型在解决现实世界问题中的广泛应用和强大能力。本章，我们将以 ResNet 这一经典网络模型为例，详细介绍其在图像分类任务中的精妙设计与卓越表现。ResNet 网络不仅解决了深层网络训练的难题，更以其残差学习的创新理念，开启了深度学习新时代的大门。通过本章的学习，将为读者介绍 ResNet 网络的基本原理、模型架构及其训练过程，为进一步探索深度学习在图像分类乃至更广泛领域的应用奠定坚实基础。

7.1　图像分类简介

图像分类是计算机视觉中的核心任务，其目的是根据图像信息中所反映的不同特征，把不同类别的图像区分开来。具体来说就是从已知的类别标签集合中为给定的输入图片选定一个类别标签，如图 7-1 所示。图像分类是计算机视觉领域中其他任务的基础，例如目标检测、语义分割等。虽然这项任务可以被认为是人类的第二天性，但对于计算机系统来说更具挑战性，因为计算机能"看到"的只是图像中像素的数值。对于一幅 RGB 图像来说，假设图像的尺寸为 32×32，那么计算机看到的是一个大小为 32×32×3 的数字矩阵，或者更正式地称其为"张量"，简单来说张量就是高维的矩阵，那么计算机的任务其实就是寻找一个函数关系，这个函数关系能够将这些像素的数值映射到一个具体的类别，这样就建立了像素到语义的映射。通过理解图像的像素值与语义类别之间的映射关系，我们可以利用计算机视觉技术来实现图像分类任务。传统的图像分类算法通常采用手工设计的特征提取方法，如 SIFT、HOG 等，来提取图像的低层次特征，然后使用机器学习算法，如支持向量机（SVM）、随机森林（Random Forest）等，来进行分类决策。

图 7-1　图像分类

传统图像分类算法建立模型时，一般包括底层特征提取、特征编码、空间特征约束、分类器分类、模型融合等几个阶段。

1）底层特征提取：这是图像分类任务的第一步，也是最重要的一步。在这个阶段，算法从原始图像中提取出有用的信息或特征，这些特征能够代表图像的重要属性，如颜色、纹理、形状等。常见的特征提取方法包括基于颜色直方图的方法、纹理特征（如灰度共生矩阵 GLCM）、形状特征（如边缘检测、角点检测）以及更复杂的特征描述符［如尺度不变特征变换（SIFT）、加速鲁棒特征（SURF）和方向梯度直方图（HOG）等］。

2）特征编码：提取的特征通常需要进行编码，以便于后续处理。特征编码的目的是将高维的、冗余的或稀疏的特征转换成更紧凑、更具区分性的形式。常见的特征编码方法包括词袋模型（Bag of Words，BoW）、局部聚合描述符向量（Vector of Locally Aggregated Descriptors，VLAD）、费舍尔向量（Fisher Vectors，FV）等。这些方法能够捕捉到特征之间的统计关系，从而增强模型的表达能力。

3）空间特征约束：在某些情况下，仅仅考虑特征的统计信息是不够的，还需要考虑特征之间的空间关系。空间特征约束用于在模型中引入空间信息，以更好地捕捉图像的结构和布局。这可以通过在特征编码过程中加入空间金字塔匹配（Spatial Pyramid Matching，SPM）等技术来实现，该技术通过在不同尺度上划分图像区域并分别进行特征编码，来捕捉特征的空间分布信息。

4）分类器分类：分类器是图像分类任务的核心，它负责根据提取和编码后的特征对图像进行分类。常见的分类器包括支持向量机（SVM）、决策树、随机森林、AdaBoost 以及深度学习中的神经网络等。在设计分类器时，需要考虑多个因素，如分类器的复杂度、训练时间和泛化能力等。

5）模型融合：为了进一步提高分类性能，通常会采用模型融合的方法。模型融合通过结合多个模型的预测结果来做出最终决策，可以显著提高分类的准确性和鲁棒性。常见的模型融合方法包括投票法（如多数投票）、平均法（如加权平均）、堆叠泛化（Stacking）等。

这种传统的图像分类方法在以前的 PASCAL VOC 竞赛中的图像分类算法中被广泛使用，但其分类准确性却在很大程度上受限于特征提取阶段的设计质量，而这通常被证明是一项艰巨的任务。近年来，利用多层非线性信息处理、特征提取和转换以及模式分析和分类的深度学习模型已被证明可以克服这些挑战。其中，卷积神经网络（CNN）已成为大多数图像识别、分类和检测任务的领先架构。在学习相关的 Python 代码之前，我们先来了解一下图像分类模型设计的一般流程，这个过程大致可以划分为四个关键阶段：即加载与数据预处理、定义模型架构、训练模型以及性能评估。在更强的 GPU、更大的数据集和更好的算法的推动下，深度学习的复兴推动了 CNN 的发展，成为众人瞩目的焦点，特别是 ResNet 网络模型的出现为深度学习带来了新的突破，使得深度神经网络可以在更大的规模上实现更精确的图像分类。通过采用更深的网络结构，ResNet 能够更好地捕捉图像的高级特征，从而提高分类的准确性。此外，ResNet 还采用了批量归一化（Batch Normalization）技术来稳定网络训练过程，加速收敛速度。下面将详细讲解 ResNet 模型。

7.2 ResNet 基本原理

7.2.1 ResNet 的起源

残差网络（Residual Network，ResNet）的起源可以追溯到 2015 年，由微软研究院的何恺明等人提出。ResNet 可以说是继 AlexNet 之后近年来最具里程碑意义的网络结构，获得了 2015 年 ImageNet 竞赛分类任务的冠军网络以及 2016 年计算机视觉和模式识别（Computer Vision and Pattern Recognition，CVPR）大会最佳论文奖。在 ResNet 提出之前，尽管研究人员普遍认为更深的网络能够带来更好的性能，因为更深的网络能够提取到更复杂的特征，但实际上，当网络层数增加到一定程度后，网络的性能反而会下降，这就是所谓的"退化现象"。这一现象的主要原因是，随着网络层数的增加，梯度在反向传播过程中会逐渐消失或爆炸，导致深层网络难以训练。残差神经网络的主要贡献是发现了"退化现象"（Degradation），并针对退化现象发明了"直连边/短连接"（Shortcut Connection），极大地消除了深度过大的神经网络训练困难问题。神经网络的"深度"首次突破了 100 层，最大的神经网络甚至超过了 1000 层。残差神经网络还使用 Batch Normalization 取代 dropout 进行加速训练。

7.2.2 CNN 网络结构中感受野的概念

感受野（Receptive Filed）原指听觉、视觉等神经系统中一些神经元的特性，即神经元只接受其所支配的刺激区域内的信号。在视觉神经系统中，视觉皮层中神经细胞的输出依赖于视网膜上的光感受器。当光感受器受刺激兴奋时，会将神经冲动信号传导至视觉皮层。不过需指出并不是所有神经皮层中的神经元都会接受这些信号。而现代卷积神经网络中的感受野描述为：在卷积神经网络中，某一层卷积操作输出结果中一个元素所对应的输入层的区域大小，被称作感受野，如图 7-2 所示。通俗的解释是输出特征图上的一个单元对应输入特征图中的区域大小。

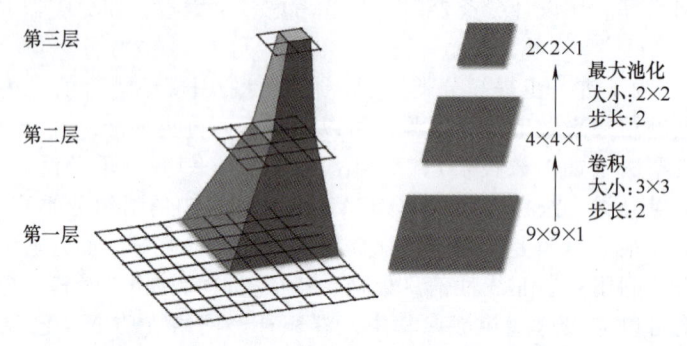

图 7-2 感受野计算示意图

在前面的章节中，我们已经学习了卷积通用公式，并对公式中的各个参数有了清晰的理解。接下来，我们将进一步探索感受野的计算公式，以更全面地了解卷积神经网络的工作原理。感受野计算公式为

$$F(i) = [F(i+1) - 1] \times S + F_{\text{size}} \tag{7-1}$$

式中，$F(i)$ 为第 i 层的感受野；S 为第 i 层的步长；F_{size} 为卷积核尺寸或者池化核尺寸。

如图 7-2 所示，第一层尺寸为 9×9×1（高×宽×通道）的特征图通过卷积核大小为 3×3、步长为 2 的卷积层（Conv），得到第二层特征图的大小为 4×4×1；紧接着再通过池化核大小为 2×2、步长为 2 的最大池化下采样操作，得到第三层特征图的大小为 2×2×1。以第三层特征图中的一个单元对应第二层特征图的感受野、对应第一层特征图的感受野为例，代入式 (7-1) 计算。在第三层特征图中的一个单元对应第二层特征图的感受野为一个 2×2 的区域，对应第一层特征图的感受野为一个 5×5 的区域。第三、二、一层特征图感受野的计算公式分别为式（7-2）、式（7-3）、式（7-4）。

$$F(3) = 1 \tag{7-2}$$

$$F(2) = [F(i+1) - 1] \times S + F_{\text{size}} = (1-1) \times 2 + 2 = 2 \tag{7-3}$$

$$F(1) = [F(i+1) - 1] \times S + F_{\text{size}} = (2-1) \times 2 + 3 = 5 \tag{7-4}$$

由于现代卷积神经网络拥有多层甚至超多层卷积操作，随着网络深度的加深，后层神经元在第一层输入层的感受野会随之增大。

现在很多网络采用多层小卷积核代替一层大卷积核的策略，如图 7-3 所示。小卷积核（如 3×3）通过多层叠加可取得与大卷积核（如 7×7）同等规模的感受野，此外采用小卷积核可带来其余两个优势：第一，由于小卷积核需多层叠加，加深了网络深度，进而增强了网络容量和复杂度；第

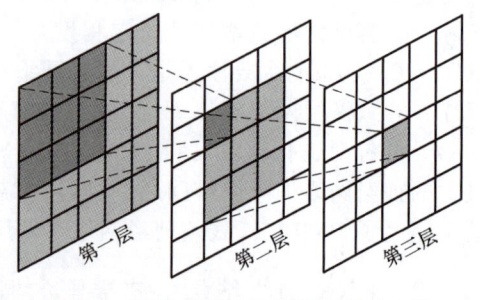

图 7-3 多层卷积中后层神经元对应的前层感受野

二，增强网络容量的同时减少了参数个数。多层小卷积核感受野以及参数量的计算过程如下。

1）两个 3×3 的卷积核的感受野相当于一个 5×5 的卷积核的感受野，3 个 3×3 的卷积核的感受野相当于一个 7×7 的卷积核的感受野。计算如下：

$$\text{Feature map}: F(4) = 1 \tag{7-5}$$

$$\text{Conv}3\times3(3): F(3) = [F(i+1)-1] \times S + F_{\text{size}} = (1-1) \times 1 + 3 = 3 \tag{7-6}$$

$$\text{Conv}3\times3(2): F(2) = [F(i+1)-1] \times S + F_{\text{size}} = (3-1) \times 1 + 3 = 5 \tag{7-7}$$

$$\text{Conv}3\times3(1): F(1) = [F(i+1)-1] \times S + F_{\text{size}} = (5-1) \times 1 + 3 = 7 \tag{7-8}$$

由计算可得，在第四层特征图中的一个单元对应第三层特征图的感受野为一个 3×3 的区域，对应第二层特征图的感受野为一个 5×5 的区域，对应第一层特征图的感受野为一个 7×7 的区域。

2）在保证相同感受野的前提下，假设输入/输出通道数为 C，使用三个 3×3 的卷积层需要 $3\times3\times C\times C+3\times3\times C\times C+3\times3\times C\times C = 27C^2$ 个参数，使用一个 7×7 的卷积层需要 $7\times7\times C\times C = 49C^2$ 个参数。可见，此替换操作减少了参数，还增强了特征的学习能力，使得网络能够在较少的周期内收敛，减轻了神经网络训练时间过长的问题。

7.2.3　ResNet 的基本网络结构

在 ResNet 提出之前，所有的神经网络都是通过卷积层和池化层的叠加组成的。通常来说，网络越深，其表示能力越强，可以学习到更复杂的数据规律。但是网络过深之后，梯度在反向传播时通过多次乘法导致梯度数值越来越小，使得无法有效地将梯度传到前面的层，即出现梯度消失现象。实验发现，通过简单的堆叠加深层数的方式，一个 56 层网络的训练和测试错误率反而分别都比 20 层网络的训练和测试错误率高，如图 7-4 所示。如果 56 层网络的训练错误率低于 20 层网络，而测试错误率高于 20 层网络，说明是因为 56 层网络表示能力过强导致过拟合，但是 56 层网络的训练和测试错误率都高于 20 层网络，说明这不是由于网络过拟合造成的，而是因为网络过深之后的训练难度更大。

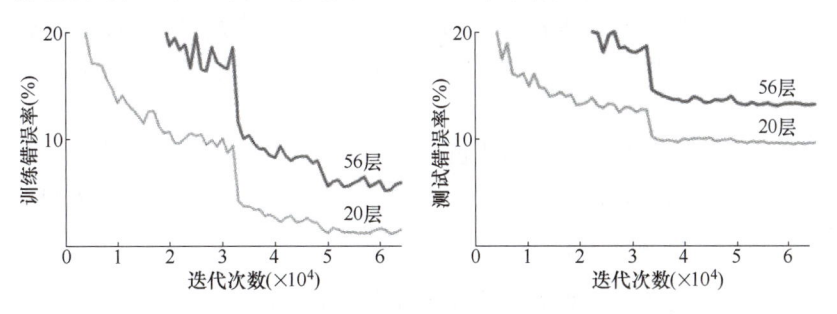

图 7-4　56 层网络、20 层网络的训练和测试错误率

ResNet 通过残差模块解决网络加深后训练难度增大的问题，残差模块使用了一种 shortcut 的连接方式，也可理解为短路，让特征矩阵隔层相加，如图 7-5a 所示的残差结构称为 BasicBlock，如图 7-5b 所示的残差结构称为 Bottleneck。注意 $f(x)$ 和 x 形状要相同，所谓相加是特征矩阵相同位置上的数字进行相加。

残差模块由残差分支和短路分支两个分支组成，假设残差模块的输入特征是 x，经过残差分支之后的结果为 $f(x)$，那么残差模块的输出为

$$y := f(x) + x \tag{7-9}$$

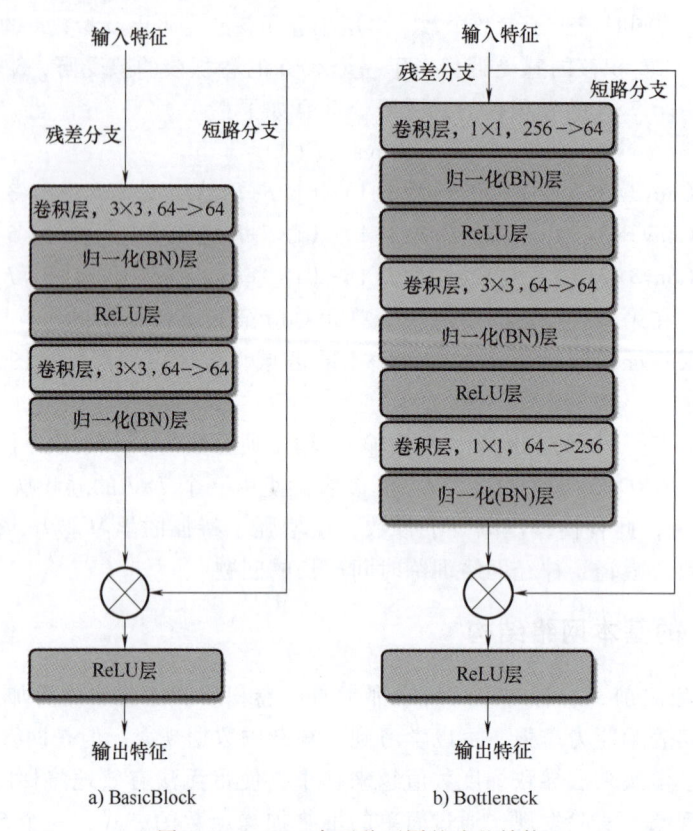

图 7-5 ResNet 中两种不同的残差结构

式中，":="表示"定义为"，而"="表示数学上的相等。这里为了计算方便，假设输入特征和输出特征都是向量的形式，对张量形式的推导也是类似的。

残差模块的作用可以从特征前馈和梯度反向传播两个视角进行分析。在特征前馈的视角，残差分支的目标是学习在输入特征 x 的基础上新增的部分，即输入的残差 $f(x) = y - x$。当残差分支输出 $f(x) = 0$ 时，残差模块输出等于输入 $y = x$。也就是说，残差模块做了恒等映射，输出直接复制了输入的特征。通过堆叠多个残差模块，深层网络和浅层网络相比，深层网络多出的残差模块在极端情况下全部为恒等映射，此时网络的性能至少应该和浅层网络相同。而相比于传统网络结构，由于有非线性激活函数的存在，想学习到恒等映射是比较困难的，因此残差模块的学习能力更加灵活。

从梯度反向传播的视角，在得到残差模块输出对于损失函数 ℓ 的梯度 $\dfrac{\partial \ell}{\partial y}$ 之后，输入的梯度为

$$\frac{\partial \ell}{\partial x} = \frac{\partial y}{\partial x} \frac{\partial \ell}{\partial y} = \left(\frac{\partial f(x)}{\partial x} + I\right) \frac{\partial \ell}{\partial y} = \frac{\partial f(x)}{\partial x} \frac{\partial \ell}{\partial y} + \frac{\partial \ell}{\partial y} \tag{7-10}$$

式中，I 是单位矩阵，对角线元素为 1，非对角线元素为 0。整体上看，在梯度反向传播时，通过短路连接，对应式（7-10）中右边的第二项，可以无损地直接将输出的梯度 $\dfrac{\partial \ell}{\partial y}$ 传给输入 $\dfrac{\partial y}{\partial x}$，从而有效地缓解反向传播时由于网络深度过深导致的梯度消失现象，进而使得网络加

深之后性能不会变差。

目前常用的 ResNet 结构包括 ResNet-18、ResNet-34、ResNet-50、ResNet-101 和 ResNet-152 等，如图 7-6 所示。其中，ResNet-L 表示该网络中可学习的卷积和全连接层共有 L 层。对于很深的网络（$L \geq 50$），即 ResNet-50、ResNet-101、ResNet-152 等，ResNet 使用了更高效的瓶颈（Bottleneck）结构，如图 7-5b 所示。瓶颈结构先通过 1×1 卷积进行降维，之后 3×3 卷积可以在通道数相对较低的特征上进行计算，最后通过另一个 1×1 卷积升维到原来的通道数，这样可以大幅降低参数量和计算量。具体地说，如果直接采用两层"3×3，256×256"的卷积层，参数量为 3×3×256×256×2 = 1179648（个），而采用图 7-5b 所示的瓶颈结构，参数量为 1×1×256×64×2+3×3×64×64 = 69632（个），也就是说，使用瓶颈结构显著降低了参数量。

层名	输出大小	ResNet-18	ResNet-34	ResNet-50	ResNet-101	ResNet-152
conv1	112×112	7×7, 64, 步长2					
		3×3, 最大池化, 步长2				
conv2_x	56×56	$\begin{bmatrix}3\times3,64\\3\times3,64\end{bmatrix}\times2$	$\begin{bmatrix}3\times3,64\\3\times3,64\end{bmatrix}\times3$	$\begin{bmatrix}1\times1,64\\3\times3,64\\1\times1,256\end{bmatrix}\times3$	$\begin{bmatrix}1\times1,64\\3\times3,64\\1\times1,256\end{bmatrix}\times3$	$\begin{bmatrix}1\times1,64\\3\times3,64\\1\times1,256\end{bmatrix}\times3$
conv3_x	28×28	$\begin{bmatrix}3\times3,128\\3\times3,128\end{bmatrix}\times2$	$\begin{bmatrix}3\times3,128\\3\times3,128\end{bmatrix}\times4$	$\begin{bmatrix}1\times1,128\\3\times3,128\\1\times1,512\end{bmatrix}\times4$	$\begin{bmatrix}1\times1,128\\3\times3,128\\1\times1,512\end{bmatrix}\times4$	$\begin{bmatrix}1\times1,128\\3\times3,128\\1\times1,512\end{bmatrix}\times8$
conv4_x	14×14	$\begin{bmatrix}3\times3,256\\3\times3,256\end{bmatrix}\times2$	$\begin{bmatrix}3\times3,256\\3\times3,256\end{bmatrix}\times6$	$\begin{bmatrix}1\times1,256\\3\times3,256\\1\times1,1024\end{bmatrix}\times6$	$\begin{bmatrix}1\times1,256\\3\times3,256\\1\times1,1024\end{bmatrix}\times23$	$\begin{bmatrix}1\times1,256\\3\times3,256\\1\times1,1024\end{bmatrix}\times36$
conv5_x	7×7	$\begin{bmatrix}3\times3,512\\3\times3,512\end{bmatrix}\times2$	$\begin{bmatrix}3\times3,512\\3\times3,512\end{bmatrix}\times3$	$\begin{bmatrix}1\times1,512\\3\times3,512\\1\times1,2048\end{bmatrix}\times3$	$\begin{bmatrix}1\times1,512\\3\times3,512\\1\times1,2048\end{bmatrix}\times3$	$\begin{bmatrix}1\times1,512\\3\times3,512\\1\times1,2048\end{bmatrix}\times3$
	1×1	平均池化, 1000-d fc, 分类器Softmax				
浮点运算次数		1.8×10^9	3.6×10^9	3.8×10^9	7.6×10^9	11.3×10^9

图 7-6 不同层数的 ResNet 网络结构

具有短路连接的 ResNet 可以看作是许多不同深度而共享参数的网络的集成，网络数目随层数指数增加。如图 7-7a 所示，对于一个有三层残差模块的网络，每个残差模块由残差

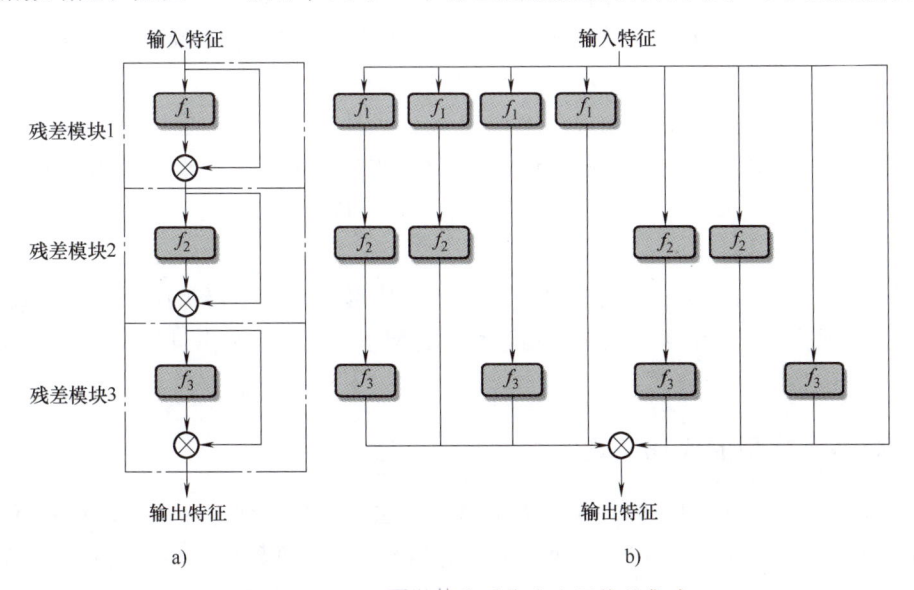

图 7-7 ResNet 可以等价看作多个网络的集成

分支和短路分支组成，因此整体可以展开为 8 个不同深度的子网络集成。如图 7-7b 所示，每个子网络对应图中的一个路径。这 8 个子网络不是相互独立的，它们之间共享参数，即图 7-7b 中所有的 f_1 模块有共享的参数，f_2 和 f_3 模块同理。对于一个有 L 层残差模块的网络，可以展开为 2^L 个不同深度而共享参数的子网络的集成。由于不同深度的子网络的感受野大小不同，使得输出特征同时包含了具有不同感受野的特征信息。

ResNet 结构包括的其他关键点如下：

（1）短路连接与 BN 层

1）短路连接：这是 ResNet 的核心。通过短路连接，输入可以直接跳过一些层，与这些层的输出相加，形成残差学习。这种方式有助于解决深层网络训练中的梯度消失问题，使得深层网络能够更容易地训练。

2）BN 层：批量归一化（Batch Normalization，BN）层在每个小批量数据上进行归一化处理，使得每层的输入都服从相同的分布。这有助于加速训练过程，提高训练稳定性，并且在一定程度上减轻了模型对初始化参数的敏感性。在 ResNet 中，BN 层通常与卷积层一起使用，以改善网络的训练效果。

（2）全局平均汇合替代全连接层　与 GoogleNet 类似，ResNet 也采用了全局平均汇合（Global Average Pooling，GAP）来替代传统的全连接层。全局平均汇合对每个特征图进行平均操作，将每个特征图转换为一个标量值，从而大大减少了模型的参数量。这种方式不仅降低了模型的复杂度，还提高了模型的泛化能力。

（3）特征空间维度与通道数量的变化　与 VGGNet 类似，ResNet 在特征空间维度（即特征图的高和宽）减半时，会相应地增加特征的通道数量（即卷积核的数量）。这种设计有助于保持网络在不同层级之间的信息表示能力。

在残差分支中，这通常是通过将第一个卷积层的步长设为 2，并将输出通道数设置为输入通道数的两倍来实现的。这样，在保持特征图空间分辨率减半的同时，增加了特征的通道数量，以提供更多的信息表示能力。

在短路分支中，为了与残差分支的输出维度相匹配，通常使用一个步长为 2 的卷积层来实现下采样，并将输出通道数也设置为输入通道数的两倍。这样，短路分支的输出就能够与残差分支的输出相加，形成残差学习。

综上所述，这些关键点共同构成了 ResNet 的强大性能和广泛的应用能力。通过短路连接、BN 层、全局平均汇合以及合理的特征空间维度与通道数量变化设计，ResNet 能够在保持较高性能的同时，降低模型的复杂度和计算量，从而成为深度学习领域中的一种重要网络架构。

ResNet 系列网络结构简洁，同时也是较好的训练网络，至今仍被广泛应用于提取图像特征。它的出现验证了网络深度关于提高卷积神经网络对图像等数据进行特征提取和分类的有效性。

7.2.4　ResNet 模型的代码实现

（1）BasicBlock 模块　BasicBlock 是基础版本，主要用来构建 ResNet-18 和 ResNet-34 网络，里面只包含两个卷积层，使用了两个 3×3 的卷积核，通道数都是 64，卷积后接着 BN 层和 ReLU 激活函数。BasicBlock 模块的代码实现如下：

```
'''--------------BasicBlock 模块----------------------------'''
# 用于 ResNet_18 和 ResNet_34 基本残差结构块
class BasicBlock(nn.Module):
    def __init__(self,inchannel,outchannel,stride=1):
        super(BasicBlock,self).__init__()
        self.left=nn.Sequential(
            nn.Conv2d(inchannel,outchannel,kernel_size=3,stride=stride,padding=1,bias=False),
            nn.BatchNorm2d(outchannel),
            nn.ReLU(inplace=True),# inplace=True 表示进行原地操作,一般默认为
                                  # False,表示新建一个变量存储操作
            nn.Conv2d(outchannel,outchannel,kernel_size=3,stride=1,padding=1,bias=False),
            nn.BatchNorm2d(outchannel)
        )
        self.shortcut=nn.Sequential()
        # 模型架构的虚线部分,需要下采样
        if stride!=1 or inchannel!=outchannel:
            self.shortcut=nn.Sequential(
                nn.Conv2d(inchannel,outchannel,kernel_size=1,stride=stride,bias=False),
                nn.BatchNorm2d(outchannel)
            )
    def forward(self,x):
        out=self.left(x)    # 这是由于残差块需要保留原始输入
        out+=self.shortcut(x)   # 这是 ResNet 的核心,在输出上叠加了输入 x
        out=F.relu(out)
        return out
```

（2）Bottleneck 模块 Bottleneck 主要用在 ResNet-50 及以上的网络结构,与 BasicBlock 不同的是这里有 3 个卷积,卷积核大小分别为 1×1、3×3、1×1,分别用于压缩维度、卷积处理、恢复维度。Bottleneck 模块的代码实现如下：

```
'''--------------Bottleneck 模块----------------------------'''
# 用于 ResNet-50 及以上的残差结构块
class Bottleneck(nn.Module):
    def __init__(self,inchannel,outchannel,stride=1):
        super(Bottleneck,self).__init__()
        self.left=nn.Sequential(
            nn.Conv2d(inchannel,int(outchannel/4),kernel_size=1,stride=stride,padding=0,bias=False),
            nn.BatchNorm2d(int(outchannel/4)),
```

                nn. ReLU(inplace = True),
                nn. Conv2d(int(outchannel/4) , int(outchannel/4) , kernel_size = 3 , stride = 1 ,
padding = 1 , bias = False),
                nn. BatchNorm2d(int(outchannel/4))),
                nn. ReLU(inplace = True),
                nn. Conv2d(int(outchannel/4) , outchannel , kernel_size = 1 , stride = 1 , padding =
0 , bias = False),
                nn. BatchNorm2d(outchannel),
)
        self. shortcut = nn. Sequential()
        if stride ! = 1 or inchannel ! = outchannel:
            self. shortcut = nn. Sequential(
                nn. Conv2d(inchannel , outchannel , kernel_size = 1 , stride = stride , bias =
False),
                nn. BatchNorm2d(outchannel)
)
    def forward(self , x):
        out = self. left(x)
        y = self. shortcut(x)
        out + = self. shortcut(x)
        out = F. relu(out)
        return out

（3）ResNet 主体　介绍了上述 BasicBlock 基础块和 BotteNeck 结构后，我们就可以搭建 ResNet 结构了。由于篇幅有限，我们只展示 ResNet-18 的代码：

```
'''----------ResNet_18----------'''
#搭建模型
class ResNet_18( nn. Module):
    def __init__( self , ResidualBlock , num_classes = 10):
        super( ResNet_18 , self). __init__()
        self. inchannel = 64
        self. conv1 = nn. Sequential(
            #卷积
            nn. Conv2d( 3 , 64 , kernel_size = 3 , stride = 1 , padding = 1 , bias = False),
            nn. BatchNorm2d( 64),
            nn. ReLU(),
        )
        self. layer1 = self. make_layer( ResidualBlock , 64 , 2 , stride = 1)
        self. layer2 = self. make_layer( ResidualBlock , 128 , 2 , stride = 2)
        self. layer3 = self. make_layer( ResidualBlock , 256 , 2 , stride = 2)
```

```python
        self.layer4 = self.make_layer(ResidualBlock,512,2,stride=2)
        self.fc = nn.Linear(512,num_classes)
    def make_layer(self,block,channels,num_blocks,stride):
        strides = [stride]+[1]*(num_blocks-1)    # strides = [1,1]
        layers = []
        for stride in strides:
            layers.append(block(self.inchannel,channels,stride))
            self.inchannel = channels
        return nn.Sequential(*layers)
#前向传播
    def forward(self,x):      # 3*32*32
        out = self.conv1(x)      # 64*32*32
        out = self.layer1(out)   # 64*32*32
        out = self.layer2(out)   # 128*16*16
        out = self.layer3(out)   # 256*8*8
        out = self.layer4(out)   # 512*4*4
        out = F.avg_pool2d(out,4)    # 512*1*1
        out = out.view(out.size(0),-1)    # 512
        out = self.fc(out)
        return out
```

7.3　训练过程

7.3.1　数据集准备（动物数据集）

　　构建深度学习网络的第一个步骤是准备数据集。数据集需要包含图像本身和与图像对应的标签信息，每个种类的图像数据应当是均匀的（例如，每个类别的图像数目相同）。本章实验以动物数据集为例，所用数据集包含 3 种类别的动物，分别是白鹤（crane）、大象（elephant）和豹子（leopard），如图 7-8 所示，并按照图 7-9 所示的文件格式存放数据集。

a) 白鹤　　　　　　　　　　　b) 大象　　　　　　　　　　　c) 豹子

图 7-8　部分数据集示例

　　数据集存放完毕后，第二步是划分数据集，实际应用中，一般只将数据集分成：训练集（Training Set）和测试集（Testing Set）两类。网络模型使用训练集中的图像数据来"学习"

每个类别的外观特征，且当预测错误时网络模型可做出纠正。网络模型完成训练后，应在测试集上评估性能。训练集和测试集中的数据是互相独立且互不重叠的，这是极其重要的一点。如果测试集中的数据出现在训练集中，则会导致测试准确率虚假提高，因为该数据在训练集时已经成功学习到所属类别，这样做就丧失了测试的意义。常见的训练集和测试集划分为 2∶1、3∶1、9∶1，如图 7-10 所示。

图 7-9　数据集文件夹存放位置

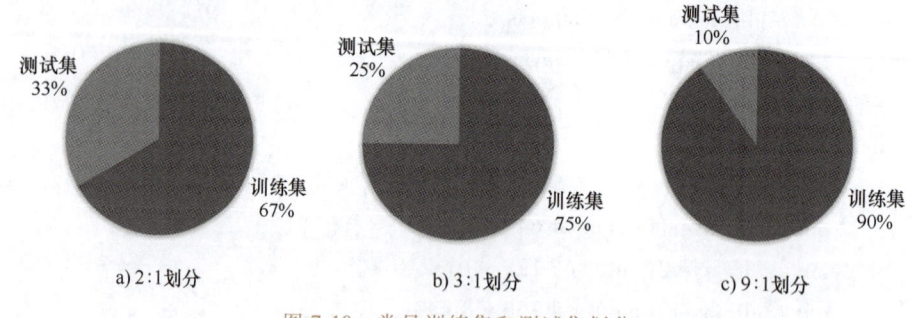

a) 2∶1 划分　　b) 3∶1 划分　　c) 9∶1 划分

图 7-10　常见训练集和测试集划分

但是也可以将数据集分成训练集（training set）、验证集（validation set）和测试集（testing set）三类。验证集（Validation Set）的主要作用是调整模型训练过程中的参数，因为神经网络中有一些控制参数（如学习率、衰减因子、正则化因子等）需要调整以达到网络最佳性能，这些参数称为超参数（Hyper Parameters），合理地设定这些参数是极其重要的。验证集通常来自训练集且用作"假测试"数据，用于调整超参数。在使用验证集确定超参数值之后，才会在测试集上获得最终的精确度结果。通常分配训练集中总数据的 10%～20% 充当验证集，但是两者也有一定的区别，验证集是模型训练过程中留出的样本集，它可以用于调整模型的超参数并评估模型的能力。但测试集不同，虽然同是模型训练过程中留出的样本集，但测试集是用于评估最终模型的性能，帮助对比多个最终模型并做出选择。

本实验使用 9∶1 的划分比例进行训练集和验证集的划分，对于测试集中的图像，本实验可以选择动物图像进行随机测试的方式，也可以从收集的数据集中提前划分出来部分图像进行测试。

该数据集划分分为以下三个步骤：

1) 导入需要的第三方软件包。在代码中使用了 random、os 和 shutil 等软件包。接下来，定义一个 mk_file() 函数，用来判断文件夹是否已经存在。如果文件夹已经存在，则先删除原文件夹再重新创建文件夹。这样做的目的是保证文件夹中数据的准确性。总的来说，这个函数的作用是确保在指定的路径下创建一个新的空目录。代码如下：

```
import os
from shutil import copy, rmtree
import random
def mk_file(file_path:str):
    if os.path.exists(file_path):
        rmtree(file_path)
    os.makedirs(file_path)
```

2) 在 main() 函数中，首先通过 random.seed(0) 设置种子数，使得随机数据可预测。然后，定义了一个 split_rate 变量，用来指定验证集所占的比例，这里设置为 0.1，即数据集中 10% 的数据划分到验证集中。接下来，进行文件路径的操作。这段代码的作用是为动物分类任务准备数据集。它首先定义了数据集根目录 data_root，并在其中创建了一个名为 origin_animal_path 的文件夹。该文件夹包含不同种类的动物图片，每个种类的动物图片存储在其单独的子文件夹中。代码将这些子文件夹的名称存储在 animal_class 列表中。接下来，代码创建了两个新的文件夹，用于存储训练数据和验证数据，分别为 train_root 和 val_root。然后，对于每个类别，代码将在 train_root 和 val_root 中创建一个子文件夹，以存储该类别的训练图像和验证图像。最后，代码使用随机数生成器将每个类别的动物图像分成训练集和验证集，并将它们复制到相应的文件夹中。代码如下：

```python
def main():
    random.seed(0)
    #设置验证集比例
    split_rate = 0.1
    cwd = os.getcwd()
    data_root = os.path.join(cwd, "animal_data")
    origin_animal_path = os.path.join(data_root, "animal_photos")
    assert os.path.exists(origin_animal_path)
    animal_class = [cla for cla in os.listdir(origin_animal_path)
    if os.path.isdir(os.path.join(origin_animal_path, cla))]
        #存储训练数据
        train_root = os.path.join(data_root, "train")
        mk_file(train_root)
    for cla in animal_class:
        mk_file(os.path.join(train_root, cla))
        #存储验证数据
        val_root = os.path.join(data_root, "val")
        mk_file(val_root)
    for cla in animal_class:
        mk_file(os.path.join(val_root, cla))
```

3) 最后，进行数据集的划分。用于将数据集按照一定比例随机分配到训练集和验证集两个目录中。首先通过 os 模块获取原始数据集路径，然后对数据集中的每个类别（文件夹）循环，对于每个类别，获取其中所有的图片，并计算出需要分配到验证集的图片数量。接着对于每个类别的每张图片，根据随机抽样结果将其分配到训练集或验证集中相应类别的目录下，最后输出处理完成的信息。代码如下：

```python
for cla in animal_class:
    cla_path = os.path.join(origin_animal_path, cla)
    images = os.listdir(cla_path)
    num = len(images)
```

```
            eval_index = random. sample( images, k = int( num * split_rate) )
        for index, image in enumerate( images) :
            #将分配至验证集中的文件复制到相应目录
            if image in eval_index:
                image_path = os. path. join( cla_path, image)
                new_path = os. path. join( val_root, cla)
                copy( image_path, new_path)
            #将分配至训练集中的文件复制到相应目录
            else:
                image_path = os. path. join( cla_path, image)
                new_path = os. path. join( train_root, cla)
                copy( image_path, new_path)
            print( " \r[{}] processing [{}/{}]". format( cla, index + 1, num) , end = " " )
        print( )
    print( "processing done!" )
if __ name __ = = '__ main __':
    main( )
```

7.3.2　图像数据预处理

深度学习分类模型的准确度很大程度上依赖于模型训练过程中训练数据的数量,在图像数据有限的情况下,直接训练会影响模型分类的精确度,同时也会导致训练过程中出现过度拟合。为了防止这种现象的发生,可以采用对原始的图像数据集进行增强扩充的方法,从现有的训练样本中生成更多的训练数据,其方法是采用多种能生成可信图像的随机变换,以此增加样本数量。常见的数据扩充方法有水平翻转、亮度调节、随机遮挡、随机切割以及引入噪声等,本节以镜像翻转、上下翻转和增加椒盐噪声的方式为例,对原始数据加以处理,进行数据集扩充,目的是模型在训练时不会两次查看到完全相同的图像,这让模型能够观察到数据的更多内容,从而具有更好的泛化能力。

(1) 镜像翻转　镜像翻转是对训练集中的图像以一定的概率进行水平翻转,得到根据原图水平镜像翻转后的图像,如图 7-11 所示。

a) 原图　　　　b) 镜像翻转后的图像

图 7-11　图像镜像翻转处理

(2) 上下翻转　上下翻转是对训练集中的图像按照一定的概率进行上下翻转,得到根据原图垂直方向翻转后的图像,如图 7-12 所示。

(3) 增加椒盐噪声　椒盐噪声指盐噪声和胡椒噪声两种噪声,通常情况下会同时出现,在图像上表现为黑白杂点,如图 7-13 所示。

a）原图　　　　　　　　　　　　b）上下翻转后的图像

图 7-12　图像上下翻转处理

a）原图　　　　　　　　　　　　b）增加椒盐噪声后的图像

图 7-13　图像噪声处理

7.3.3　训练 ResNet 网络

在具备了动物图像数据集和 ResNet 模型的网络结构后，就可以开始训练网络了。网络训练的目标是学习怎样识别标签数据中的每个类别，当网络做出错误预测时，它将从错误中学习且提高自己的预测能力。使用 PyTorch 框架搭建的 ResNet 模型如下所示。

1）导入所需的 Python 模块，包括操作系统（os）、JSON、PyTorch 的神经网络模块（nn）、数据变换（transforms）、数据集（datasets）、ResNet_18 模型（models）、优化器（optim）、进度条模块（tqdm）。代码如下：

```
import os
import json
import torch
import torch.nn as nn
from torchvision import transforms, datasets, models
import torch.optim as optim
from tqdm import tqdm
```

2）数据预处理。这段代码定义了一个数据变换字典 data_transform，其中包含了两个键值对，分别对应训练集和验证集的数据变换。对于训练集，使用 transforms.RandomResizedCrop(224) 对图像进行随机裁剪，并调用 transforms.RandomHorizontalFlip() 进行随机水平翻转，之后将图像转换为 tensor 并进行归一化处理，使用均值（0.5，0.5，0.5）和标准差（0.5，

0.5，0.5）进行归一化。对于验证集，首先调用 transforms.Resize((224，224)) 对图像进行大小调整，之后将图像转换为 tensor 并进行归一化处理，使用均值（0.5，0.5，0.5）和标准差（0.5，0.5，0.5）进行归一化。另外，在训练过程的 main() 函数中，如果 GPU 能使用则调用 GPU，否则调用 CPU，并且在窗口处打印使用 GPU 或者 CPU 的信息。代码如下：

```
def main():
    device = torch.device("cuda:0" if torch.cuda.is_available() else "cpu")
    print("using {} device.".format(device))
data_transform = {
"train":transforms.Compose([transforms.RandomResizedCrop(224),
                            transforms.RandomHorizontalFlip(),
                            transforms.ToTensor(),
                            transforms.Normalize((0.5,0.5,0.5),(0.5,0.5,0.5))]),
"val":transforms.Compose([transforms.Resize((224,224)),
                          transforms.ToTensor(),
                          transforms.Normalize((0.5,0.5,0.5),(0.5,0.5,0.5))])}
```

3）加载训练数据集。使用 os 模块获取数据集路径并检查其是否存在，然后使用 torchvision.datasets.ImageFolder 函数读取训练集数据。ImageFolder 函数根据目录结构自动将图像和标签加载到内存中。这里使用 os.path.join 函数拼接路径，将 data_set 文件夹和 animal_data 子文件夹加入路径，获得完整的数据集路径。然后，ImageFolder 函数将数据集路径设置为根目录，train 子文件夹作为训练集文件夹，然后应用之前定义的数据转换器 data_transform ["train"] 对图像进行预处理。最后，len 函数用于计算训练集数据的数量。代码如下：

```
data_root = os.path.abspath(os.path.join(os.getcwd(),"../.."))
image_path = os.path.join(data_root,"data_set","animal_data")
assert os.path.exists(image_path),"{} path does not exist.".format(image_path)
train_dataset = datasets.ImageFolder(root = os.path.join(image_path,"train"),
                                     transform = data_transform["train"])
train_num = len(train_dataset)
```

4）生成类别标签索引的 JSON 文件。将训练集的类别及其对应的索引（即 class_to_idx）保存为一个 json 文件。具体来说，先通过 train_dataset.class_to_idx 获取一个字典，其中键是类别名，值是对应的索引。接着将字典的键值对颠倒，得到一个以索引为键、类别名为值的新字典 cla_dict。最后使用 json.dump() 将 cla_dict 写入到一个名为 class_indices.json 的文件中。这个 json 文件可以在后续的模型训练和预测中使用，用于将预测结果中的索引转化为对应的类别名。代码如下：

```
animal_list = train_dataset.class_to_idx
cla_dict = dict((val,key) for key,val in animal_list.items())
json_str = json.dumps(cla_dict,indent = 4)
with open('class_indices.json','w') as json_file:
    json_file.write(json_str)
```

5）数据加载与预处理。创建数据加载器，将图像数据加载为 PyTorch 中的 Dataset 对象，并通过 DataLoader 进行批量化处理和并行加载。具体步骤为：

① 设置每个 batch 中图像的数量为 16（可以通过修改 batch_size 调整）。

② 确定每个进程使用的 DataLoader 工作线程数量，取值为最小的三个参数：CPU 核心数、batch_size 和 8，使用 nw 变量存储了这个数量。

③ 创建训练集的 DataLoader，设置批量大小、随机打乱数据和使用的工作线程数量。

④ 创建验证集的 DataLoader，设置批量大小、不打乱数据和使用的工作线程数量。

⑤ 打印数据集中训练图像数量和验证图像数量。

最终，train_loader 和 validate_loader 可以用于训练和验证 ResNet 网络。代码如下：

```python
batch_size = 16
nw = min([os.cpu_count(), batch_size if batch_size>1 else 0, 8])
print('Using {} dataloader workers every process'.format(nw))
train_loader = torch.utils.data.DataLoader(train_dataset,
                            batch_size=batch_size, shuffle=True,
                            num_workers=nw)
validate_dataset = datasets.ImageFolder(root=os.path.join(image_path, "val"),
                            transform=data_transform["val"])
val_num = len(validate_dataset)
validate_loader = torch.utils.data.DataLoader(validate_dataset,
                            batch_size=batch_size, shuffle=False,
                            num_workers=nw)
print("using {} images for training, {} images for validation.".format(train_num, val_num))
```

6）设置模型、优化器和损失函数，定义训练超参数。进行模型的初始化和优化器的设置，使用 ResNet_18 模型，模型分类数为 3 类。将模型移动到 GPU/CPU 设备上。损失函数为交叉熵损失函数，优化器为 Adam 优化器，学习率为 0.0001，训练的轮数为 30。定义初始最好的准确率为 0.0，保存的路径为'./{}Net.pth'，表示训练好的模型的权重参数保存在该路径下。定义一个 train_steps 变量表示每个 epoch 需要迭代的次数，即 batch 数。代码如下：

```python
net = models.resnet18()
# 修改全连接层的输出
num_ftrs = resnet18.fc.in_features
# 三分类,将输出层修改成3
resnet18.fc = nn.Linear(num_ftrs, 3)
net.to(device)
loss_function = nn.CrossEntropyLoss()
optimizer = optim.Adam(net.parameters(), lr=0.0001)
epochs = 30
best_acc = 0.0
save_path = './{}Net.pth'.format(model_name)
train_steps = len(train_loader)
```

7）训练模型并保存最佳模型。训练神经网络的主要部分，包括了模型的训练和验证。代码使用了一个循环来迭代训练数据集。对于每个 epoch，代码首先将模型设置为训练模式，然后遍历训练数据集的所有批次（batch），并对每个批次进行以下操作：

①优化器的梯度清零；②将数据和标签加载到 GPU 设备上（如果 GPU 可用）；③运行模型并计算输出；④计算损失函数；⑤执行反向传播和权重更新；⑥记录和更新当前的运行损失（running_loss）。代码使用 tqdm 库来可视化进度条和损失值。在每个 epoch 结束时，代码计算并输出训练损失和验证准确率。如果验证准确率比之前的最佳准确率更高，就将当前模型保存到磁盘上。最后输出 "Finished Training" 表示训练过程结束。

```python
for epoch in range(epochs):
    net.train()
    running_loss = 0.0
    train_bar = tqdm(train_loader)
    for step, data in enumerate(train_bar):
        images, labels = data
        optimizer.zero_grad()
        outputs = net(images.to(device))
        #计算损失
        loss = loss_function(outputs, labels.to(device))
        #反向传播
        loss.backward()
        optimizer.step()
        running_loss += loss.item()
        train_bar.desc = "train epoch[{}/{}] loss:{:.3f}".format(epoch+1, epochs, loss)

    # 验证
    net.eval()
    acc = 0.0    # accumulate accurate number/epoch
    with torch.no_grad():
        val_bar = tqdm(validate_loader)
        for val_data in val_bar:
            val_images, val_labels = val_data
            outputs = net(val_images.to(device))
            predict_y = torch.max(outputs, dim=1)[1]
            acc += torch.eq(predict_y, val_labels.to(device)).sum().item()
    val_accurate = acc / val_num
    #打印损失和精度结果
    print('[epoch %d] train_loss:%.3f  val_accuracy:%.3f' %
          (epoch+1, running_loss/train_steps, val_accurate))
    if val_accurate > best_acc:
        best_acc = val_accurate
```

```
        torch.save(net.state_dict(),save_path)
        print('Finished Training')
if __name__=='__main__':
    main()
```

如图7-14所示为训练模型时损失值的曲线以及验证集精确度的曲线走势,可以清晰地看出训练过程中损失值一直在下降直至收敛,验证集的准确度也在上升直至平缓,侧面反映出本模型配置的参数值是有效的。

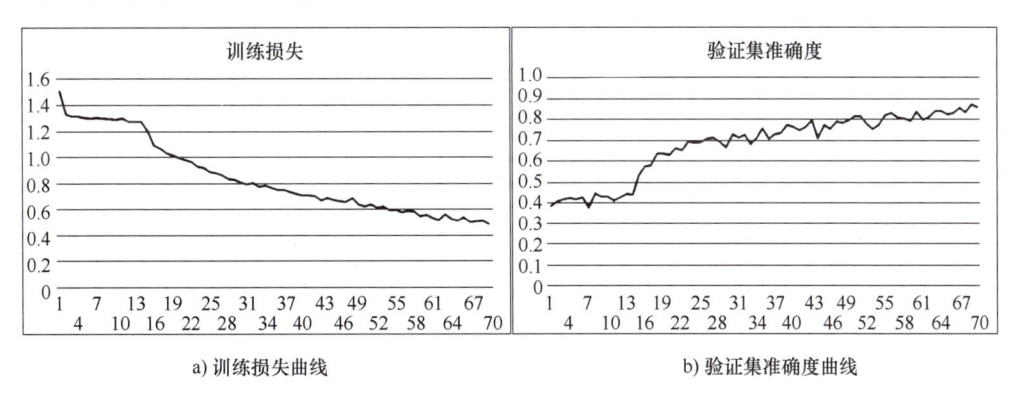

a) 训练损失曲线　　　　　　　　　b) 验证集准确度曲线

图7-14　训练曲线图

7.4　模型结果评估

模型训练结束后,需要在测试集中评估训练好的网络模型。对于测试的图像,从网上随机下载其中一种动物图像进行测试,避免使用训练集和验证集的图像数据,将该图像传入网络模型并对其进行分类验证。

1)加载测试图像所在的路径,并判断测试图像的路径是否存在,若存在则读取图像进行显示。考虑到测试图像的尺寸大小不一,统一调整为224×224后输入模型进行预测,通过torch.unsqueeze()对数据维度进行扩充。代码如下:

```
import os
import json
import torch
from PIL import Image
from torchvision import transforms,models
import matplotlib.pyplot as plt
def main():
    device=torch.device("cuda:0" if torch.cuda.is_available() else "cpu")
    data_transform=transforms.Compose([transforms.Resize((224,224)),
        transforms.ToTensor(),
        transforms.Normalize((0.5,0.5,0.5),(0.5,0.5,0.5))])
    img_path="../tulip.jpg"
```

```python
assert os.path.exists(img_path),"file:'{}' dose not exist.".format(img_path)
img = Image.open(img_path)
plt.imshow(img)
img = data_transform(img)
# 扩展批次维度
img = torch.unsqueeze(img,dim = 0)
```

2）接下来读取 class_indices.json 的内容。加载之前保存的 json 文件，该文件包含了类别和对应的索引。首先检查文件是否存在，然后使用 Python 内置的 json 库打开该文件并将其内容加载为一个 Python 字典对象。这个字典对象被称为 class_indict，其中每个键是一个类别名称，而每个值是该类别对应的整数索引。该字典对象可以在模型训练之后用于将模型的预测输出转换为类别标签。代码如下：

```python
json_path = './class_indices.json'
assert os.path.exists(json_path),"file:'{}' dose not exist.".format(json_path)
json_file = open(json_path,"r")
class_indict = json.load(json_file)
```

3）创建模型结构，搜索训练好的模型权重的路径 weights_path，并判断加载权重的路径是否存在，通过 torch.load() 加载训练好的模型进行预测类别，显示预测的类别以及准确度。代码如下：

```python
model = models.resnet18().to(device)
# 修改全连接层的输出
num_ftrs = resnet18.fc.in_features
# 三分类,将输出层修改成3
resnet18.fc = nn.Linear(num_ftrs,3)
weights_path = "./resnet18Net.pth"
assert os.path.exists(weights_path),"file:'{}' dose not exist.".format(weights_path)
model.load_state_dict(torch.load(weights_path,map_location = device))
model.eval()
with torch.no_grad():
    # 预测类
    output = torch.squeeze(model(img.to(device))).cpu()
    predict = torch.softmax(output,dim = 0)
    predict_cla = torch.argmax(predict).numpy()
    print_res = "class:{}   prob:{:.3}".format(class_indict[str(predict_cla)],
                              predict[predict_cla].numpy())
    plt.title(print_res)
    print(print_res)
    plt.show()
if __name__ == '__main__':
    main()
```

如图7-15～图7-17所示为本模型所预测的结果。

a) 准确率：0.96　　　　　　　　　　　b) 准确率：0.92

图 7-15　部分白鹤预测准确率

a) 准确率：0.93　　　　　　　　　　　b) 准确率：0.99

图 7-16　部分大象预测准确率

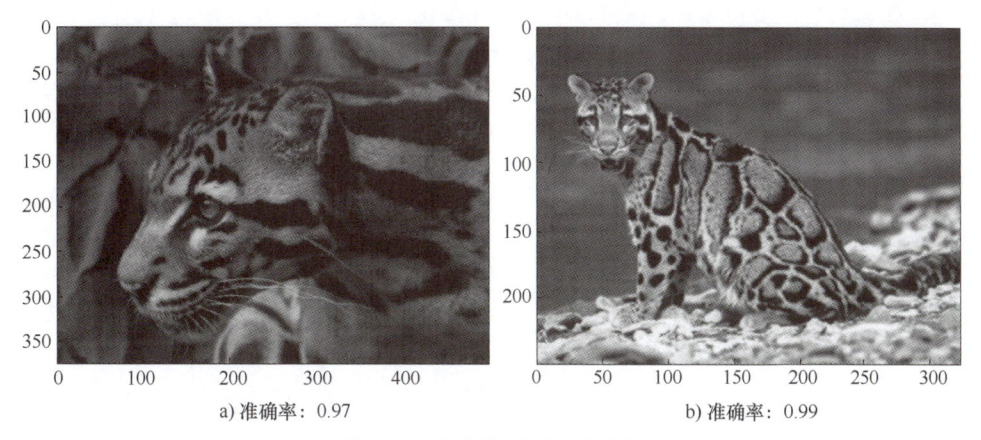

a) 准确率：0.97　　　　　　　　　　　b) 准确率：0.99

图 7-17　部分豹子预测准确率

本 章 小 结

本章介绍了利用计算机视觉技术实现动物识别的方法。其中，主要介绍了基于ResNet的动物分类任务。ResNet是一个经典的深度卷积神经网络结构，具有较好的性能和可拓展性。本章详细介绍了如何使用 ResNet 进行动物分类任务，包括数据预处理、模型搭建、模型训练和模型测试等过程。具体来说，本章涉及图像数据增强、模型参数初始化、模型编译、模型训练和模型测试等内容。在模型训练过程中，使用了交叉熵损失函数和随机梯度下降算法来优化模型。总之，本章通过实际案例介绍了如何使用 ResNet_18 进行图像分类任务，在园林动植物识别等领域具有重要意义。综合来看，本章的内容涵盖了深度学习、卷积神经网络以及图像分类任务等多个领域的知识点，对于进一步探索动物图像分类识别技术具有一定的参考价值。

习　题

1. 基于深度学习网络的图像分类主要存在哪些优势？
2. ResNet 网络的主要创新点是什么？
3. 例举你所了解过的其他的分类网络。

第8章

计算机视觉应用——目标检测

在计算机视觉领域，目标检测是一项关键任务，旨在从复杂的图像或连续的视频帧中自动识别出特定的物体，并进一步精确地定位这些物体在图像空间中的位置，通常通过绘制一个边界框来明确标识出每个检测到的物体的具体区域。目标检测不仅要求系统具备高度的识别能力，能够区分并识别出图像中多种多样的物体类别，如人、车辆、动物、建筑物等，还需具备精确的定位能力，确保边界框能够紧密贴合物体边缘，减少误检和漏检的情况发生。这一过程的实现依赖于深度学习、计算机图形学以及优化算法等多个领域的先进技术融合。在本章中，我们将聚焦于图像目标检测，深入研究其算法和技术，介绍一系列经典的目标检测方法。

8.1 目标检测简介

目标检测是计算机视觉的一个关键分支，广泛应用于安防监控、自动驾驶、医疗影像分析、无人机导航以及智能制造等多个领域。目标检测的主要任务是识别图像或视频中所有感兴趣的目标（物体），并确定这些目标的类别、位置和大小。由于图像中的物体可能存在外观、形状和姿态的多样性，再加上光照、噪声、遮挡等环境因素的干扰，目标检测一直是计算机视觉领域中极具挑战性的问题之一。

在解决目标检测问题时，核心挑战之一是如何应对目标在图像中的随机分布，也就是目标的位置随机性。此外，目标的大小和形状的多样性也给检测算法带来了不小的困难。这些因素都使得目标检测问题变得复杂且难以处理。

传统的目标检测算法大多依赖于手工设计的特征提取方法，如边缘检测、颜色直方图、纹理特征等。这些方法通常基于特定的规则或模板，试图通过有限的图像特征来识别和定位目标。例如，经典的 HOG 特征结合 SVM 分类器，是传统目标检测的代表性方法。传统方法依赖于人工设计的特征，这些特征往往不能充分适应各种不同的场景、光照条件或背景干扰。因此，这些方法在处理具有高度复杂性和变化性的实际应用场景时，常常表现出较差的鲁棒性和适应性。为了弥补这些不足，这些方法通常需要借助复杂的特征工程技术，这些技术涉及对图像数据进行深入的分析和处理，以提取和优化有用的特征。同时，还需要各种加速技术，例如优化算法、并行计算和硬件加速，以提高模型的处理效率和响应速度。这些复杂的技术手段使得手工特征方法在处理实际应用中的复杂场景时变得更加高效，但也使得系统的设计和实现变得更加复杂。由于这些方法对特征表示的依赖较强，且难以泛化到不同的场景中，因此在实际应用中受到了一定的限制。

近年来，随着人工智能和计算能力的飞速发展，深度学习技术逐渐成为目标检测领域的主流方法。深度学习模型，特别是卷积神经网络，通过端到端的方式从大规模数据集中自动学习特征，摆脱了传统方法中手工设计特征的限制。深度学习的核心在于其能够自动提取数据的层次化特征表示，从而使得机器能够像人类一样理解和分析图像、声音等多模态数据。通过使用预训练模型和迁移学习，深度学习方法能够在不同的目标检测任务中表现出强大的适应性和泛化能力。

基于深度学习的目标检测方法主要分为两阶段式目标检测算法和单阶段式目标检测算法两类。前者先由算法生成一系列的候选区域框作为样本，然后再通过卷积神经网络对这些样本进行分类和定位，也被称为基于区域的方法，例如 R-CNN、Faster R-CNN 和 R-FCN 等方法。后者则是直接将目标边界问题转换为回归问题，将输入的数据缩放到统一尺寸，并以网格的形式均等划分，模型同时得到目标的位置和分类结果，例如 SSD、YOLO 等方法。两种方法的差异导致其性能的不同，前者的检测准确率和定位准确率更优，而后者的检测速度更快，如图 8-1 所示为两阶段式与单阶段式目标检测算法架构，两阶段式检测网络通过检测层找出目标出现的位置，得到候选区域框，然后通过检测层 2（两阶段式目标检测网络独有）对其进行分类，寻找更加精确的位置；单阶段式检测网络则直接通过检测层生成类别概率和位置坐标，得到最终检测结果。

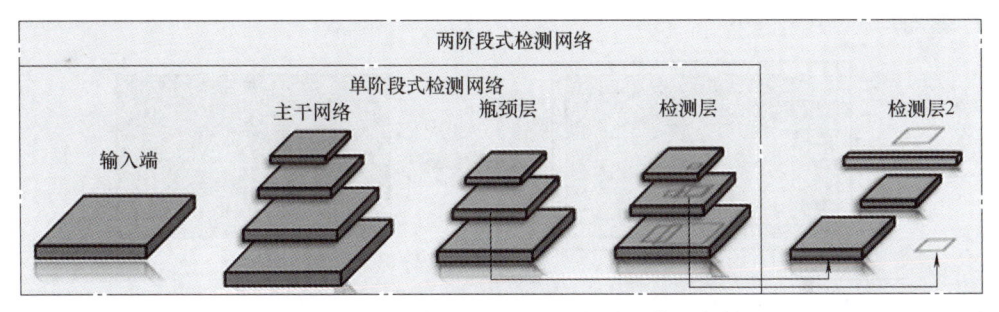

图 8-1 两阶段式与单阶段式目标检测算法架构

8.2 两阶段式目标检测算法

经过 R-CNN 和 Fast R-CNN 的积淀，Ross B. Girshick 在 2016 年提出了新的 Faster R-CNN。在结构上，Faster R-CNN 已经将特征提取（Feature Extraction）、候选区域（Region Proposal）、边界框回归（Bounding Box Regression）、分类回归（Classification）都整合在了一个网络中，使得综合性能有较大提高，在检测速度方面尤为明显，Faster R-CNN 结构如图 8-2 所示。

如图 8-2 所示，Faster R-CNN 主要分为四个部分：

1）特征提取部分（Conv Layers）：作为基于卷积神经网络的目标检测网络，Faster R-CNN 首先使用一组基础的卷积层+激活函数+池化层（Conv+ReLU+Pooling）提取特征图。该特征图被共享用于后续候选区域网络层和全连接层。

2）候选区域网络（Region Proposal Networks，RPN）：RPN 网络用于生成候选区域框。

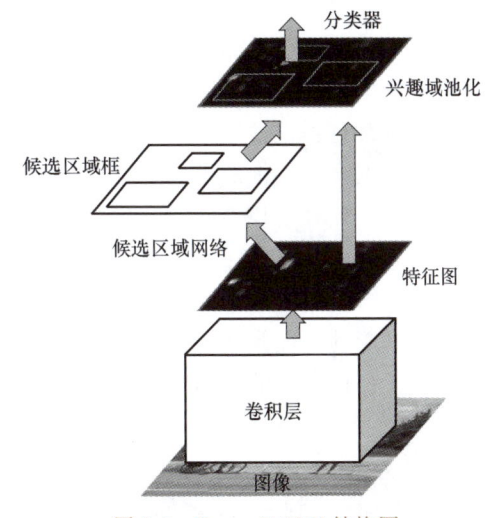

图 8-2 Faster R-CNN 结构图

该层通过 softmax 函数判断先验框内是否包含目标信息，再利用边界框回归（Bounding Box Regression）修正先验框获得精确的候选区域框。

3）兴趣域池化（RoI Pooling）：该层收集输入的特征图以及 RPN 输出的候选区域框，综合这些信息后提取候选区域特征图，送入后续全连接层判定目标类别。

4）分类回归部分（Classification）：利用候选区域特征图计算候选区域框的类别，同时再次利用 Bounding Box Regression 获得检测框最终的精确位置。

8.2.1 特征提取部分

特征提取部分包含了卷积层、激活函数、池化层三部分，共有 13 个卷积层、13 个激活函数、4 个池化层，主要对输入样本进行特征提取。其中所有的卷积都做了扩边处理（即使卷积的参数 padding=1，填充一圈 0），导致原图变为 $(M+2)\times(N+2)$ 大小，通过 3×3 卷积后输出为 $M\times N$。正是这种设置，导致特征提取部分中的卷积层不改变输入和输出特征图大小。扩边处理如图 8-3 所示。

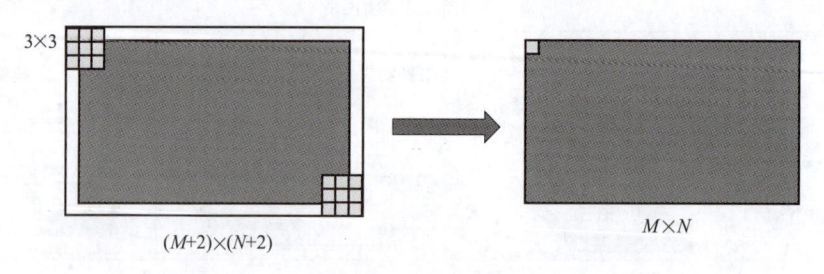

图 8-3 扩边处理

特征提取部分中的池化层设置参数池化核为 2，步长为 2。通过这样的池化过程，每个经过池化层的 $M\times N$ 矩阵，都会变为 $(M/2)\times(N/2)$ 大小。综上所述，在整个特征提取部分中，卷积层和激活函数层不改变输入输出大小，只有池化层使输出特征图的长宽都变为输入特征图的 1/2。

8.2.2 候选区域网络

经典的检测方法生成检测框都非常耗时，如 OpenCV adaboost 使用滑动窗口+图像金字塔生成检测框，R-CNN 使用选择性搜索方法生成检测框。而 Faster R-CNN 则抛弃了传统的滑动窗口法和选择性搜索方法，直接使用 RPN 生成检测框，这也是 Faster R-CNN 的巨大优势，能极大提升检测框的生成速度。

如图 8-4 所示为 RPN 网络的具体结构，可以看到 RPN 网络主要由两条线路组成。上面一条通过 softmax 函数分类先验框获得正样本和负样本，下面一条用于计算边界框回归的偏移量，以获得精确的候选区域框。而最后的候选层则负责综合先验框和对应边界框的偏移量获取所有可能的区域候选框，同时剔除太小和超出边界的框。整个网络到了候选阶段，就相当于完成了目标定位的功能。

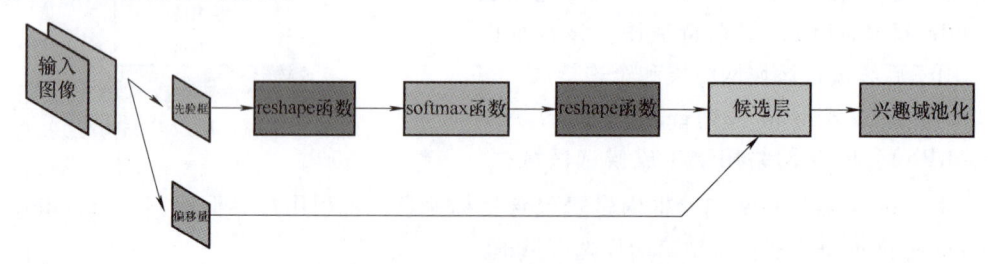

图 8-4 RPN 网络的具体结构

（1）先验框　先验框又称为锚框（Anchor Box）是目标检测网络中非常重要的结构。在先验框出现之前，目标检测网络通常使用滑动窗口法来进行目标的检测。但是滑动窗口法窗口尺寸固定，当被检测目标尺寸变化较大时，或者同一个窗口内存在多个目标时，其检测效果很差，且运算量较大，并不适合实时检测，而先验框的多尺寸则可以很好地解决上述问题。

先验框在训练以及检测过程中都需要。在训练时需要对每个先验框标注两类信息，即判断每个先验框的类别以及相对于真实框的偏移量。训练的目的主要是训练出先验框拟合出真实框的模型参数，以便检测使用。在检测阶段并不是直接在图像上生成预测框，而是使用基于先验框生成的预测框，否则会导致检测效果很差。首先在输入图像中生成很多个先验框，然后预测每个先验框的类别以及偏移量，最后根据预测的偏移量对先验框进行调整（比如尺寸大小调整以及位置偏移）生成预测框。锚点以及先验框（锚框）示意图如图8-5所示。

（2）边界框回归原理 如图8-6所示蓝色框为飞机的真实框，黑色框为提取的先验框。虽然黑色框被分类器识别为飞机，但由于黑色框的定位不准确，这张图像无法正确检测到飞机。

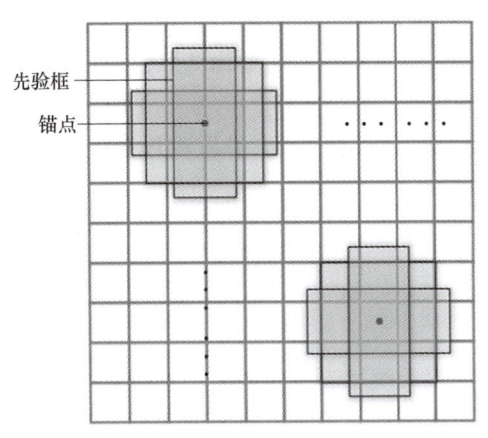

图 8-5 锚点以及先验框示意图

所以需要使用边界框回归对黑色框进行微调，使得先验框和真实框更加接近。

对于窗口一般使用四维向量（x, y, w, h）表示，分别表示窗口的中心点坐标和宽高。对于图8-7所示，黑色框A代表原始的先验框，蓝色框G代表目标的真实框，边界框回归的最终目的是寻找一种关系，使得输入原始的先验框A经过映射得到一个跟真实框G非常接近的回归窗口G'。即给定$A=(A_x, A_y, A_w, A_h)$和$G=(G_x, G_y, G_w, G_h)$，寻找一种变换F，使得$F(A_x, A_y, A_w, A_h)=(G'_x, G'_y, G'_w, G'_h)$，其中$(G'_x, G'_y, G'_w, G'_h) \approx (G_x, G_y, G_w, G_h)$。

图 8-6 真实框与先验框

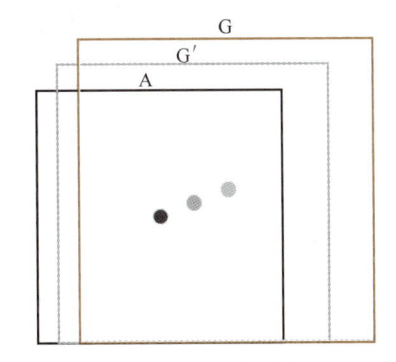

图 8-7 边界框回归

8.2.3 兴趣域池化

RoI（Region of Interest）是从目标图像中识别出的兴趣区域。在 Faster R-CNN 中，兴趣区域是把从 RPN 产生的候选区域框映射到特征图上得到的。兴趣域池化的作用就是把大小形状各不相同的兴趣区域归一化为固定尺寸的目标识别区域。

兴趣域池化不同于 CNN 中的池化层，它通过分块池化的方法得到固定尺寸的输出。假设兴趣域池化层的输出大小为 $w_2 \times h_2$，输入候选区域的大小为 $w \times h$，则兴趣域池化的过程如下：

1) 把输入候选区域划分为 $w_2 \times h_2$ 大小的子网格窗口，每个窗口的大小为 $(w/w_2) \times (h/h_2)$。

2) 对每个子网格窗口取最大元素作为输出，从而得到大小为 $w_2 \times h_2$ 的输出。如图 8-8 所示，假设特征图大小为 4×4，候选区域大小为 3×3，通过 2×2 的兴趣域池化得到 2×2 的归一化输出。4 次划分后子窗口分别为 1、2、5、6（6 最大），3、7（7 最大），9、10（10 最大），11（11 最大），然后对每个子窗口做最大池化，最终得到想要的输出。

图 8-8 兴趣域池化过程

8.2.4 分类回归部分

分类回归部分利用已经获得的目标识别区域，通过全连接层与 softmax 函数计算每个候选框具体属于哪个类别（如人、车、电视等），输出类别概率向量。同时再次利用边界框回归获得每个候选框的位置偏移量，从而获得更加精确的目标检测框。分类回归部分的网络结构如图 8-9 所示。

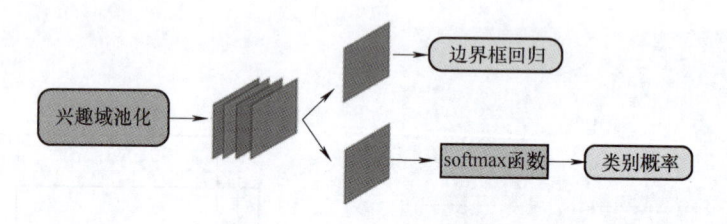

图 8-9 分类回归部分的网络结构

8.2.5 Faster R-CNN 总结

Faster R-CNN 创新性地设计出 RPN 网络，利用先验框的强先验知识将 RoI 的生成与卷积神经网络联系在一起。首先在特征图上的每个像素点生成若干个大小不一的矩形框，主干网络生成的特征图，经过 RPN 卷积神经网络预测出每个矩形框的类别和相对于标签的偏移量，经过反向优化调整使得先验框尽可能地逼近标签。由于判为负样本的标签过多，需要经过筛选得到最终生成的 RoI。RoI 经过 RoI Pooling 输入 R-CNN 模块进行细分类和回归，完成检测目标。虽然 Faster R-CNN 做出了创新，但其仍然是一个两阶段的目标检测框架，因为在 RPN 模块和 R-CNN 模块分别进行了损失函数计算和反向优化。随着研究的深入，后续又涌现出了 SSD，YOLO 等性能更加优异的单阶段的模型，带动了目标检测的落地应用。

8.3 单阶段式目标检测网络

YOLO（You Only Look Once）是一种高效且精准的目标检测模型，它实现了从输入到输出的直接映射，显著提升了检测速度并保持了高水平的准确性。其核心策略在于：利用一个深度主干网络来提取输入图像的关键特征，生成特定尺寸的特征图作为输出。随后，该模型将输入图像划分为多个预定大小的网格区域，每个网格负责检测其覆盖范围内对象的中心。若某对象的中心点坐标恰好落在某个网格内，则该网格即被指定为负责预测该对象的单元。进一步地，每个被检测对象会被分配三个候选边界框，模型采用逻辑回归方法来预测并调整这些边界框，以实现对目标对象的精确定位。

YOLOv8 是当前最先进的模型之一，在目标检测、实例分割、姿态估计、跟踪和分类等视觉 AI 任务中表现出色。YOLOv8 提供了多种不同大小的模型变体，以满足不同场景下的需求：

1）YOLOv8n（Nano）：最快和最小的模型，适用于对速度要求极高的场景。

2）YOLOv8s（Small）：平衡了速度和准确性，适用于需要实时性能和良好检测质量的应用。

3）YOLOv8m（Medium）：以适度的计算需求提供更高的准确性。

4）YOLOv8l（Large）：优先考虑高端系统的最大检测准确性，但计算强度较大。

5）YOLOv8x（Extra Large）：最准确的模型，但需要大量的计算资源，适合优先考虑检测性能的高端系统。

YOLOv8 模型结构主要包括以下组成部分：

1）特征提取网络（Backbone）：YOLOv8 使用 CSPDarknet53 作为其主干网络，其具有较强的特征提取能力和计算效率。

2）网络颈部（Neck）：YOLOv8 使用的是 FPN+PAN 结构，FPN+PAN 结构使得网络能够在不同特征图层次上进行检测，提高目标检测的性能。

3）网络头部（Head）：YOLOv8 在 Head 部分采用了 Decoupled-Head 的设计，即将分类和回归任务解耦，每个尺度都有独立的检测器。

YOLOv8 在输出结果后，会对重叠的目标框进行非极大值抑制（NMS）处理，以得到最终的检测结果。

YOLOv8 整体的网络结构如图 8-10 所示。

8.3.1 特征提取网络

YOLOv8 的输入主要是待检测的图像数据，这些图像可以来自摄像头、视频文件、图片文件等多种不同源的 RGB 图像。在输入到模型之前，通常需要对图像进行预处理，包括调整图像大小（如缩放到模型所需的输入尺寸，如 640×640 像素）、归一化（将像素值从 [0，255] 缩放到 [0，1] 或其他范围）等操作，以确保模型能够正确处理输入数据。

为了高效提取图像中的特征，YOLOv8 使用了 CSPDarkNet53 作为主干特征提取网络。CSPDarkNet53 是一个基于 DarkNet 网络演变而来的经典深层卷积神经网络。它的设计在保证特征超强表达能力的同时，避免了网络过深带来的梯度问题。CSPDarkNet53 具有 53 层网络结构，其特性和细节如图 8-10 所示。

（1）CBS 模块　CBS 模块由 Conv+BN+SiLU 激活函数三者组成，是 YOLOv8 网络结构中

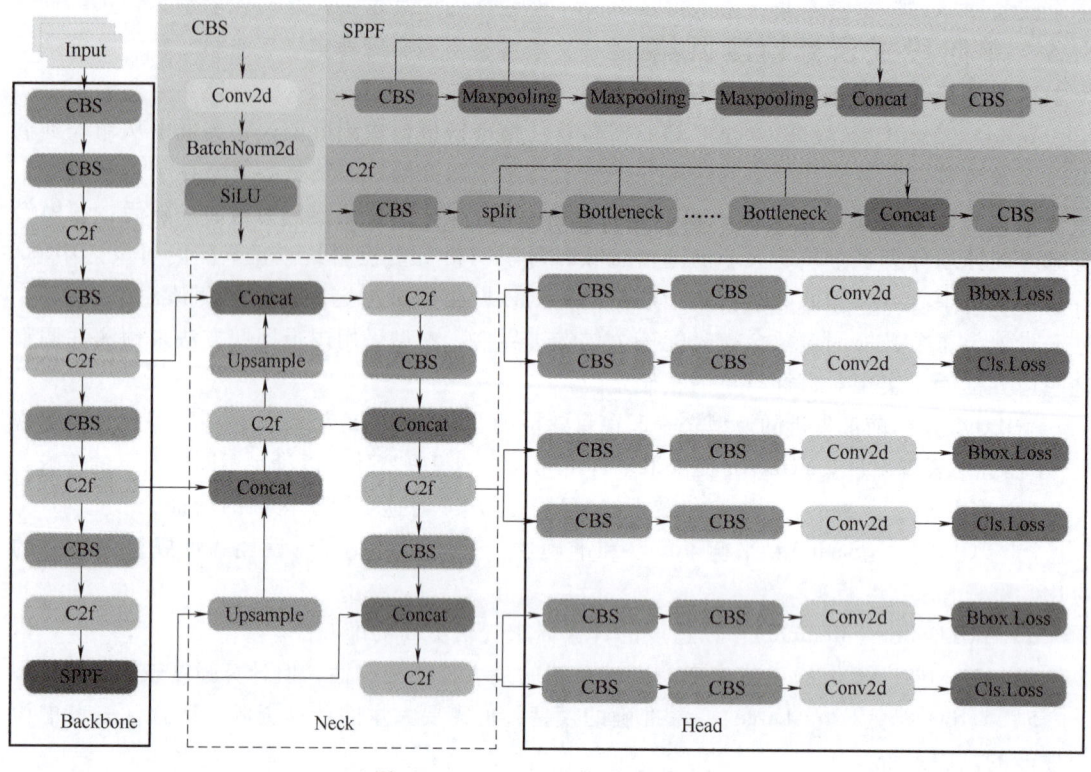

图 8-10　YOLOv8 整体的网络结构

的基础组件，CBS 模块如图 8-11 所示。

（2）C2f 模块　YOLOv8 在 Backbone 部分采用了 C2f 模块来替代 YOLOv5 中的 C3 模块，以实现进一步的轻量化同时保持优秀的特征提取能

图 8-11　CBS 模块

力。C2f 模块借鉴了 DenseNet 的思想，增加了更多的跳层连接，取消了分支中的卷积操作，并增加了额外的 Split 操作，这些改进使得 C2f 模块能够在保证轻量化的同时获得更加丰富的梯度流信息。C2f 结构如图 8-12 所示。

（3）SPPF 模块　SPPF 是将输入并行通过多个不同大小的最大池化层（Maxpooling），然后做进一步融合，能在一定程度上解决目标多尺度问题，SPPF 结构如图 8-13 所示。

8.3.2　网络颈部（Neck）

YOLOv8 的 Neck 结构主要用于将不同层级的特征图进行融合，以获得更丰富和更准确的特征表示。通过层级特征的融合，YOLOv8 能够更好地捕捉目标的细节和上下文关系，从而提高目标检测的准确性。YOLOv8 的 Neck 结构通常由一系列卷积层和上采样层组成，这些层可以将低级别的特征图与高级别的特征图进行融合。YOLOv8 的 Neck 部分采用 FPN+PAN 结构，通过特征金字塔网络（Feature Pyramid Networks，FPN）和路径聚合网络（Path Aggregation Network，PAN）进行多尺度特征融合。

FPN 结构是一种处理图像多尺度特征的有效方法。它通过将一系列从同一张原始图像中提取的特征图排列成金字塔形状来实现，每层特征图的分辨率逐渐降低。这个结构通过连续的下采样过程构建，直到满足特定的终止条件。

图 8-12　C2f 结构

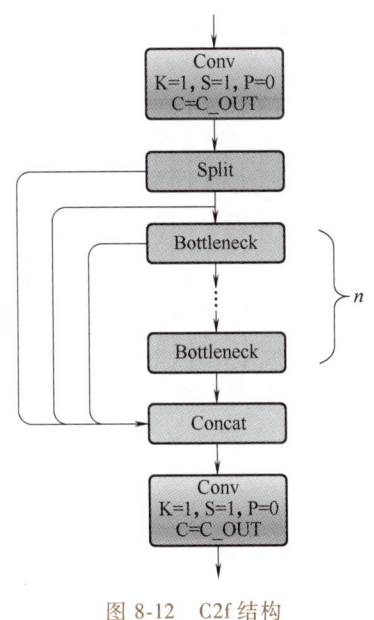

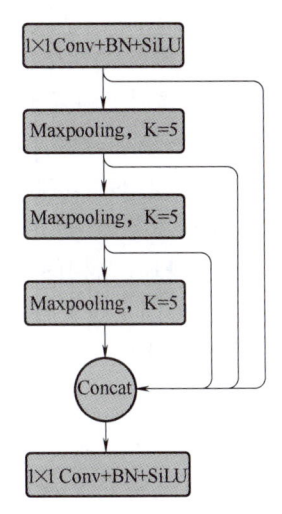

图 8-13　SPPF 结构

在特征提取阶段，卷积神经网络的低层特征图具有较小的感受野，因此能够捕获丰富的位置信息，但语义信息相对较少。反之，高层特征图由于较大的感受野，包含更多的语义信息，但位置信息较为模糊。因此，网络的高层特征对检测较大尺寸的物体效果更好，而对小目标的检测效果则不佳。由于在卷积神经网络中，经过多次下采样后，小尺寸目标可能在特征图中消失，导致难以识别。

FPN 结构有效地解决了多尺度目标检测的挑战。通过在网络中引入自上而下的路径和横向连接，该结构能够将高层的语义信息与低层的位置信息进行融合。这样，特征金字塔在不显著增加计算成本的情况下，提高了网络在处理多尺度变化时的检测性能，增强了对不同尺度目标的检测能力。

FPN 的核心思想是利用卷积神经网络不同层次的特征图，构建一个自上而下的信息流动路径，如图 8-14 所示为 FPN 结构图。首先，对主干网络中各层提取的特征图进行 1×1 卷积操作，以调整特征图的通道数，使其一致。这样做的目的是在后续的特征融合过程中，保持通道的一致性，从而避免信息的损失。

在此基础上，FPN 通过上采样操作将较高层次的特征图逐层放大，使其与相邻的低层次特征图进行融合。这种自上而下的上采样和横向连接过程，使得高层的语义信息可以与低层的细节信息结合，形成一个更为丰富的特征表示。这种融合后的特征图不仅具有更高的分辨率，同时也拥有更强的语义信息。

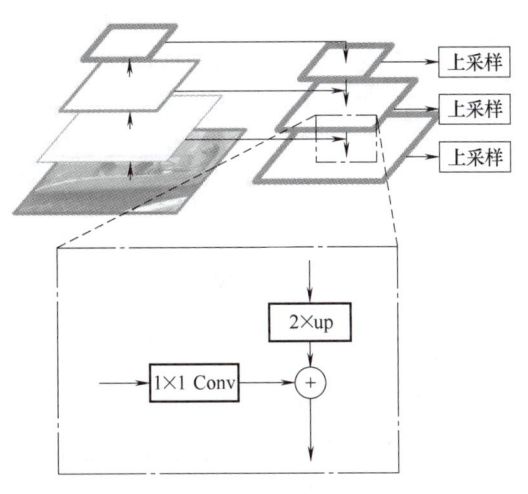

图 8-14　FPN 结构图

可以看到，FPN 结构在增强语义信息的同时，却对定位信息的传递并没有特别关注。

这是因为在自顶向下的特征融合过程中，定位信息容易被高层的语义信息所掩盖。高层特征图的感受野较大，虽然语义信息丰富，但定位精度较低。这意味着在多尺度目标检测任务中，仅靠 FPN 可能不足以实现精确的目标定位。为了弥补这一不足，YOLOv8 在 FPN 的结构上引入了 PAN 结构。PAN 结构通过自下而上的信息流动，专门用于增强特征图中的定位信息。与 FPN 的自顶向下路径不同，PAN 从网络的低层开始，将细节丰富的定位信息向上传递，与高层语义信息进行融合。这种设计确保了在融合特征图时，不仅保留了高层的语义信息，还增强了特征图的定位能力。

FPN+PAN 结构借鉴的是 2018 年 CVPR 的 PANet，当时它主要应用于图像分割领域，如图 8-15 所示。它在 FPN 结构的后面添加了一个自底向上的金字塔，这样的操作是对 FPN 结构的补充，将底层的强定位特征传递上去，既能增强高级语义信息，又能增强特征的定位信息。YOLOv8 的 FPN+PAN 结构如图 8-10 中 Neck 部分所示。

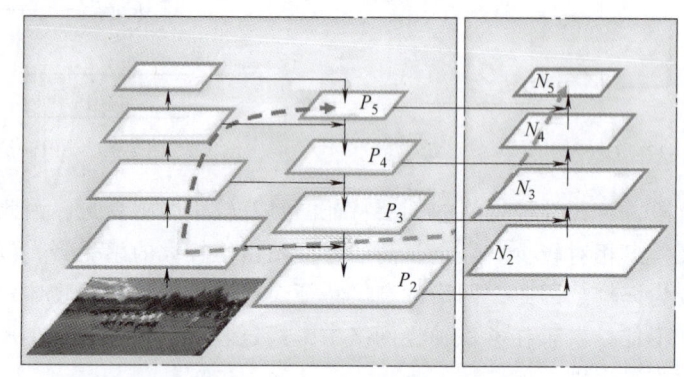

图 8-15　FPN+PAN 结构图

8.3.3　网络头部（Head）

YOLOv8 的网络头部结构是目标检测模型中的关键部分，它负责对提取到的特征进行最终的分类和边界框回归。YOLOv8 采用了解耦头结构（Decoupled-Head）的设计，将分类和回归任务解耦，使得模型能够更好地处理分类和回归任务之间的冲突问题，提高模型性能。

在 YOLO 系列的目标检测模型中，较早期的版本如 YOLOv4 和 YOLOv5，采用的是耦合头（Coupled-Head）的设计，这种单一的检测头负责同时预测目标的类别和边界框的位置。YOLOv5 耦合头的结构如图 8-16 所示。

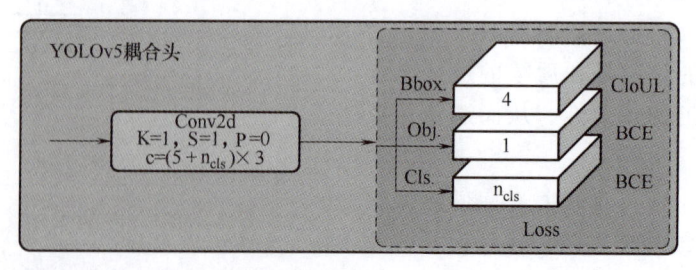

图 8-16　耦合头的结构

虽然单一的检测头设计在一定程度上简化了网络结构，提高了计算效率，但也存在一些明显的问题。首先，将类别预测和位置预测合并在一个检测头中，可能导致这两个任务之间产生相互干扰。由于这两个任务共享同一个输出层和参数，当一个任务出现误差时，误差可能会传递并影响另一个任务的准确性。例如，如果网络在类别预测上有较大的偏差，可能会影响边界框的精确定位。这种干扰会降低模型的整体性能和检测精度。其次，类别预测和位置预测的任务本质上属于不同的问题域。类别预测是一个多类分类问题，其目标是识别出目标属于哪个类别。通常使用交叉熵损失或焦点损失等分类损失函数来优化。而位置预测是一个回归问题，目的是准确预测目标的边界框坐标，通常需要 L1 损失或平滑 L1 损失等回归损失函数。这两个任务的优化方向不同，若使用相同的网络层和损失函数进行优化，可能导致两者的表现都不够理想。

而解耦头的设计解决了上述问题。这种设计将类别预测和位置预测分离开来，分别使用两个独立的网络分支来处理。具体来说，类别预测分支使用一个全连接层来输出各个类别的概率，这样可以专注于优化分类任务。而位置预测分支则使用一系列卷积层来生成边界框的坐标，专门优化定位任务。

这种解耦头的设计有许多优点。首先，它允许对类别预测和位置预测的损失函数进行分别优化，提高了每个任务的精度和鲁棒性。此外，解耦设计使得网络结构更加灵活，研究者可以根据不同的任务需求，独立地调整每个分支的网络架构和超参数配置。这种灵活性使得现代检测模型在处理复杂场景下的目标检测时，能够更好地适应不同的任务需求，从而显著提升了检测性能。因此，YOLOv8 采用了解耦头的结构，将分类和定位任务的特征提取过程分开，使每个任务可以专注于优化与其相关的特征，这样不仅提高了定位的精度，还增强了分类的准确性。此外，YOLOv8 采用解耦设计还能够更好地利用多尺度特征，从而提升对不同尺度目标的检测能力，使模型在处理复杂场景时表现更加稳定和高效。YOLOv8 的解耦头结构如图 8-17 所示。

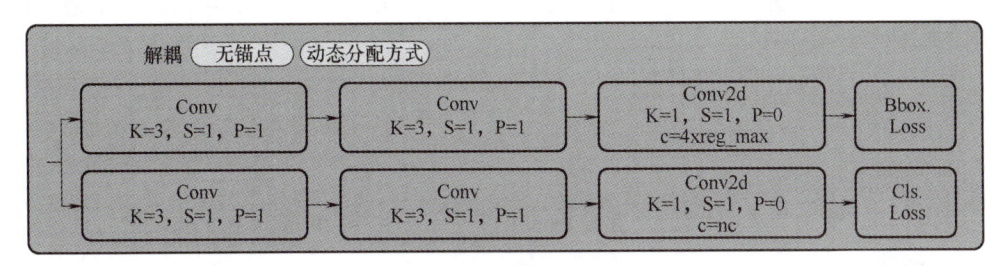

图 8-17 解耦头结构

8.3.4 损失函数

损失函数（Loss Function）是一个将随机事件或相关随机变量的取值映射为非负实数的函数，用于表示该随机事件的"风险"或"损失"。它在机器学习、深度学习和控制理论等领域中有着广泛应用，通常与学习准则和优化问题密切相关。损失函数的主要作用是衡量模型的性能，通过对损失函数进行最小化来优化和评估模型。在深度学习中，损失函数是一个关键模块，它在网络训练过程中引导网络参数向最优解迭代，从而使模型能够做出最佳预测。

YOLOv8 的损失函数由边界框回归损失和分类损失两部分组成。整体的损失函数为

$$loss_{\text{total}} = \lambda_1 loss_{\text{box}} + \lambda_2 loss_{\text{cls}} \tag{8-1}$$

式中，$loss_{\text{box}}$ 为边界框回归损失，$loss_{\text{cls}}$ 为分类损失，λ_1、λ_2 为平衡系数。

（1）边界框回归损失　YOLOv8 采用了 CIoUL（Complete Intersection over Union Loss）和

DFL（Distribution Focal Loss）作为其边界框回归的主要损失函数，用于衡量预测的边界框与真实边界框之间的差异程度。边界框回归损失函数为

$$loss_{box} = CIoUL + DFL \tag{8-2}$$

CIoUL 是一种改进后的 IoUL 函数。IoUL 是一个衡量两个边界框重叠程度的指标，其值介于 0 到 1 之间，数值越大表示重叠程度越高。然而，IoUL 只关注重叠区域的比例，忽略了其他几何信息。CIoUL 在 IoUL 的基础上引入了更多的几何信息，如中心点距离和长宽比，从而使得损失函数更加全面和精准，更好地反映两个边界框的差异。

具体来说，CIoUL 不仅仅考虑了两个边界框之间的重叠面积，还综合考虑了它们中心点的距离、宽高比的相似度以及 IoUL 本身的值。这种更为全面的度量方式使得 CIoUL 能够更好地引导模型在训练过程中优化边界框的形状、位置以及大小，从而提高目标检测的精度。

CIoUL 的引入有助于解决传统 IoUL 在边界框接近但不重叠或 IoUL 值为 0 时梯度消失的问题。通过在损失计算中引入边界框的几何形状约束，CIoUL 能够在优化过程中持续提供有效的梯度信息，推动模型逐步逼近最优解。这种优化方式特别适用于检测小目标、细长目标或重叠目标，使得 YOLOv8 在复杂场景中的边界框回归更加稳定、准确，从而提升了整体检测性能。其计算公式为

$$CIoUL = 1 - IoUL + \frac{d^2}{c^2} + \alpha v \tag{8-3}$$

式中，$\alpha = \frac{v}{1 - IoUL + v}$；$v = \frac{4}{\pi^2}\left(\arctan\frac{w^{gt}}{h^{gt}} - \arctan\frac{w}{h}\right)^2$；$d$、$c$ 分别表示预测结果和标注结果中心点的欧氏距离与框的对角线距离。

CIoUL 融合了目标框回归函数应该考虑的 3 个重要几何因素：重叠面积、中心点距离、宽高比。其计算代码如下：

```python
import numpy as np
def calculate_ioul(box1,box2):
    """
    计算两个边界框之间的交并比（IoUL）。
    参数：
    box1,box2:每个边界框使用(x1,y1,x2,y2)的格式表示
             其中（x1,y1）是左上角坐标,(x2,y2)是右下角坐标
    返回：
    IoUL:两个边界框之间的交并比（值在 0 到 1 之间）
    """
    # 计算交集矩形的坐标
    x1_inter = max(box1[0],box2[0])
    y1_inter = max(box1[1],box2[1])
    x2_inter = min(box1[2],box2[2])
    y2_inter = min(box1[3],box2[3])
    # 计算交集面积
    inter_area = max(0,x2_inter-x1_inter) * max(0,y2_inter-y1_inter)
    # 计算每个边界框的面积
```

```python
    box1_area = (box1[2]-box1[0]) * (box1[3]-box1[1])
    box2_area = (box2[2]-box2[0]) * (box2[3]-box2[1])
    # 计算并集面积
    union_area = box1_area+box2_area-inter_area

    # 计算 IoUL
    ioul = inter_area/union_area if union_area>0 else 0

    return ioul
def calculate_cioul(box1,box2):
    """
    计算两个边界框之间的完全 IoUL(CIoUL)。
    参数:
    box1,box2:每个边界框使用(x1,y1,x2,y2)的格式表示
              其中 (x1,y1)是左上角坐标,(x2,y2)是右下角坐标
    返回:
    CIoUL:两个边界框之间的完全 IoUL(值在 0 到 1 之间)
    """
    # 计算 IoUL
    ioul = calculate_ioul(box1,box2)
    # 计算每个框的中心点
    box1_center_x = (box1[0]+box1[2])/ 2
    box1_center_y = (box1[1]+box1[3])/ 2
    box2_center_x = (box2[0]+box2[2])/ 2
    box2_center_y = (box2[1]+box2[3])/ 2
    # 计算中心点之间的欧氏距离
    center_distance = np.sqrt((box2_center_x-box1_center_x)**2+
                              (box2_center_y-box1_center_y)**2)

    # 计算包围两个框的最小外接矩形的对角线距离
    enclose_x1 = min(box1[0],box2[0])
    enclose_y1 = min(box1[1],box2[1])
    enclose_x2 = max(box1[2],box2[2])
    enclose_y2 = max(box1[3],box2[3])
    enclose_diagonal = np.sqrt((enclose_x2-enclose_x1)**2+
                               (enclose_y2-enclose_y1)**2)

    # 计算长宽比的一致性
    box1_w = box1[2]-box1[0]
    box1_h = box1[3]-box1[1]
```

```
            box2_w = box2[2] - box2[0]
            box2_h = box2[3] - box2[1]
            v = (4/(np.pi**2)) * (np.arctan(box1_w/box1_h) - np.arctan(box2_w/box2_h))**2
        with np.errstate(divide='ignore', invalid='ignore'):
            alpha = v/((1-iou1) + v)
        # 计算 CIoUL
        cioul = iou1 - (center_distance**2/enclose_diagonal**2) - alpha * v
        return cioul
```

DFL 的主要作用是用于校正模型在预测物体边界框时的误差，优化后的效果可以在一定程度上针对有些模糊或者焦点不集中的图片提升对象检测的精度。DFL 以交叉熵的形式，去优化标签位置附近的数值，从而让网络更快地聚焦到目标位置及邻近区域的分布。也就是说，学习到的分布理论上是在真实浮点坐标的附近，并以线性插值的模式得到距离左右整数坐标的权重。这种学习标签周围位置的损失，能够增强模型在复杂情况下，如遮挡、移动物体时的泛化性。其计算公式为

$$DFL(S_i, S_{i+1}) = -[(y_{i+1}-y)\log(S_i) + (y-y_i)\log(S_{i+1})] \tag{8-4}$$

式中，S_i、S_{i+1} 为网络输出的预测值、临近预测值；y、y_i、y_{i+1} 为标签的实际值、标签积分值、临近标签积分值。

（2）分类损失　分类损失（Classification Loss）是目标检测中至关重要的一部分，它用于评估模型在预测目标类别时与实际类别之间的差异程度。在 YOLOv8 中，分类损失具体衡量的是模型预测出的每个目标的类别概率分布与该目标的真实类别标签之间的偏差。换句话说，模型通过输出一组概率，表示每个类别的可能性，而分类损失则计算这些概率与真实标签之间的距离。YOLOv8 采用的是基于交叉熵（Cross-Entropy）的损失函数来计算这个差异。交叉熵损失函数是分类任务中常用的一种度量方式，它通过衡量真实类别的标签与模型输出的概率分布之间的匹配程度来指导模型的优化。具体来说，交叉熵会对真实类别对应的概率赋予更高的惩罚权重，这意味着如果模型对真实类别的预测概率较低，损失值会显著增加，从而推动模型在下次迭代中更加精确地预测该类别。其计算式为

$$Loss_{cls} = -\sum_{i=0}^{K \times K}\sum_{j=0}^{M} I_{ij}^{obj} \sum_{c \in classes}\{p_i(c)\log[\hat{p}_i(c)] + [1-p_i(c)]\log[1-\hat{p}_i(c)]\} \tag{8-5}$$

式中，$Loss_{cls}$ 是分类损失；K 是 3 个预测层网格的大小，包含 13、26 和 52 这 3 个值；M 代表每个网格上的 M 个锚框；I_{ij}^{obj} 代表第 i 个网格的第 j 个锚框是否负责这个目标，如果负责其值为 1，反之则为 0；$p_i(c)$ 和 $\hat{p}_i(c)$ 分别是目标类别概率的真实值和预测值。

8.3.5　非极大值抑制

非极大值抑制（Non-Maximum Suppression，NMS）是一种用于目标检测和图像分割等计算机视觉任务中的技术，旨在从一组重叠的边界框中选择最佳的框，从而减少冗余的检测结果并提高检测精度。

非极大值抑制的主要目的是在检测结果中选择最优的边界框，去除那些与最优框重叠较

多的候选框。其基本步骤如下:

1)排序:根据每个候选框的置信度得分(通常是模型对该框包含目标的概率),将所有候选框进行排序。通常情况下,得分越高的框越有可能包含目标。

2)选择最高得分框:从排序后的候选框中选择得分最高的框,作为当前最优框。

3)抑制重叠框:对于选择的最优框,计算它与其他候选框的重叠度,通过计算重叠区域的IoUL来衡量。如果其他框与最优框的IoUL超过预定的阈值,则这些框被认为是冗余的,并被抑制(即删除)。

4)重复:从剩余的框中重复选择得分最高的框,并执行相同的抑制过程,直到所有框都被处理完或剩余框数目低于预定阈值为止。

NMS算法的核心是通过比较重复预测框之间的IoUL值,去除冗余的预测框,保留最优的结果。在YOLOv8中,NMS可以避免同一个物体被重复检测的问题,提高了检测的精度和效率。NMS的效果如图8-18所示。

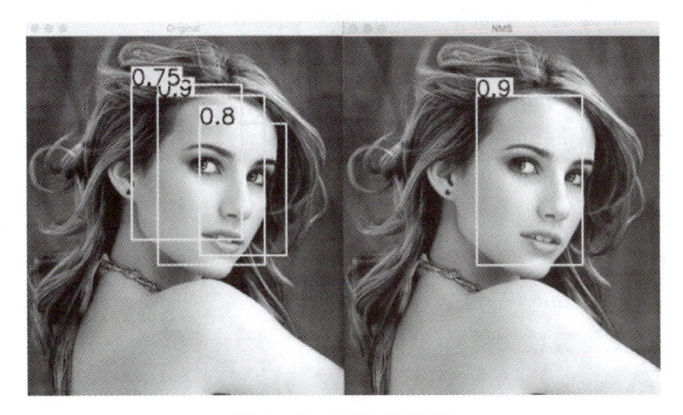

图 8-18 NMS 效果图

NMS 的计算代码如下:

```
def non_maximum_suppression(boxes,scores,ioul_threshold):
    """
    执行非极大值抑制(NMS)。
    参数:
    -boxes:边界框的列表,每个框用[x1,y1,x2,y2]表示。
    -scores:每个边界框的置信度分数列表。
    -ioul_threshold:用于筛选重叠框的IoUL阈值。
    返回:
    -保留的边界框的索引列表。
    """
    if len(boxes)==0:
        return []
    # 将边界框转换为numpy数组以方便处理
    boxes = np.array(boxes)
    # 提取边界框的坐标
```

```
x1 = boxes[:,0]
y1 = boxes[:,1]
x2 = boxes[:,2]
y2 = boxes[:,3]
# 计算每个边界框的面积
areas = (x2-x1+1) * (y2-y1+1)
# 根据置信度分数对边界框进行降序排序
order = np.argsort(scores)[::-1]
keep = []   # 保存要保留的边界框的索引
while order.size>0:
    i = order[0]   # 具有最高置信度的框的索引
    keep.append(i)
    # 计算保留框与剩余框之间的交并比(IoUL)
    xx1 = np.maximum(x1[i],x1[order[1:]])
    yy1 = np.maximum(y1[i],y1[order[1:]])
    xx2 = np.minimum(x2[i],x2[order[1:]])
    yy2 = np.minimum(y2[i],y2[order[1:]])
    # 计算重叠区域的宽度和高度
    w = np.maximum(0,xx2-xx1+1)
    h = np.maximum(0,yy2-yy1+1)
    # 计算交集区域面积
    inter = w * h
    # 计算交并比(IoUL)
    ioul = inter/(areas[i]+areas[order[1:]]-inter)
    # 选择 IoUL 小于阈值的框
    inds = np.where(ioul<=ioul_threshold)[0]
    # 更新剩余框的排序
    order = order[inds+1]
return keep
```

8.4 目标检测算法性能评估指标

在人工智能领域，模型的效果需要用各种指标来评价。常用的目标检测指标有：准确率、精度、召回率、FPR、F1-score、PR 曲线、ROC 曲线、AP 的值以及很重要的 mAP，本节主要对这些重要的指标进行阐述。

8.4.1 综合指标

首先介绍几个常见的模型评价术语，现在假设目标只有两类，即正样本（Positive）和负样本（Negative），与其相关的术语如下所示：

1) True Positives（TP）：被正确地划分为正样本的个数，即实际为正样本且被分类器划分为正样本的数目。

2）False Positives（FP）：被错误地划分为正样本的个数，即实际为负样本但被分类器划分为正样本的数目。

3）False Negatives（FN）：被错误地划分为负样本的个数，即实际为正样本但被分类器划分为负样本的数目。

4）True Negatives（TN）：被正确地划分为负样本的个数，即实际为负样本且被分类器划分为负样本的数目。

了解了上述名词之后，下面阐述与其相关的重要目标检测指标。

1. 准确率

准确率（Accuracy）是常见的评价指标，即被分对的样本数除以所有的样本数，通常来说，准确率越高，分类器越好，计算公式如下：

$$accuracy = (TP+TN)/(TP+TN+FP+FN) \tag{8-6}$$

2. 精度

精度（Precision）是从预测结果的角度来统计的，是指预测为正样本的数据中，有多少个是真正的正样本，代表分类器预测正样本的准确程度，即"找的对"的比例，计算公式如下：

$$precision = TP/(TP+FP) \tag{8-7}$$

式中，$TP+FP$ 即为所有的预测为正样本的数据；TP 即为预测正确的正样本个数。

3. 召回率

召回率（Recall）与 TPR（True Positive Rate）为一个概念，意为在总的正样本中模型找回了多少个正样本，代表分类器对正样本的覆盖能力，即"找的全"的比例，计算公式如下：

$$recall/TPR = TP/(TP+FN) \tag{8-8}$$

式中，$TP+FN$ 即为所有真正为正样本的数据；而 TP 为预测正确的正样本个数。

4. FPR

FPR（False Positive Rate）是指实际负样本中，错误的判断为正样本的比例，这个值往往越小越好，计算公式如下：

$$FPR = FP/(FP+TN) \tag{8-9}$$

式中，$FP+TN$ 即为实际样本中所有负样本的总和；FP 则是指判断为正样本的负样本。

5. F1 分数

F1 分数（F1-score）是分类以及目标检测问题的一个重要衡量指标。F1 分数认为召回率和精度同等重要，在一些多分类问题的机器学习竞赛中，常常将 F1-score 作为最终测评的方法。它是精确率和召回率的调和平均数，最大为 1，最小为 0。计算公式如下：

$$F1 = 2TP/(2TP+FP+FN) \tag{8-10}$$

8.4.2 PR 曲线与 ROC 曲线

在 8.4.1 节中介绍了关于准确率、精度、召回率、FPR 和 F1-Score 的知识，但是通常只有这些指标并不能直观地反映模型性能，所以就有了 PR 曲线和 ROC 曲线。

1. PR 曲线

PR 曲线即以精度（Precision）和召回率（Recall）作为纵、横轴坐标的二维曲线，两者具有此消彼长的关系。PR 曲线如图 8-19 所示，如果模型的精度越高，召回率越高，那么模型的性能越好。也就是说 PR 曲线下面的面积越大，模型的性能越好。PR 曲线反映了分类器对正样本的识别准确程度和对正样本的覆盖能力之间的权衡。

PR 曲线有一个缺点就是会受到正负样本比例的影响。比如当负样本增加 10 倍后，在召回率不变的情况下，必然召回了更多的负样本，所以精度就会大幅下降，所以 PR 曲线对正负样本分布比较敏感。对于不同正负样本比例的测试集，PR 曲线的变化就会非常大。

AP 即 Average Precision，称为平均精度，是对不同召回率点上的精度进行平均，在 PR 曲线图上表现为 PR 曲线下面的面积。AP 的值越大，则说明模型的平均精度越高，计算公式如下：

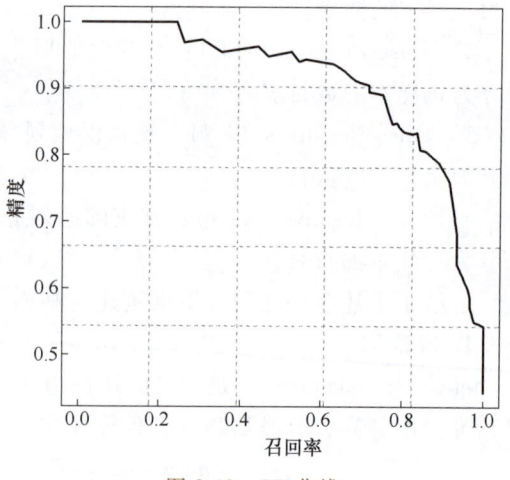

图 8-19　PR 曲线

$$AP = \int_0^1 p_{\text{smooth}}(r)\,dr \tag{8-11}$$

2. ROC 曲线

ROC 曲线的全称是 Receiver Operating Characteristic Curve，中文名为"受试者工作特征曲线"，对于 ROC 来说，横坐标就是 FPR，而纵坐标就是 TPR。由此可知，当 TPR 越大，而 FPR 越小时，说明分类结果是较好的。如图 8-20 所示，ROC 曲线有个很好的特性，当测试集中的正负样本的分布变换的时候，ROC 曲线能够保持不变。

ROC 曲线可以反映分类器的总体分类性能，但是无法直接从图中识别出分类最好的阈值，事实上最好的阈值也是视具体的场景所定。ROC 曲线一定在 $y=x$ 之上，否则不能称所用算法为一个检测效果较好的模型。

8.4.3　均值平均精度

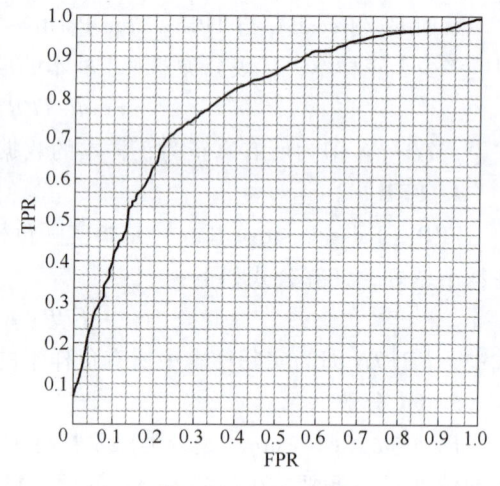

图 8-20　ROC 曲线

mAP 是英文 Mean Average Precision 的缩写，意思是均值平均精度。AP 是计算某一类别 PR 曲线下的面积，mAP 则是计算所有类别 PR 曲线下面积的平均值，如图 8-21 所示。在目标检测中，一个模型通常会检测很多种物体，那么每一类都能绘制一个 PR 曲线，进而计算出一个 AP 值。那么多个类别的 AP 值的平均就是 mAP，其计算公式如下：

$$mAP = \frac{\sum_{i=1}^{n} AP_i}{n} \tag{8-12}$$

mAP 衡量的是所用模型在所有类别上的好坏，是目标检测中一个最为重要的指标。这

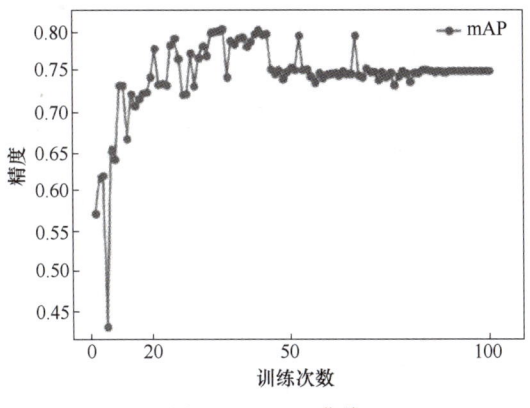

图 8-21　mAP 曲线

个指标的值在 0~1 之间，数值越大，则说明所用模型检测效果越好。

至此，我们已经学习了准确率、精度、召回率、FPR、F1-score、PR 曲线、ROC 曲线、AP 的值以及很重要的 mAP 指标，在实际应用中，还是需要根据检测对象的需求去选择检测指标。

本 章 小 结

目标检测是计算机视觉领域非常重要的方向，在日常生活以及工业中应用十分广泛，本章主要从目标检测算法的两阶段式和单阶段式角度对常见的模型进行阐述。对于两阶段式目标检测网络，以 Faster R-CNN 为例，从特征提取、候选区域、边界框回归和分类回归这四个主要模块对其进行了详细的介绍；对于单阶段式目标检测网络，以 YOLOv8 为例，对其特征提取网络、网络颈部、网络头部做了详细的介绍。此外，由于模型的性能好坏是需要指标来评价的，所以在 8.4 节对常见的目标检测指标进行了介绍，在真正的使用过程中，并不一定要用所有的指标对模型性能进行评价，还需根据具体应用对象进行判断。

目标检测技术在当前阶段尽管已经取得了显著的进展，但仍然面临一些复杂的困难和挑战。首先，目标检测算法的准确性和鲁棒性在实际应用中常常受到环境因素的影响，如光照变化、遮挡和物体的多样性。其次，实时性要求与计算资源的限制之间存在矛盾，特别是在移动设备或嵌入式系统中。此外，目标检测算法还需要应对各种规模的物体检测和多类别物体分类的复杂性，这增加了算法设计的难度。综上所述，尽管目标检测技术已在许多领域展现出巨大的潜力，但在面对实际应用时，仍有许多需要克服的挑战。

习　　题

1. 目标检测在计算机视觉中的主要任务是什么？请列举至少两个目标检测的应用场景。
2. 什么是目标检测，常见的目标检测的算法有哪些？
3. 简要说明目标检测算法的基本流程，并对比两阶段式目标检测算法（如 Faster R-CNN）与单阶段式目标检测算法（如 YOLO）的优缺点。
4. 请详细说明 Faster R-CNN 的结构，并分析各组成部分的作用。
5. 请详细说明 YOLOv8 的结构，并分析各组成部分的作用。
6. 目标检测的评估指标有哪些？

第 9 章

计算机视觉应用——语义分割

图像语义分割，作为计算机视觉领域的一项重要的基本任务，深刻影响着智能系统对复杂场景的理解能力。这一技术不仅是智能系统的核心组成部分，还在无人驾驶、机器人感知、医疗影像处理、三维建模、人机交互及虚拟现实等多个前沿领域展现出巨大的应用潜力。随着深度学习技术的发展，特别是全卷积神经网络（FCN）的兴起，为图像语义分割技术带来了新的发展机遇。在众多的杰出模型中，DeepLab 系列网络以其卓越性能脱颖而出，成为该领域的经典之作。本章将介绍语义分割的基本概念、语义分割网络发展历程以及经典的 DeepLab 网络结构。

9.1 图像语义分割介绍

9.1.1 图像语义分割概述

图像语义分割是计算机视觉领域中一项至关重要的基本任务，其核心在于对图像中的每一个像素点进行精细分类，从而将图像细分为具有明确语义含义的区域块。这一过程不仅实现了图像中不同物体的区分，还为每个物体赋予了独特的视觉语义标签，生成了一幅逐像素标注的分割图像，为后续的高级图像分析和视觉理解提供了坚实的基础。

相较于图像分类和目标检测，语义分割是截然不同且更为细致化的任务。图像分类侧重于从整体层面识别图像所属的大类别，而目标检测则进一步要求定位图像中特定对象的位置。然而，语义分割在此基础上更进一步，它要求模型不仅识别图像中的所有对象，还需精确描绘出每个对象的边界、形状乃至内部结构，实现像素级别的细致分类。

在图像领域，语义具体指的是图像内容，即对图像的理解，如图 9-1 所示，该图像中的语义就是人骑着自行车。语义分割就是从像素的角度分割出图像中的不同对象，因此也可以理解成像素级别的分类任务。对图中的每个像素都进行分类标注，得到最终语义分割图，其中粉红色代表人，绿色代表自行车，背景为黑色（扫码看彩图）。

图 9-1 语义分割示意图

语义分割是从粗推理到精推理的自然步骤，它不仅提供了不同类别的预测，还提供了关于这些类别的空间位置的附加信息。从宏观上看，语义分割作为一项高层次的任务，为实现场景的完整理解铺平了道路。场景理解作为一个计算机视觉的核心问题，其重要性在于越来越多的智能系统通过从图像中推断知识来提供信息。随着图像语义分割对于场景理解的重要性日渐突出，已经被广泛应用到无人驾驶技术、医疗影像检测与分析等重要领域中，如图 9-2 和图 9-3 所示。如果能够实现快速且准确的复杂图像语义分割，那么众多智能系统视觉应用中的难题将有望得到根本性的解决，因此语义分割技术逐步成为了计算机视觉的一个研究热点。

图 9-2　语义分割在无人驾驶中的应用　　　图 9-3　语义分割在医疗影像分析中的应用

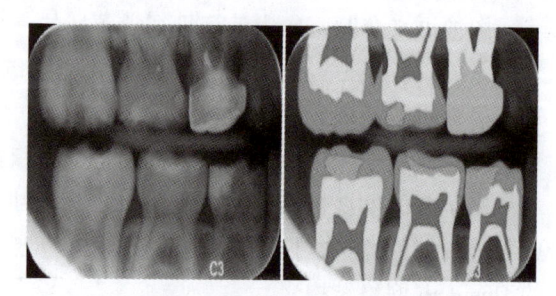

9.1.2　图像语义分割的发展

图像语义分割的发展经历了从传统方法到深度学习方法的转变，这一过程伴随着技术和算法的不断创新。早期阶段，图割和聚类方法被用于图像分割，这些方法通过细致地寻找像素之间的内在联系，包括相似性、空间接近度，以及基于颜色、纹理等显著特征，将图像中的像素有效地划分到不同的类别或区域中。

在计算机视觉的探索历程中，语义信息与离散数据之间长久以来存在着一道显著的"语义鸿沟"。即图片的低级细节信息无法与高级语义信息直接建立关系，使得传统的图像分割方法难以直接从像素级的细节中抽取出具有深刻含义的语义信息。从而导致一些传统的图像分割算法想获得可接受的分割结果就不得不依赖于人工信息的辅助。

随着深度学习的兴起与蓬勃发展，特别是卷积神经网络（CNN）的广泛应用，为跨越这一"鸿沟"提供了强有力的工具。CNN 以其独特的层次结构和学习机制，能够自动从原始图像数据中逐级抽象出更为高级、更为抽象的语义特征。这一过程不仅减少了对人工标注的依赖，还极大地提升了图像分割的智能化水平和准确性，使得计算机能够更深入地理解图像内容。随着深度学习在计算机视觉领域不断取得突破进展，为图像语义分割技术带来了新的机遇。

2014 年提出的全卷积神经网络（FCN），开辟了深度学习在图像语义分割中的应用，获得了 2015 年度计算机视觉与模式识别会议（CVPR）的最佳论文。简单的说，全卷积神经网络（FCN）与卷积神经网络（CNN）的最大区别在于 FCN 把应用于分类任务的 CNN（例如 VGG16）最后的全连接层全部替换成了卷积层，以获得抽象的特征图，如图 9-4 所示。进一步说，应用于分类任务的 CNN 输入是图像，输出是一个结果，或者说是一个概率值，而 FCN 是从抽象的特征中继续上采样来恢复出每个像素所属的类别，即从图像级别的分类进一步延伸到像素级别的分类。这样，FCN 可以学习从输入图像到输出图像的直接映射关系，而不需要显式地定义每个像素的类别。FCN 网络架构如图 9-5 所示。

FCN 作为深度学习应用于图像语义分割的开山之作，自然无法避免的存在很多问题，比如精度提升空间有限、对图像细节捕捉不足，以及对空间上下文信息整合的忽视等，之后的各种优秀语义分割网络模型，都在 FCN 的基础上融入了多种结构，并以不同解决方式改善了这些问题。例如 U-Net 和 SegNet 模型采用更加优秀的编码器-解码器网络结构，它们通过融合低层次的空间信息与高层次的语义信息，有效提升了分割结果的细节恢复能力，展现了强大的上下文信息整合能力；PSPNet 引入了空间金字塔池化模块，巧妙解决了目标尺度多样性问题，增强了模型对多尺度目标的理解与分割能力；而 DeepLab 系列模型通过对空洞卷积和空洞空间金字塔池化模块的有效利用，将语义分割网络模型又提升到了一个新高度，

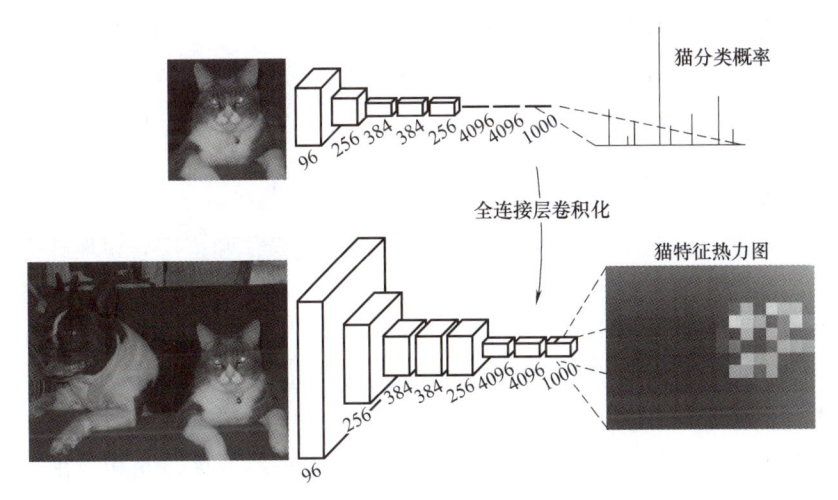

图 9-4　CNN 到 FCN 的转变示意

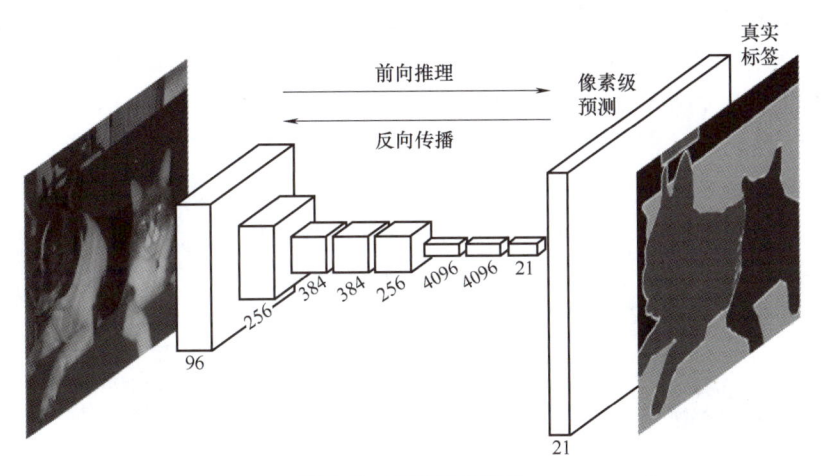

图 9-5　FCN 网络架构

其中 DeepLabV3 通过优化模型并改善训练策略得到了更好的语义分割效果，而 DeepLabV3+ 则在 DeepLabV3 基础上融合了编码器-解码器结构，取得了先进的语义分割性能，也因为其高效性成为了目前最常用的语义分割网络框架。因此，本章后两节将以 DeepLabV3+ 网络为例介绍图像语义分割任务。

9.2　DeepLab 系列语义分割网络发展概述

DeepLab 系列网络是谷歌团队在 FCN 理念的基础上提出并逐步发展的语义分割网络模型。从 2015 年到 2019 年，DeepLab 系列网络模型共发布了四个版本，分别称为 V1、V2、V3 和 V3+。这四次迭代借鉴了近年来图像分类的创新成果，以改进语义分割，并启发了该领域的许多其他研究工作。DeepLab 系列的模型通过不断改进网络架构以实现良好的分割效果，其理念主要是如何更有效的利用空洞卷积并结合多尺度信息，该系列取得了一系列辉煌的成就，并见证了深度卷积神经网络在语义分割方面的发展。

DeepLab 系列的核心在于不断探索和优化网络架构，以实现对图像语义分割任务的更高效处理。其核心理念聚焦于如何巧妙地利用空洞卷积（Atrous Convolution）来扩大感受野，同时结合多尺度信息，以捕捉图像中的丰富上下文和细节。这一策略在多个版本中得到了不断深化和完善，推动了深度卷积神经网络在语义分割领域的飞速发展。

通过这一系列迭代，DeepLab 不仅取得了令人瞩目的分割效果，还见证了深度学习技术在计算机视觉领域中的广泛应用与深刻变革。

1. DeepLabV1

传统的深度卷积神经网络（DCNN）架构在通过池化操作和多层卷积堆叠提取图像高层次特征的同时，也不可避免地造成了空间信息的损失。这种损失在像素级分割任务中尤为显著，导致边界模糊、物体边缘分割不精确等问题。因此，如何在保持 DCNN 强大特征提取能力的同时，减少空间信息的损失，成为提升语义分割精准度的关键。

为了克服 DCNN 的这一局限性，DeepLabV1 引入了以下创新策略：

1）全连接条件随机场的融合：为了进一步提升分割的精准度，尤其是在边界和物体边缘的处理上，DeepLabV1 将 DCNN 层输出的特征响应与全连接条件随机场（CRF）相结合。CRF 作为概率图模型的一种，能够利用全局信息对分割结果进行优化，通过考虑像素之间的空间关系，使得相似的像素更有可能被赋予相同的标签，而差异较大的像素则更有可能被赋予不同的标签。这种结合方式有效弥补了 DCNN 在局部细节处理上的不足，显著提高了分割的精准度。

DeepLabV1 方法实质上可以分为两步走，第一步仍然采用了 FCN 得到粗糙的特征图并通过插值得到原图像大小，然后第二步借用全连接条件随机场作为后处理，对 FCN 得到的结果进行进一步细节上的改善。具体结构如图 9-6 所示。

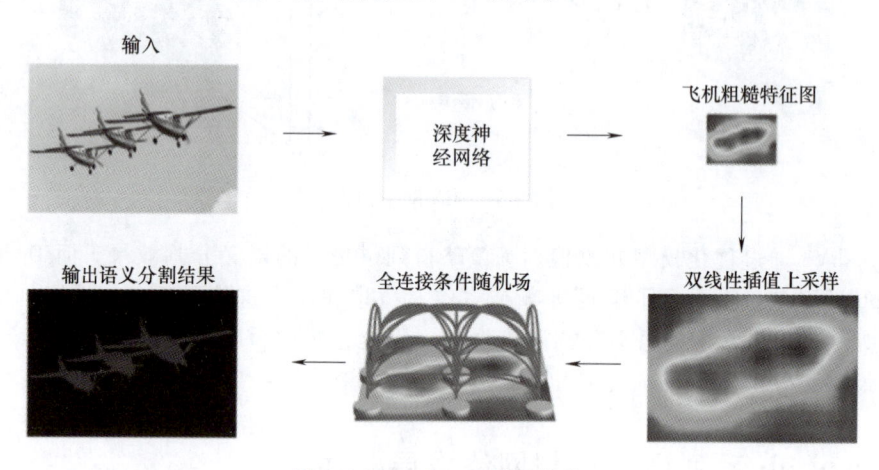

图 9-6　DeepLabV1 模型结构

2）空洞卷积的应用：通过采用空洞卷积（Atrous Convolution），DeepLabV1 能够在不增加参数数量和计算复杂度的前提下，有效扩大卷积核的感受野，从而捕捉到更多的上下文信息。这一技术减少了因池化操作导致的空间信息损失，为后续的精确分割提供了丰富的特征基础。

在图像分类网络中，因为池化等下采样处理的原因，图像的分辨率会随着网络深度的增加而下降。然而语义分割是一个密集预测任务，如何保证输出分辨率的同时，使得深层的网络有足够的感受野，成为了一个关键的问题。而空洞卷积解决了这个问题，它能够在不损失图像分辨率的同时扩大网络的感受野。空洞卷积的示意图如图 9-7 所示，图 9-7a、b、c 分别对应卷积核大小为 3×3 且空洞率为 1、2、4 的空洞卷积，可看出对应的感受野依次为 3×3、7×7、15×15。

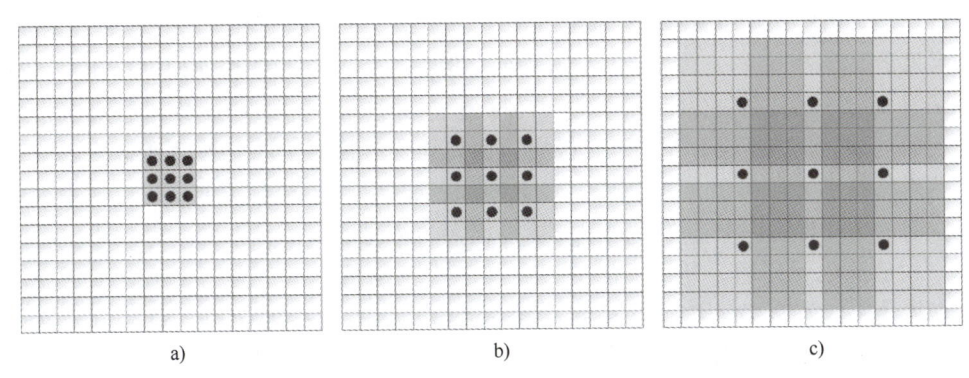

图 9-7 空洞卷积

2. DeepLabV2

在 DeepLabV1 的成功基础上，谷歌团队进一步推动了语义分割技术的发展，推出了 DeepLabV2。该版本的核心改进在于引入了受空间金字塔池化（SPP）启发的空洞空间金字塔池化（ASPP）模块，这一创新极大地丰富了模型的多尺度特征提取能力。

图像金字塔作为图像多尺度表达的一种经典方法，通过构建不同分辨率的图像层次结构，为图像分割等任务提供了丰富的上下文信息。在机器视觉和图像压缩等领域中，图像金字塔已展现出其有效性。其核心思想在于，通过逐层下采样图像，形成分辨率逐渐降低的金字塔结构，从而能够在不同尺度上捕捉图像的特征。

众所周知，多尺度特征的应用对于网络的性能有着显著的提升。前面章节介绍过感受野的概念，感受野是指特征图上的一个点所对应原图区域的大小，那么如果有多个感受野，通过融合多种感受野的特征信息，就能构造一种多尺度模型，于是 DeepLabV2 通过将空洞卷积与金字塔池化融合，提出一种空洞空间金字塔池化（ASPP）模块，ASPP 模块通常由几个并行的空洞卷积层组成，每个层具有不同的采样率，以便在不同尺度上捕获特征。这些特征被汇总并融合，以提高语义分割的性能，并且能够处理不同尺度的对象和场景。具体如图 9-8 所示。

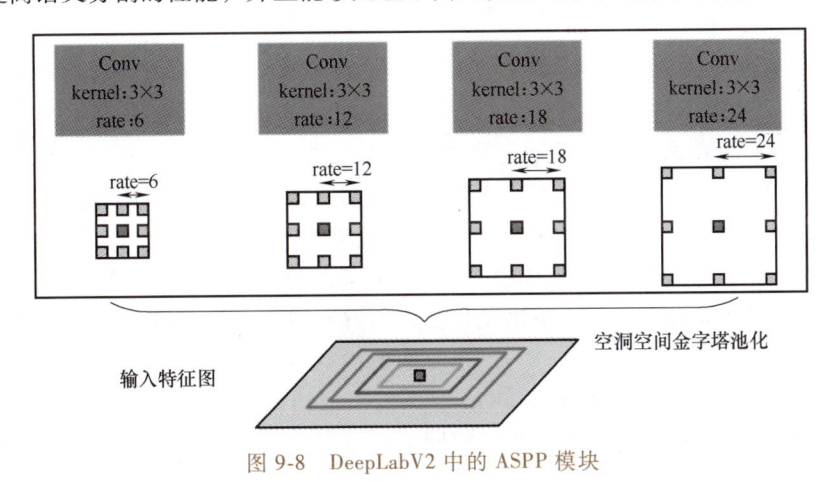

图 9-8 DeepLabV2 中的 ASPP 模块

3. DeepLabV3

空洞卷积和空间金字塔池化的使用为 DeepLabV1 和 DeepLabV2 带来了巨大的成功，因此谷歌团队继续朝这个方向进行探索,研究了 DeepLab 系列的 V3 版本,其重点是 ASPP 模块。

　　DeepLabV3 仍然使用 ResNet 作为主干网络,如图 9-9 所示。在 V2 版本中,ASPP 将 4 种不同尺度的特征合并为一个固定大小的特征。但是,空洞卷积的性质使网络难以拾取小的局部特征(如微小的边缘)以及很大的全局特征(如考虑所有像素)。为了将更多信息融合在一起,DeepLabV3 重新设计了 ASPP 模块,使其具有单独的全局图像池通道,以包含全局特征,然后将结果特征向量与 ASPP 进行 1×1 卷积层串联,形成深度网络,以使用细粒度的细节。在旧的 ASPP 模块中,在空洞率设置得很大的情况下,由于图像边界效应,空洞卷积会出现"权值退化"问题,导致不能捕捉图像的大范围信息,于是 DeepLabV3 在 ASPP 模块中创新性地引入了全局平均池化机制。这一策略不仅有效缓解了边界效应带来的信息缺失,还赋予了网络捕捉全局上下文信息的能力,从而确保了即使在复杂场景中也能实现精准的分割。

　　改进后的 ASPP 模块,通过融合不同空洞率的空洞卷积操作与全局平均池化,实现了对图像特征的全面而细致的解析。它不仅保留了多尺度特征提取的优势,还通过全局信息的引入,显著提升了模型对图像内容的整体把握能力。

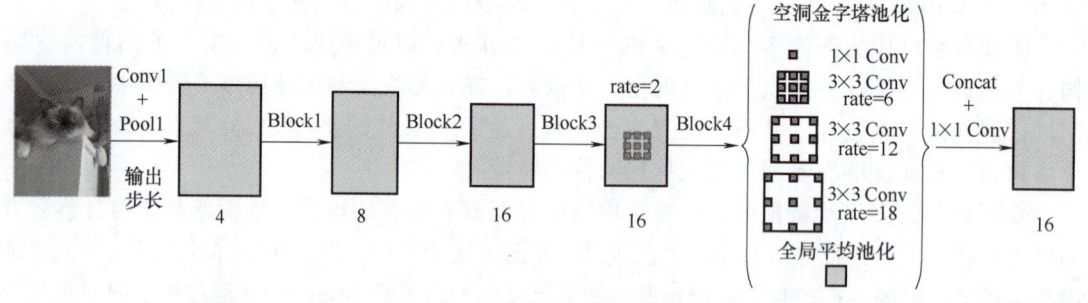

图 9-9　DeepLabV3 网络结构

9.3　DeepLabV3+网络基本原理

　　DeepLabV3+是谷歌在 2018 年提出的 DeepLab 系列网络模型。在 DeepLabV3 中,ASPP 模块通过不同尺度的空洞卷积并行处理特征图,有效地捕捉了图像中的多尺度上下文信息,这对于提升复杂场景下的分割性能至关重要。然而,尽管 ASPP 增强了特征的语义丰富性,但直接将处理后的特征图进行八倍上采样以恢复原始图像尺寸,往往会导致分割结果在空间细节上有所欠缺,尤其是在物体边界处容易出现模糊或不平滑的现象。为了克服这一局限性,DeepLabV3+创新性地融合了编码器-解码器架构的思想,如图 9-10 所示。在这一架构中,编码器部分负责提取图像的高级语义特征,而解码器则专注于将这些高级特征与来自编码器早期阶段的低级图像特征相结合,以恢复图像的空间细节。

　　DeepLabV3+的总网络结构如图 9-11 所示。整个结构由编码器和解码器两大部分组成,输入图像经过包含空洞卷积的主干特征提取网络后,通过 ASPP 模块,得到编码器部分输出的高层语义特征图。随后高层语义特征图在上采样四倍之后,与从主干特征提取网络中间层抽离出包含图像低层信息的特征图进行融合,得到融合低层图像特征和高层语义特征的总特征图,最后再通过一次四倍上采样,得到与原图大小一致的语义分割结果图。DeepLabV3+

网络的提出解决了特征图直接上采样到原始图像分辨率大小所导致的部分细节和信息丢失的问题，并取得了先进的语义分割性能。下面将详细介绍DeepLabV3+网络的具体结构。

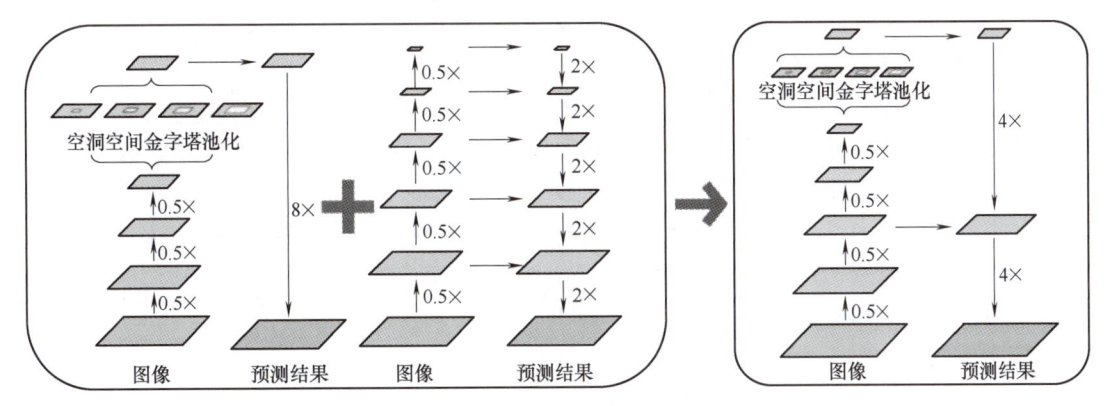

图 9-10　空洞卷积编码器-解码器结构的演变

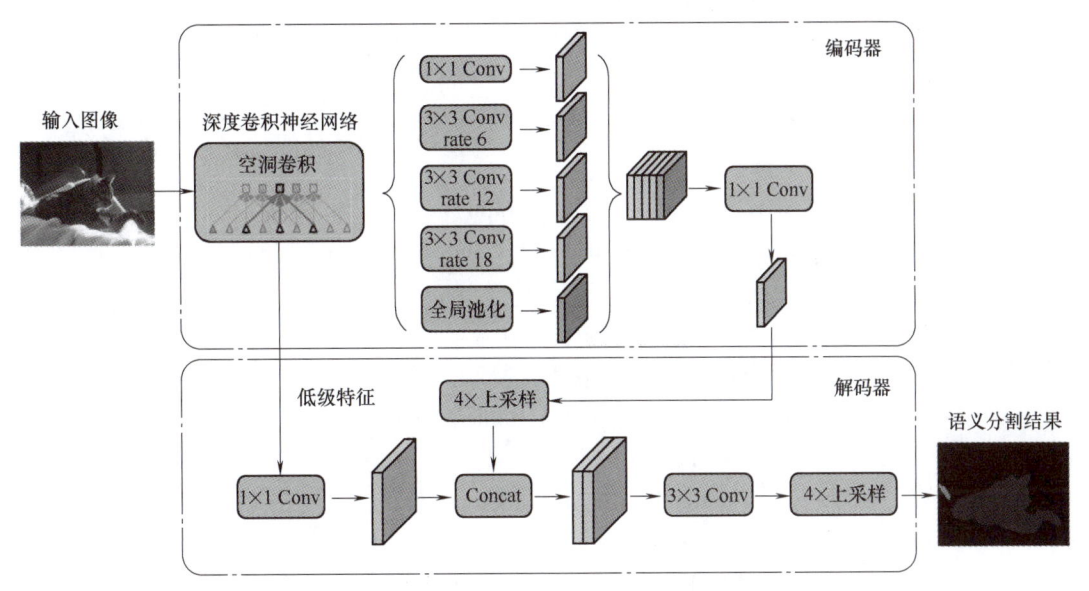

图 9-11　DeepLabV3+总网络结构

9.3.1　编码器结构

在编码器部分，主要包括了主干网络（DCNN）、ASPP两大部分。如图9-11所示，编码器中连接的第一个模块是DCNN，它代表的是用于提取图片特征的主干网络，DCNN右边是一个ASPP网络，它用一个1×1的卷积、3个3×3的空洞卷积和一个全局池化来对主干网络的输出进行处理。然后再将其结果都连接起来并用一个1×1的卷积来缩减通道数。具体结构如下。

1. 主干特征提取网络介绍与构建

DeepLabV3+一个重要的改进是使用了新的主干网络Xception，这是一种完全基于深度可分离卷积的深度卷积神经网络体系结构。Xception在DeepLabV3+中结合了各种训练策略，取得了语义分割领域的上佳结果。然而，训练过程耗时且占用显存严重。本节代码构建的DeepLabV3+，使用轻量级主干特征提取网络MobileNetv2来替代Xception。

MobileNet 是一种轻量级的卷积神经网络架构，它的设计目的是减少计算和参数使用，使得深度学习模型能够在资源受限的设备上运行。MobileNet 利用深度可分离卷积（Depthwise Separable Convolutions）技术，将普通的 3×3 卷积分解为深度卷积（即空间卷积）和逐点卷积（即逐通道卷积），从而显著减少计算量。这种设计使得 MobileNet 在保持较高准确度的同时，减少了模型的大小和功耗。而 MobileNetv2 是 MobileNet 的升级版，它具有一个非常重要的特点：使用了倒残差块（Inverted Resblock）。整个 MobileNetv2 都由 Inverted Resblock 组成，如图 9-12 所示。

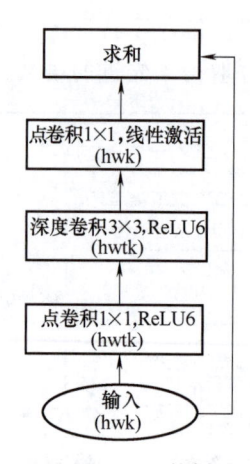

图 9-12 MobileNetv2 的倒残差结构

倒残差块（MobileNetv2.py 中）的构建代码如下：

```
class InvertedResidual(nn.Module):
    def __init__(self,self,inp,oup,stride,expand_ratio):
        super(InvertedResidual,self).__init__()
        self.stride = stride
        assert stride in [1,2]
        hidden_dim = round(inp * expand_ratio)
        self.use_res_connect = self.stride == 1 and inp == oup
        if expand_ratio == 1:
            self.conv = nn.Sequential(
                #进行 3×3 的逐层卷积,进行跨特征点的特征提取
                nn.Conv2d(hidden_dim,hidden_dim,3,stride,1,groups=hidden_dim,
                    bias=False),
                    BatchNorm2d(hidden_dim),
                nn.ReLU6(inplace=True),
                #利用 1×1 卷积进行通道数的调整
                nn.Conv2d(hidden_dim,oup,1,1,0,bias=False),
                BatchNorm2d(oup),
                )
        else:
            self.conv = nn.Sequential(
                #利用 1×1 卷积进行通道数的上升
                nn.Conv2d(inp,hidden_dim,1,1,0,bias=False),
                BatchNorm2d(hidden_dim),
                nn.ReLU6(inplace=True),
                #进行 3×3 的逐层卷积,进行跨特征点的特征提取
                nn.Conv2d(hidden_dim,hidden_dim,3,stride,1,groups=hidden_dim,
        bias=False),
```

```
            BatchNorm2d(hidden_dim),
            nn.ReLU6(inplace=True),
            # 利用1×1卷积进行通道数的下降
            nn.Conv2d(hidden_dim,oup,1,1,0,bias=False),
            BatchNorm2d(oup),
            )
    def forward(self,x):
        if self.use_res_connect:
            return x+self.conv(x)
        else:
            return self.conv(x)
```

MobileNetv2整体网络（MobileNetv2.py中）的构建代码如下：

```
class MobileNetv2(nn.Module):
    def __init__(self,n_class=1000,input_size=224,width_mult=1.):
        super(MobileNetV2,self).__init__()
        block=InvertedResidual
        input_channel=32
        last_channel=1280
        interverted_residual_setting=[
            #分别代表t,c,n,s。t为单元的扩张倍数,c为通道数channel,
            #n表示单元的重复次数,s表示步长stride,输入为256×256
            [1,16,1,1],    # 256,256,32->256,256,16
            [6,24,2,2],    # 256,256,16->128,128,24    对应的下采样位置2
            [6,32,3,2],    # 128,128,24->64,64,32     对应的下采样位置4
            [6,64,4,2],    # 64,64,32->32,32,64       对应的下采样位置7
            [6,96,3,1],    # 32,32,64->32,32,96
            [6,160,3,2],   # 32,32,96->16,16,160      对应的下采样位置14
            [6,320,1,1],   # 16,16,160->16,16,320
            ]
        assert input_size % 32 == 0
        input_channel=int(input_channel * width_mult)
        self.last_channel=int(last_channel * width_mult)if width_mult>1.0 else last_channel
        # 512,512,3->256,256,32
        self.features=[conv_bn(3,input_channel,2)]
        #进行残差块的循环,进行特征提取的过程
        for t,c,n,s in interverted_residual_setting:
            output_channel=int(c * width_mult)
            for i in range(n):
                if i==0:
```

```python
                    self.features.append(block(input_channel, output_channel, s, ex-
                        pand_ratio = t))
                else:
                    self.features.append(block(input_channel, output_channel, 1, ex-
                        pand_ratio = t))
                input_channel = output_channel
        self.features.append(conv_1x1_bn(input_channel, self.last_channel))
        self.features = nn.Sequential( * self.features)
        self.classifier = nn.Sequential(
            nn.Dropout(0.2),
            nn.Linear(self.last_channel, n_class),
            )
        self._initialize_weights()
    def forward(self, x):
        x = self.features(x)
        x = x.mean(3).mean(2)
        x = self.classifier(x)
        return x
    def _initialize_weights(self):
        for m in self.modules():
            if isinstance(m, nn.Conv2d):
                n = m.kernel_size[0] * m.kernel_size[1] * m.out_channels
                m.weight.data.normal_(0, math.sqrt(2. / n))
                if m.bias is not None:
                    m.bias.data.zero_()
            elif isinstance(m, BatchNorm2d):
                m.weight.data.fill_(1)
                m.bias.data.zero_()
            elif isinstance(m, nn.Linear):
                n = m.weight.size(1)
                m.weight.data.normal_(0, 0.01)
                m.bias.data.zero_()
```

DeepLabV3+网络中（位于DeepLabV3_plus.py文件中）对MobileNetv2网络提取特征进行处理的代码如下：

```python
class MobileNetv2(nn.Module):
    def __init__(self, downsample_factor = 8, pretrained = True):
        super(MobileNetV2, self).__init__()
        from functools import partial
        model = mobilenetv2(pretrained)
```

```python
#剔除原模型最后 1×1 卷积部分
self.features = model.features[:-1]
self.total_idx = len(self.features)
#获得每一个下采样块对应的位置
self.down_idx = [2,4,7,14]
#如果定义模型的下采样倍数为 8 的话,进行三倍下采样。那么将倒数两个下采样层(位置7,位置14)的步长 stride 修改成 1,膨胀系数修改为 2。
if downsample_factor == 8:
    for i in range(self.down_idx[-2],self.down_idx[-1]):
        self.features[i].apply(
            partial(self._nostride_dilate,dilate=2)
            )
    for i in range(self.down_idx[-1],self.total_idx):
        self.features[i].apply(
            partial(self._nostride_dilate,dilate=4)
            )
#如果定义模型的下采样倍数为 16 的话,进行 4 倍下采样。将倒数第一个下采样层的步长 stride 修改成 1(位置14),膨胀系数修改为 2。
elif downsample_factor == 16:
    for i in range(self.down_idx[-1],self.total_idx):
        self.features[i].apply(
            partial(self._nostride_dilate,dilate=2)
            )
```

2. ASPP 加强特征提取网络的构建

DeepLabV3+中的 ASPP 结构如图 9-13 所示,其为了更好的融合全局上下文信息,对输入特征图分别进行 1×1 卷积操作,空洞率(rate)为 6、12、18 的三个 3×3 卷积操作以及全局平均池化的并行操作后,将得到的特征图进行拼接(Concat)操作,并使用 1×1 卷积将通

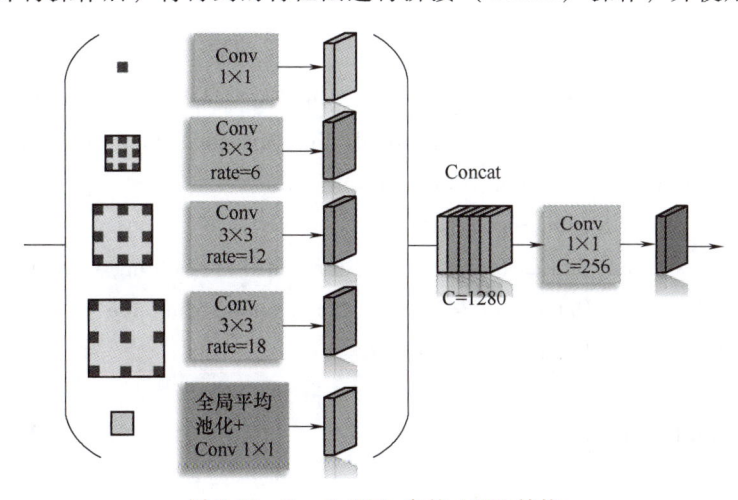

图 9-13 DeepLabV3+中的 ASPP 结构

道数压缩为 256 个，从而得到最后的高层语义特征。

ASPP 的构建代码（DeepLabV3_plus.py 中）如下：

```python
class ASPP(nn.Module):
    def __init__(self, dim_in, dim_out, rate=1, bn_mom=0.1):
        super(ASPP, self).__init__()
        self.branch1 = nn.Sequential(
            nn.Conv2d(dim_in, dim_out, 1, 1, padding=0,
            dilation=rate, bias=True),
            nn.BatchNorm2d(dim_out, momentum=bn_mom),
            nn.ReLU(inplace=True),
        )
        self.branch2 = nn.Sequential(
            nn.Conv2d(dim_in, dim_out, 3, 1, padding=6*rate, dilation=6*rate,
            bias=True),
            nn.BatchNorm2d(dim_out, momentum=bn_mom),
            nn.ReLU(inplace=True),
        )
        self.branch3 = nn.Sequential(
            nn.Conv2d(dim_in, dim_out, 3, 1, padding=12*rate,
            dilation=12*rate, bias=True),
            nn.BatchNorm2d(dim_out, momentum=bn_mom),
            nn.ReLU(inplace=True),
        )
        self.branch4 = nn.Sequential(
            nn.Conv2d(dim_in, dim_out, 3, 1, padding=18*rate,
            dilation=18*rate, bias=True),
            nn.BatchNorm2d(dim_out, momentum=bn_mom),
            nn.ReLU(inplace=True),
        )
        self.branch5_conv = nn.Conv2d(dim_in, dim_out, 1, 1, 0, bias=True)
        self.branch5_bn = nn.BatchNorm2d(dim_out, momentum=bn_mom)
        self.branch5_relu = nn.ReLU(inplace=True)
        self.conv_cat = nn.Sequential(
            nn.Conv2d(dim_out*5, dim_out, 1, 1, padding=0, bias=True),
            nn.BatchNorm2d(dim_out, momentum=bn_mom),
            nn.ReLU(inplace=True),
        )

    def forward(self, x):
        [b, c, row, col] = x.size()
```

```
#一共五个分支
conv1x1 = self.branch1(x)
conv3x3_1 = self.branch2(x)
conv3x3_2 = self.branch3(x)
conv3x3_3 = self.branch4(x)
#这里是第五个分支,全局平均池化+卷积
global_feature = torch.mean(x,2,True)
global_feature = torch.mean(global_feature,3,True)
global_feature = self.branch5_conv(global_feature)
global_feature = self.branch5_bn(global_feature)
global_feature = self.branch5_relu(global_feature)
global_feature = F.interpolate(global_feature,(row,col),None,'bilinear',True)
#将五个分支的内容堆叠起来(Concat)
#然后1×1卷积整合特征。
feature_cat = torch.cat([conv1x1,conv3x3_1,conv3x3_2,conv3x3_3,
                        global_feature],dim = 1)
result = self.conv_cat(feature_cat)
return result
```

9.3.2 解码器结构

如图9-11所示可见,在解码器部分,接收来自骨干网络的中间层的低层图像特征图和来自ASPP模块的输出高层语义特征图作为输入。编码器的具体流程如下:

1)首先,对低级特征图使用1×1卷积进行通道降维,从256降到48。

2)接着,对来自ASPP的高层语义特征图进行插值上采样,得到与低层图像特征图尺寸相同的特征图。

3)然后,将通道降维的低层图像特征图和线性插值上采样得到的高层语义特征图拼接(Concat)起来,并送入一组3×3卷积块进行处理。

4)最后,再次进行线性插值上采样,得到与原图分辨率大小一样的预测图。

具体代码如下:

```
def forward(self,x):
    H,W = x.size(2),x.size(3)
    #获得两个特征层
    #low_level_features:浅层特征,进行卷积处理
    #x:主干部分,利用ASPP结构进行加强特征提取
    low_level_features,x = self.backbone(x)
    x = self.aspp(x)
    low_level_features = self.shortcut_conv(low_level_features)
    #将加强特征边上采样
    #与浅层特征堆叠(Concat)后利用卷积进行特征提取
```

```python
        x = F.interpolate(x, size=(low_level_features.size(2),
            low_level_features.size(3)), mode='bilinear', align_corners=True)
        x = self.cat_conv(torch.cat((x, low_level_features), dim=1))
        x = self.cls_conv(x)
        x = F.interpolate(x, size=(H, W), mode='bilinear', align_corners=True)
        return x
```

9.3.3 DeepLabV3+模型的整体网络框架搭建

DeepLabV3+模型的整体网络构建代码如下（将前面提到的模块综合了起来）：

```python
import torch
import torch.nn as nn
import torch.nn.functional as F
from nets.xception import xception
from nets.mobilenetv2 import mobilenetv2
class MobileNetv2(nn.Module):
    def __init__(self, downsample_factor=8, pretrained=True):
        super(MobileNetV2, self).__init__()
        from functools import partial
        model = mobilenetv2(pretrained)
        self.features = model.features[:-1]
        self.total_idx = len(self.features)
        self.down_idx = [2, 4, 7, 14]
        if downsample_factor == 8:
            for i in range(self.down_idx[-2], self.down_idx[-1]):
                self.features[i].apply(
                    partial(self._nostride_dilate, dilate=2)
                )
            for i in range(self.down_idx[-1], self.total_idx):
                self.features[i].apply(
                    partial(self._nostride_dilate, dilate=4)
                )
        elif downsample_factor == 16:
            for i in range(self.down_idx[-1], self.total_idx):
                self.features[i].apply(
                    partial(self._nostride_dilate, dilate=2)
                )
    def _nostride_dilate(self, m, dilate):
        classname = m.__class__.__name__
        if classname.find('Conv') != -1:
```

```python
                if m.stride == (2,2):
                    m.stride = (1,1)
                    if m.kernel_size == (3,3):
                        m.dilation = (dilate//2, dilate//2)
                        m.padding = (dilate//2, dilate//2)
                else:
                    if m.kernel_size == (3,3):
                        m.dilation = (dilate, dilate)
                        m.padding = (dilate, dilate)
    def forward(self, x):
        low_level_features = self.features[:4](x)
        x = self.features[4:](low_level_features)
        return low_level_features, x
#ASPP 特征提取模块,利用不同膨胀系数的膨胀卷积进行特征提取
class ASPP(nn.Module):
    def __init__(self, dim_in, dim_out, rate=1, bn_mom=0.1):
        super(ASPP, self).__init__()
        self.branch1 = nn.Sequential(
                nn.Conv2d(dim_in, dim_out, 1, 1, padding=0,
                dilation=rate, bias=True),
                nn.BatchNorm2d(dim_out, momentum=bn_mom),
                nn.ReLU(inplace=True),
        )
        self.branch2 = nn.Sequential(
                nn.Conv2d(dim_in, dim_out, 3, 1, padding=6*rate,
                dilation=6*rate, bias=True),
                nn.BatchNorm2d(dim_out, momentum=bn_mom),
                nn.ReLU(inplace=True),
        )
        self.branch3 = nn.Sequential(
                nn.Conv2d(dim_in, dim_out, 3, 1, padding=12*rate,
                dilation=12*rate, bias=True),
                nn.BatchNorm2d(dim_out, momentum=bn_mom),
                nn.ReLU(inplace=True),
        )
        self.branch4 = nn.Sequential(
                nn.Conv2d(dim_in, dim_out, 3, 1, padding=18*rate,
                dilation=18*rate, bias=True),
                nn.BatchNorm2d(dim_out, momentum=bn_mom),
```

```python
            nn.ReLU(inplace=True),
        )
        self.branch5_conv = nn.Conv2d(dim_in, dim_out, 1, 1, 0, bias=True)
        self.branch5_bn = nn.BatchNorm2d(dim_out, momentum=bn_mom)
        self.branch5_relu = nn.ReLU(inplace=True)
        self.conv_cat = nn.Sequential(
            nn.Conv2d(dim_out*5, dim_out, 1, 1, padding=0, bias=True),
            nn.BatchNorm2d(dim_out, momentum=bn_mom),
            nn.ReLU(inplace=True),
        )
    def forward(self, x):
        [b, c, row, col] = x.size()
        #一共五个分支
        conv1x1 = self.branch1(x)
        conv3x3_1 = self.branch2(x)
        conv3x3_2 = self.branch3(x)
        conv3x3_3 = self.branch4(x)
        #第五个分支,全局平均池化+卷积
        global_feature = torch.mean(x, 2, True)
        global_feature = torch.mean(global_feature, 3, True)
        global_feature = self.branch5_conv(global_feature)
        global_feature = self.branch5_bn(global_feature)
        global_feature = self.branch5_relu(global_feature)
        global_feature = F.interpolate(global_feature, (row, col), None, 'bilinear', True)
        #将五个分支的内容堆叠起来,然后 1×1 卷积整合特征。
        feature_cat = torch.cat([conv1x1, conv3x3_1, conv3x3_2, conv3x3_3, global_feature], dim=1)
        result = self.conv_cat(feature_cat)
        return result

class DeepLab(nn.Module):
    def __init__(self, num_classes, backbone="mobilenet", pretrained=True, downsample_factor=16):
        super(DeepLab, self).__init__()
        if backbone == "xception":
            #获得两个特征层
            #浅层特征[128,128,256]
            #主干部分[30,30,2048]
```

```python
        self.backbone = xception(downsample_factor = downsample_factor,
              pretrained = pretrained)
        in_channels = 2048
        low_level_channels = 256
    elif backbone == "mobilenet":
        #获得两个特征层
        #浅层特征[128,128,24]
        #主干部分[30,30,320]
        self.backbone = MobileNetV2(downsample_factor = downsample
            _factor, pretrained = pretrained)
        in_channels = 320
        low_level_channels = 24
    else:
        raise ValueError('Unsupported backbone-`{}`,Use mobilenet,
                     xception.'.format(backbone))
    #ASPP 特征提取模块,利用不同膨胀系数的膨胀卷积进行特征提取
    self.aspp = ASPP(dim_in = in_channels, dim_out = 256,
                     rate = 16//downsample_factor)
    #浅层特征
    self.shortcut_conv = nn.Sequential(
         nn.Conv2d(low_level_channels,48,1),
         nn.BatchNorm2d(48),
         nn.ReLU(inplace = True)
                                )
         self.cat_conv = nn.Sequential(
         nn.Conv2d(48+256,256,3,stride = 1,padding = 1),
         nn.BatchNorm2d(256),
         nn.ReLU(inplace = True),
         nn.Dropout(0.5),
         nn.Conv2d(256,256,3,stride = 1,padding = 1),
         nn.BatchNorm2d(256),
         nn.ReLU(inplace = True),
         nn.Dropout(0.1),
                                )
         self.cls_conv = nn.Conv2d(256,num_classes,1,stride = 1)
    def forward(self,x):
        H,W = x.size(2),x.size(3)
        #获得两个特征层
        #low_level_features:浅层特征,进行卷积处理
```

```
#x :主干部分,利用 ASPP 结构进行加强特征提取
low_level_features, x = self.backbone(x)
x = self.aspp(x)
low_level_features = self.shortcut_conv(low_level_features)
#将加强特征边上采样,与浅层特征堆叠后利用卷积进行特征提取
x = F.interpolate(x, size = (low_level_features.size(2),
    low_level_features.size(3)), mode = 'bilinear', align_corners = True)
x = self.cat_conv(torch.cat((x, low_level_features), dim = 1))
x = self.cls_conv(x)
x = F.interpolate(x, size = (H, W), mode = 'bilinear', align_corners = True)
return x
```

9.4 模型训练与评估

9.4.1 数据集介绍

图像数据集方面,可以使用 Cityscapes 的语义分割基准数据集。Cityscapes 是一个用于语义城市景观分割的广泛使用的数据集。它包含从 50 个不同城市采集的高分辨率图像,主要用于自动驾驶和计算机视觉研究。Cityscapes 数据集的主要任务是对城市场景中的每个像素进行分类,从而实现图像的逐像素注释。它提供了丰富的标签,包括道路、人行道、建筑物、交通标志、行人以及车辆等。数据集包含 2975 张训练图像、500 张验证图像、1525 张测试图像,共有 30 个类别。此外,它还有 20000 张粗糙标注的图像。但一般仅使用精细标注的样本集来进行训练和评估。Cityscapes 数据集示例与类别定义如图 9-14、图 9-15 所示。

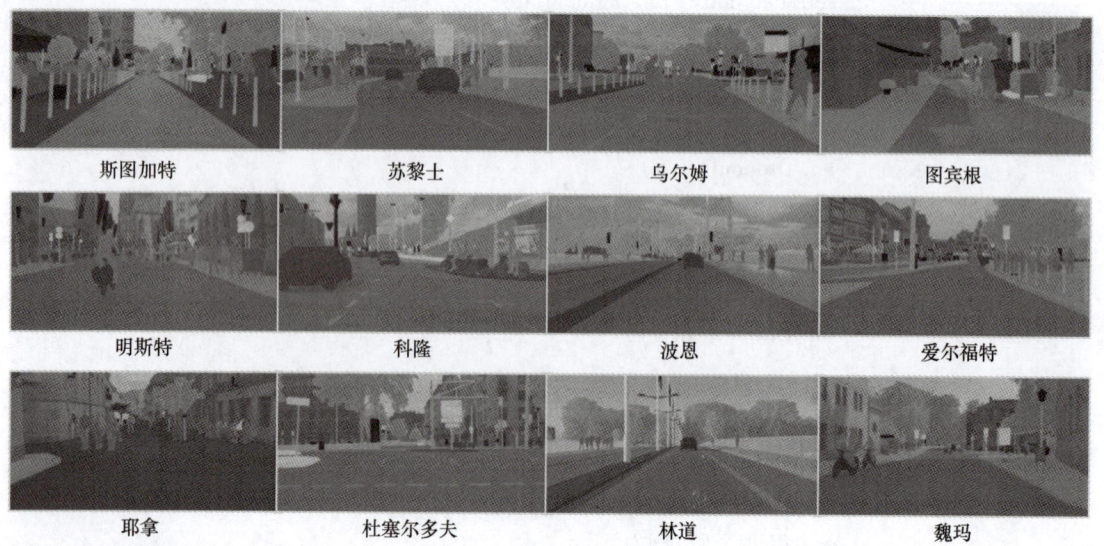

图 9-14 Cityscapes 数据集示例

群	类
平	路·人行道·停车[+]·轨道[+]
人	人[*]·骑手[*]
车辆	汽车[*]·卡车[*]·总线[*]·在轨道上[*]·摩托车[*]·自行车[*]·商队[*+]·拖车[*+]
建设	建筑·墙·栅栏·护栏[+]·桥[+]·隧道[+]
对象	极·杆组[+]·交通标志·交通灯
自然界	植被·地形
天空	天空
无效	地[+]·动态[+]·静态的[+]

图 9-15 Cityscapes 数据集类别定义

Cityscapes 数据集的文件夹结构如图 9-16 所示。

```
1  cityscapes/
2  ├── gtFine/
3  │   ├── train/
4  │   ├── val/
5  │   └── test/
6  └── leftImg8bit/
7      ├── train/
8      ├── val/
9      └── test/
```

图 9-16 Cityscapes 数据集的文件夹结构

文件夹 leftImg8bit：分为 train、val、test 三个文件夹，每个文件夹下又按城市分子文件夹，每个城市子文件夹下就是源图 png 文件。

文件夹 gtFine：分为 train（18 个城市）、val（3 个城市）、test（6 个城市）三个文件夹，每个文件夹下又按城市分子文件夹，每个城市子文件夹下针对每张源图 png 文件对应了 6 份标注文件。

9.4.2 网络训练

将下载好的 Cityscapes 数据集放到项目文件的根目录下，运行 train.py 文件进行训练。网络训练的具体代码如下：

```
import os
import numpy as np
import torch
import torch.backends.cudnn as cudnn
```

```python
import torch.optim as optim
from torch.utils.data import DataLoader
from nets.DeepLabV3_plus import DeepLab
from nets.DeepLabV3_training import weights_init
from utils.callbacks import LossHistory
from utils.dataloader import DeeplabDataset, deeplab_dataset_collate
from utils.utils_fit import fit_one_epoch
if __name__ == "__main__":
    Cuda = True
    num_classes = 30
    backbone = "mobilenet"
    pretrained = False
    model_path = "model_data/deeplab_mobilenetv2.pth"
    downsample_factor = 16
    input_shape = [512, 512]
    Init_Epoch = 0
    Freeze_Epoch = 50
    Freeze_batch_size = 8
    Freeze_lr = 5e-4
    UnFreeze_Epoch = 100
    Unfreeze_batch_size = 4
    Unfreeze_lr = 5e-5
    Cityscapes_path = 'cityscapes'
    dice_loss = False
    Freeze_Train = True
    num_workers = 4
    model = DeepLab(num_classes=num_classes, backbone=backbone,
                    downsample_factor=downsample_factor, pretrained=pretrained)
    if not pretrained:
        weights_init(model)
    if model_path != '':
        print('Load weights {}.'.format(model_path))
        device = torch.device('cuda' if torch.cuda.is_available() else 'cpu')
        model_dict = model.state_dict()
        pretrained_dict = torch.load(model_path, map_location=device)
        pretrained_dict = {k: v for k, v in pretrained_dict.items() if np.shape(model_dict[k]) ==
                           np.shape(v)}
        model_dict.update(pretrained_dict)
        model.load_state_dict(model_dict)
```

```python
model_train = model.train()
if Cuda:
    model_train = torch.nn.DataParallel(model)
    cudnn.benchmark = True
    model_train = model_train.cuda()
loss_history = LossHistory("logs/")
#主干特征提取网络特征通用,冻结训练可以加快训练速度,也可以在训练初期防止权
#值被破坏。Init_Epoch 为起始阶段,Interval_Epoch 为冻结训练的阶段,Epoch 总训练
#阶段,提示 OOM 或者显存不足请调小 Batch_size。
if True:
    batch_size = Freeze_batch_size
    lr = Freeze_lr
    start_epoch = Init_Epoch
    end_epoch = Freeze_Epoch
    optimizer = optim.Adam(model_train.parameters(), lr, weight_decay = 5e-4)
    lr_scheduler = optim.lr_scheduler.StepLR(optimizer, step_size = 1, gamma = 0.92)
    train_dataset = DeeplabDataset(train_lines, input_shape,
                    num_classes, True, Cityscapes_path)
    val_dataset = DeeplabDataset(val_lines, input_shape, num_classes, False,
                    Cityscapes_path)
    gen = DataLoader(train_dataset, shuffle = True, batch_size = batch_size, num_workers =
                    num_workers, pin_memory = True, drop_last = True, collate_fn =
                    deeplab_dataset_collate)
    gen_val = DataLoader(val_dataset    , shuffle = True, batch_size = batch_size,
                    num_workers = num_workers, pin_memory = True, drop_last
                    = True,
                    collate_fn = deeplab_dataset_collate)
    epoch_step = len(train_lines) // batch_size
    epoch_step_val = len(val_lines) // batch_size
    if epoch_step == 0 or epoch_step_val == 0:
        raise ValueError("数据集过小,无法进行训练,请扩充数据集。")
    #冻结一定部分训练
    if Freeze_Train:
        for param in model.backbone.parameters():
            param.requires_grad = False
    for epoch in range(start_epoch, end_epoch):
        fit_one_epoch(model_train, model, loss_history, optimizer, epoch,
                    epoch_step, epoch_step_val, gen, gen_val, end_epoch, Cuda, dice_loss,
                    num_classes)
        lr_scheduler.step()
```

```
if True:
    batch_size = Unfreeze_batch_size
    lr = Unfreeze_lr
    start_epoch = Freeze_Epoch
    end_epoch = UnFreeze_Epoch
    optimizer = optim.Adam(model_train.parameters(),lr,weight_decay=5e-4)
    lr_scheduler = optim.lr_scheduler.StepLR(optimizer,step_size=1,gamma=0.92)
    train_dataset = DeeplabDataset(train_lines,input_shape,num_classes,True,
                    Cityscapes_path)
    val_dataset = DeeplabDataset(val_lines,input_shape,num_classes,False,
                    Cityscapes_path)
    gen = DataLoader(train_dataset,shuffle=True,batch_size=batch_size,num_workers=
                    num_workers,pin_memory=True,
                    drop_last=True,collate_fn=deeplab_dataset_collate)
    gen_val = DataLoader(val_dataset,shuffle=True,batch_size=batch_size,
                    num_workers=num_workers,pin_memory=True,
                    drop_last=True,collate_fn=deeplab_dataset_collate)
    epoch_step = len(train_lines) // batch_size
    epoch_step_val = len(val_lines) // batch_size
    if epoch_step == 0 or epoch_step_val == 0:
        raise ValueError("数据集过小,无法进行训练,请扩充数据集。")
    #冻结一定部分训练
    if Freeze_Train:
        for param in model.backbone.parameters():
            param.requires_grad = True
    for epoch in range(start_epoch,end_epoch):
        fit_one_epoch(model_train,model,loss_history,optimizer,epoch,
            epoch_step,epoch_step_val,gen,gen_val,end_epoch,Cuda,dice_loss,
            num_classes)
        lr_scheduler.step()
```

9.4.3 训练参数解析

在上述网络训练（train.py）中有大量训练参数和命令的设置，为了方便对网络训练过程的理解，下面对这些训练参数进行解析说明：

1）Cuda=True，是否使用 Cuda，没有 GPU 可以设置成 False。

2）num_classes=30，分类数为30。

3）backbone="mobilenet"，所使用的主干网络：mobilenet、xception 选择。

4）model_path="model_data/deeplab_mobilenetv2.pth"，加载预训练权重，数据的预训练权重对不同数据集是通用的，因为特征是通用的。预训练权重对于99%的情况都必须要用，不用的话权值太过随机，特征提取效果不明显，网络训练的结果也不会好。如果想要断点续练就将 model_path 设置成 logs 文件夹下已经训练的权值文件。

5）downsample_factor = 16，下采样的倍数 8、16，8 要求更大的显存。

6）input_shape = [512，512]，输入图片的大小。

7）训练分为两个阶段，分别是冻结阶段和解冻阶段。

① 冻结阶段训练参数，此时模型的主干被冻结了，特征提取网络不发生改变，占用的显存较小，仅对网络进行微调。

Init_Epoch = 0

Freeze_Epoch = 50

Freeze_batch_size = 8

Freeze_lr = 5e_4

② 解冻阶段训练参数，此时模型的主干不被冻结了，特征提取网络会发生改变，占用的显存较大，网络所有的参数都会发生改变。

UnFreeze_Epoch = 100

Unfreeze_batch_size = 4

Unfreeze_lr = 5e_5

8）Cityscapes_path = 'cityscapes'，数据集路径，默认指向根目录的数据集文件夹。

9）dice_loss = False。建议选项：

种类少（几类）时，设置为 True；

种类多（十几类）时，如果 batch_size 比较大（10 以上），那么设置为 True；

种类多（十几类）时，如果 batch_size 比较小（10 以下），那么设置为 False。

10）是否使用主干网络的预训练权重，此处使用的是主干网络的权重，因此是在模型构建的时候进行加载的。

如果设置了 model_path，则主干网络的权值无需加载，pretrained 的值无意义；

如果不设置 model_path，pretrained = True，此时仅加载主干网络开始训练；

如果不设置 model_path，pretrained = False，Freeze_Train = Fasle，此时从 0 开始训练，且没有冻结主干网络的过程。pretrained = False。

11）Freeze_Train = True，是否进行冻结训练，默认先冻结主干网络训练后解冻训练。

12）num_workers = 4，用于设置是否使用多线程读取数据，开启后会加快数据读取速度，但是会占用更多内存，内存较小的计算机可以设置为 2 或者 0。

9.4.4 模型预测与评价指标计算

模型训练完成后，训练好的模型的权值文件会保存在根目录的 logs 下面。要利用训练好的 DeepLabV3+模型进行预测，需要在 deeplab.py 文件中，将 model_path 指向 logs 文件夹下的权值文件，并将 backbone 和 num_classes 都修改成与 train.py 文件中一致。下面是 deeplab.py 文件中的其他参数解析：

1）"num_classes"：30，分类数为 30。

2）"backbone"："mobilenet"，所使用的主干特征提取网络。

3）"input_shape"：[512，512]，拿来预测的输入图片的大小。

4）"downsample_factor"：16，下采样的倍数，一般可选的为 8 和 16，与训练时设置的一样即可。

5)"blend"：True，参数用于控制是否让预测结果和原图进行重叠混合。

6)"cuda"：True，是否使用 Cuda，没有 GPU 可以设置成 False。

接着运行 predict.py 文件，输入根目录 img 文件夹下的需要预测的图片的路径，便可以得到通过训练好的 DeepLabV3+网络预测得到的语义分割图像，如图 9-17 所示。

图 9-17　预测的语义分割图像

最后需要获取训练好的 DeepLabV3+网络模型的平均交并比（Mean Intersection over Union，MIoU）值作为模型的评价指标。在图像语义分割领域 MIoU 值是一个衡量语义分割精度的重要指标，一般 MIoU 越大代表算法分割结果越符合真实标签的图像。计算 MIoU 时，首先需要计算每个类别的 IoU 值，然后将所有类别的 IoU 值相加，并除以类别总数，以得到 MIoU 值。

在调整好 deeplab.py 文件中的参数后，通过修改参数，可以调整获取 MIoU 评价指标和预测结果的模式。通过运行 get_miou.py 获取训练好的模型的 MIoU 值。代码如下：

```
import os
from PIL import Image
from tqdm import tqdm
from deeplab import DeepLabV3
from utils.utils_metrics import compute_mIoU
if __name__ == "__main__":
    # miou_mode 用于指定该文件运行时计算的内容:miou_mode 为 0 代表整个 miou
    #计算流程,包括获得预测结果、计算 miou。miou_mode 为 1 代表仅仅获得预测结
    #果。miou_mode 为 2 代表仅仅计算 miou。
    miou_mode = 0
    #分类个数
    num_classes = 30
    #区分的种类
    name_classes = [road, sidewalk, parking, rail track, person, rider, car, truck, bus, on
```

```
rails, motorcycle, bicycle, caravan, trailer, building, wall, fence, guard rail, bridge, tunnel, pole,
pole group, traffic sign, traffic light, vegetation, terrain, sky, ground, dynamic, static]
            #指向 Cityscapes 数据集所在的文件夹
            Cityscapes_path = 'cityscapes'
            pred_dir = "miou_out"
        if miou_mode == 0 or miou_mode == 1:
            if not os.path.exists(pred_dir):
                os.makedirs(pred_dir)
            print("Load model.")
            deeplab = DeepLabV3()
            print("Load model done.")
            print("Get predict result.")
            for image_id in tqdm(image_ids):
                image_path  = os.path.join(Cityscapes_path, "Cityscapes"+image_id+".jpg")
                image = Image.open(image_path)
                image = deeplab.get_miou_png(image)
                image.save(os.path.join(pred_dir, image_id + ".png"))
            print("Get predict result done.")
        if miou_mode == 0 or miou_mode == 2:
            print("Get miou.")
            #执行计算 mIoU 的函数
            compute_mIoU(gt_dir, pred_dir, image_ids, num_classes, name_classes)
            print("Get miou done.")
```

本 章 小 结

计算机视觉中的语义分割任务作为智能系统视觉应用的重要基础之一，直接关系到智能系统对复杂场景的理解能力。本章从语义分割的基本概念与历史发展谈起，深入探索了基于全卷积神经网络的语义分割技术，特别是以 DeepLabV3+为例，详细解析了其网络架构的创新之处，并通过代码实现展示了网络构建过程。随后，结合 Cityscapes 基准数据集，详细阐述了 DeepLabV3+模型的训练参数设置、训练过程、预测结果可视化以及评价指标的计算，全面展示了语义分割技术在实际应用中的效果与潜力。

习 题

1. 什么是图像语义分割？
2. 计算机视觉的语义分割任务是如何发展的？
3. DeepLab 系列的语义分割网络框架是如何逐步发展并改进的？
4. 基于 PyTorch 深度学习框架的 DeepLabV3+网络是如何搭建的？

第10章

轻量化网络与迁移学习

计算机视觉作为人工智能领域备受瞩目的重要分支，赋予计算机能够"看见"和"理解"图像和视频的能力。本章旨在介绍模型轻量化和迁移学习这两项重要技术，这两项技术有助于提升视觉任务的性能和效率。本章将从基础概念入手，解释这些关键技术的基本原理，同时深入探讨应用这些技术的具体方法，以及如何在实际应用中最大程度地发挥它们的潜力。通过以典型的网络模型为例，详细展示如何将轻量化网络、迁移学习等技术融入到计算机视觉基础任务中，以提高模型的性能和效率。

10.1 模型压缩

随着神经网络的发展，高级卷积网络和自注意力网络等架构给计算机视觉任务带来提升的同时，模型的规模及计算量也越来越大。虽然模型的性能随着其规模的增长而得到提升，但是，在将大型模型付诸实际应用时，特别是在移动设备和边缘计算设备这类资源受限且对效率要求严苛的场景，往往面临着巨大的挑战。这一现实情况凸显了学术界研究与工业界应用之间的一个重要区别：模型的实际部署不仅仅依赖于其预测效果的优劣，还需综合考量多方面的因素，包括但不限于资源消耗与运行效率。因此，为了应对大模型所带来的成本问题，模型压缩技术应运而生。这项技术通过采用对模型性能影响最小且最为高效的结构或表示格式，来精简和优化模型，从而显著减轻其存储、计算及部署等各项成本。这包括去除不必要的参数、剪裁网络结构等方式，使模型适用于计算资源受限的环境，如移动设备、嵌入式系统和边缘计算平台。

在此背景下，我们将深入研究模型压缩的核心技术和方法，其可以分为两类，一是模型训练后的压缩方法，也称为后处理技术，例如知识蒸馏、剪枝等技术；二是模型本身的轻量化方法，也称为前处理技术，通过对模型结构或训练方法的优化，达到较高的准确性，例如MobileNet等轻量化模型结构。通过对本节内容的学习，读者将获得对模型压缩的全面理解。

10.1.1 知识蒸馏

知识蒸馏（Knowledge Distillation，KD）是一种经典的模型压缩方法，其核心思想是通过引导轻量化的学生模型（Student Model）"模仿"性能更好、结构更复杂的教师模型（Teacher Model），在不改变学生模型结构的情况下提高其性能，如图10-1所示。用一句话概括就是将一个复杂模型（教师模型）的预测能力转移到一个较小的网络（学生模型）上。知识蒸馏可以提升模型精度，降低模型时延，压缩网络参数，实现标签之间的域迁移等。

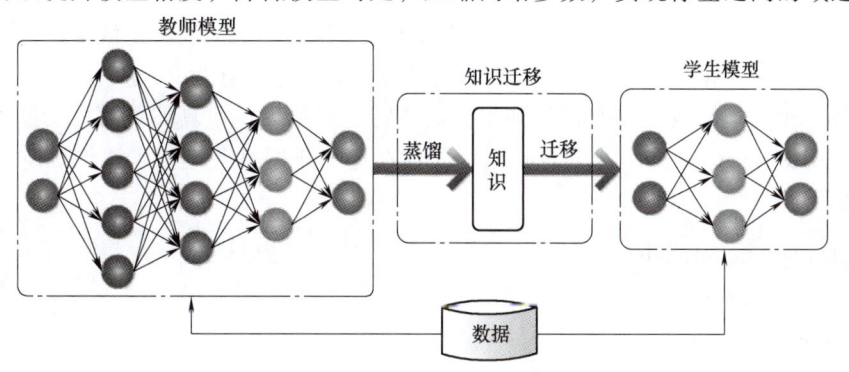

图 10-1　知识蒸馏示意图

简单来说，知识蒸馏使用的是教师-学生模型，其中教师模型是"知识"的输出者，学生模型是"知识"的接受者。知识蒸馏的过程分为 2 个阶段：

1）原始模型训练：训练教师模型，它的特点是模型相对复杂，也可以由多个分别训练的模型集合而成。我们对教师模型不作任何关于模型架构、参数量、是否集成方面的限制。

2）精简模型训练：训练学生模型，它是参数量较小、模型结构相对简单的单模型。

教师模型学习能力强，可以将它学到的知识迁移给学习能力相对弱的学生模型，以此来增强学生模型的泛化能力。复杂笨重但是效果好的教师模型不上线，只作为导师角色，真正部署上线进行预测任务的是灵活轻巧的学生模型。

知识蒸馏是对模型的能力进行迁移，根据迁移的方法不同可以分为目标蒸馏（也称为 Soft-target 蒸馏或 Logits 方法蒸馏）和特征蒸馏两种方法。

1. 目标蒸馏（Logits 方法）

在分类问题中，模型通常包含一个 Softmax 层，该层的作用是输出各个类别的概率值。在知识蒸馏中，我们可以利用已经具有强泛化能力的教师模型来教导学生模型。一种直接而有效的方法是使用教师模型的 Softmax 输出作为"软标签（Soft-target）"。这种方法的步骤是先在原始数据集上训练教师模型，然后再训练一个学生模型，让学生模型模仿教师模型的行为，使得它的输出与教师模型相似。这种方法的优点是教师模型可以帮助过滤掉一些带有噪声的标签。对于学生模型来说，学习具体概率值（连续值）比学习 0 和 1 的标签更有效率，因为连续值提供了更多信息。通常，我们将使用教师模型生成的概率作为"软标签"，即每一层卷积后输出的具体概率值（连续值），而 0 和 1 的输出则作为"硬标签"。

2. 特征蒸馏

特征蒸馏方法不同于 Logits 方法，后者仅仅让学生模型学习教师模型的 Softmax 层的输出，而特征蒸馏方法则要求学生模型学习教师模型中间层的特征表示。这意味着学生模型必须尽力模仿教师模型中对应中间层的特征表示。在这个过程中，教师模型中间特征层的响应被传递给学生模型，形成一种特征级别的知识传递，实质上是教师模型将其特征层级别的知识迁移给学生模型。

知识蒸馏技术已经在一些领域广泛应用，但评估其泛化性能比较困难，因为有太多不同的方法。与其他模型压缩技术不同，蒸馏技术不要求学生模型与教师模型具有相似的结构，这使得知识的提取更加灵活，理论上可适用于多种任务。但如果没有预先训练好的教师模型，知识蒸馏就需要更大的数据集和更多的时间来进行蒸馏。接下来我们将简单介绍一下知识蒸馏的实际操作，知识蒸馏可用于自己的网络结构，但是需要保证教师网络比学生网络更大，且效果更好。

1）首先，需要准备一个数据集，这里我们使用 Kaggle 的胸部 X 光数据集进行肺炎分类来实现知识蒸馏，数据集共有 5863 张 X 射线图像（JPEG），分为 2 个类别（肺炎、正常）。数据的加载和预处理与我们是否使用知识蒸馏或特定模型无关，具体步骤可见前面章节的实例，我们使用 ResNet_18 网络作为教师网络并且在这个数据集上进行了微调训练。教师网络定义代码如下：

```
class TeacherNet(nn.Module):
    def __init__(self):
        super().__init__()
        self.model = torchvision.models.resnet18(pretrained=True)
```

```
        for params in self.model.parameters():
            params.requires_grad_ = False
        n_filters = self.model.fc.in_features
        self.model.fc = nn.Linear(n_filters,2)
    def forward(self,x):
        x = self.model(x)
        return x
```

2)然后,使用教师网络在自己准备的数据集进行微调训练,训练步骤可见前面章节示例,这里可根据自己的数据集进行教师网络训练。同时定义一个简单CNN学生网络,代码如下:

```
class StudentNet(nn.Module):
    def __init__(self):
        super().__init__()
        self.layer1 = nn.Sequential(
            nn.Conv2d(3,4,kernel_size=3,padding=1),
            nn.BatchNorm2d(4),
            nn.ReLU(),
            nn.MaxPool2d(kernel_size=2,stride=2)
        )
        self.fc = nn.Linear(4 * 112 * 112,2)

    def forward(self,x):
        out = self.layer1(x)
        out = out.view(out.size(0),-1)
        out = self.fc(out)
        return out
```

3)对教师模型进行微调训练后,我们对CNN学生网络进行蒸馏训练,训练的基本步骤是不变的,但是区别是如何计算最终的训练损失,我们将使用教师模型损失、学生模型的损失和蒸馏损失一起来计算最终的损失,损失函数代码如下:

```
class DistillationLoss:
    def __init__(self):
        self.student_loss = nn.CrossEntropyLoss()
        self.distillation_loss = nn.KLDivLoss()
        self.temperature = 1  #蒸馏温度
        self.alpha = 0.25
    def __call__(self,student_logits,student_target_loss,teacher_logits):
        distillation_loss = self.distillation_loss(F.log_softmax(student_logits / self.temperature,dim=1),
```

```
F.softmax(teacher_logits / self.temperature,dim=1))
loss=(1-self.alpha) * student_target_loss + self.alpha * distillation_loss
return loss
```

4）最终通过上述步骤，我们使用 ResNet-18 网络作为教师模型对 CNN 学生网络完成了知识蒸馏操作。示例结果见表 10-1。

表 10-1 知识蒸馏示例结果

模型	参数 M	准确率	速度/s
ResNet-18	11.7	0.91	0.0050909
CNN（无蒸馏）	0.1	0.7621	0.0004560
CNN（有蒸馏）	0.1	0.8654	0.0004560

我们可以清楚地看到，与无蒸馏训练相比，使用更小、更浅的 CNN 网络所获得的巨大好处是其准确率提升了百分之十，并且比 ResNet-18 网络快了近 11 倍。

10.1.2 剪枝

模型剪枝（Pruning）是一种深度学习模型压缩技术，它的主要目标是通过去除神经网络中不必要的参数和连接，以减少模型的大小和计算量，从而实现模型压缩和加速的效果，同时减少模型的存储和运行成本，提高模型的泛化性能，如图 10-2 所示。通常，深度学习模型中的大部分参数都是冗余的（主要集中在卷积层和全连接层），这些参数对模型的预测结果没有显著的影响，同时会占据大量的存储空间和计算资源，这种现象称为过参数化。去除这些冗余参数和连接可以显著地减少模型的大小和计算量，从而提高模型的效率和准确率，同时还能顺便解决网络过拟合的问题。

模型剪枝可以分为以下几类：

1. 非结构化剪枝（Unstructured Pruning）

非结构化剪枝是指修剪参数的单个元素，比如全连接层中的单个权重、卷积层中的单个卷积核参数元素或者自定义层中的浮点数。直接修剪参数有很多优点。首先，这种方式很简单，在参数张量中用零替换它们的权重值就足以实现。此外，它的最大优势是修剪的对象是网络中最小、最基本的元素，其数量众多足以在不影响性能的情况下接受大量修剪。非结构化剪枝包括基于稀疏编码剪枝、自适应剪枝和增量式剪枝。

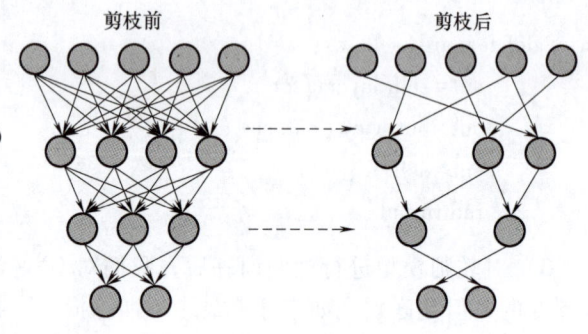

图 10-2 模型剪枝

2. 结构化剪枝（Structured Pruning）

结构化剪枝是一种模型压缩方法，不同于非结构化剪枝，它关注的是整个参数结构。这包括移除整行、整列的权重，或者在卷积层中删去整个过滤器。大型神经网络通常包含数百到数千个过滤器，通过结构化剪枝，我们能够直接简化网络的结构，减少存储需求。此外，减少模型中的参数数量不仅提升了网络计算的效率，还使得生成的中间表示更为轻量，从而显著降低了内存需求。特别是对于需要处理大图像的任务，如语义分割或对象检测，中间表示的内存占用可能比网络本身还要大。出于这些原因，过滤器修剪已经成为结构剪枝的首选方法。

模型剪枝的关键在于确立合理的修剪标准，以评估参数或过滤器的重要性。常用标准包括权重绝对值、过滤器范数及梯度累积，这些标准帮助精准识别并去除冗余部分。获得了修剪结构和标准之后，我们还需要确认修剪网络的具体策略。模型剪枝的策略一般来说包括以下几种方法。

1）迭代式剪枝：训练权重后，基于设定的阈值进行剪枝，随后对剪枝后的模型重新训练权重，此过程迭代进行以实现模型压缩与优化。

2）动态剪枝：剪枝和训练同时进行，在网络的优化目标中加入权重的稀疏正则项，使得网络训练时部分权重趋近于 0。

3）对推理过程中单个目标剪枝。

大多数的剪枝方法实际上是迭代进行的，因为修剪后重新训练，可以让模型因修剪操作导致的精度下降恢复过来，然后再进行下一次修剪，直到达到精度下降的阈值，就不再修剪。如图 10-3 所示可见，迭代进行剪枝，修剪的参数占比到 90% 时，精度才下降。

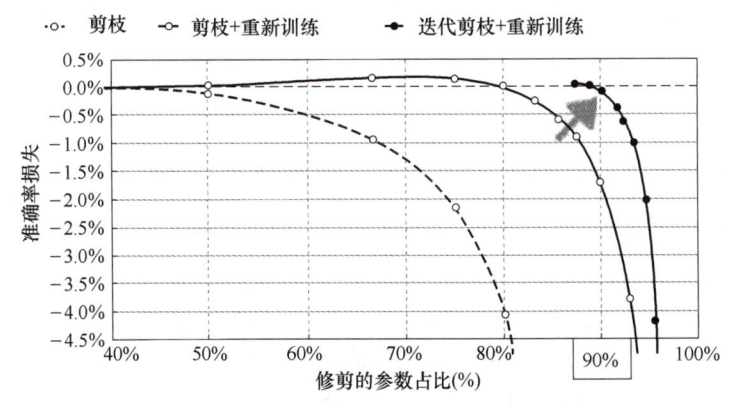

图 10-3　剪枝策略效果对比图

下面以一个简单例子来展示模型剪枝实际操作，具体过程如下。

1）首先定义一个简单的 LeNet 网络。代码如下：

```
import torch
from torch import nn
import torch.nn.utils.prune as prune
import torch.nn.functional as F

device = torch.device("cuda" if torch.cuda.is_available() else "cpu")
"搭建类 LeNet 网络"
class LeNet(nn.Module):
    def __init__(self):
        super(LeNet,self).__init__()
        self.conv1 = nn.Conv2d(1,3,5)# 单通道图像输入,5×5 卷积核尺寸
        self.conv2 = nn.Conv2d(3,16,5)
```

```
        self.fc1 = nn.Linear(16 * 5 * 5,120)
        self.fc2 = nn.Linear(120,84)
        self.fc3 = nn.Linear(84,10)

    def forward(self,x):
        x = F.max_pool2d(F.relu(self.conv1(x)),(2,2))
        x = F.max_pool2d(F.relu(self.conv2(x)),2)
        x = x.view(-1,int(x.nelement()/ x.shape[0]))
        x = F.relu(self.fc1(x))
        x = F.relu(self.fc2(x))
        x = self.fc3(x)
        return x
```

2）为了进行结构化剪枝，我们选取 LeNet 网络的 conv1 模块，该模块参数包含为 3×5×5 的权重（weight）卷积核参数和 3×1 的偏置（bias）参数，我们需要获取该模块。代码如下：

```
model = LeNet().to(device = device)
module = model.conv1
print(list(module.named_parameters()))    # 3×5×5 的权重参数+3×1 的偏置参数
```

3）输出结果：

```
[('weight',Parameter containing:
tensor([[[[-0.1540,  0.1909,-0.1563,-0.1834,-0.1047],
          [ 0.1403,-0.1191,-0.0561,  0.0550,-0.0169],
          [-0.0734,  0.0649,  0.1228,  0.1365,  0.1342],
          [-0.0956,  0.1696,-0.1016,-0.1356,  0.0977],
          [ 0.1524,-0.0231,  0.0227,-0.1743,-0.1142]]],


         [[[ 0.0386,-0.1832,  0.1603,-0.0195,-0.0418],
          [ 0.0227,-0.0912,  0.1329,  0.0899,-0.0980],
          [-0.0624,-0.1931,-0.1960,  0.0523,-0.1667],
          [ 0.1376,  0.1926,  0.1431,  0.1467,  0.1515],
          [ 0.0082,-0.0076,-0.0742,-0.1117,-0.0086]]],


         [[[-0.1674,  0.0799,-0.1718,  0.0039,-0.1769],
          [-0.0826,  0.1180,  0.1197,-0.1089,  0.1948],
          [ 0.1920,  0.1395,  0.0534,  0.0030,  0.1742],
          [ 0.1906,-0.0818,-0.1473,  0.0188,-0.0553],
          [ 0.0601,  0.0861,-0.1059,  0.0753,  0.1127]]]],requires_grad = True)),
('bias',Parameter containing:
tensor([-0.1739,-0.1563,  0.1890],requires_grad = True))]
```

4）接下来我们将对该模块进行剪枝操作，分为三步：

① 在 torch.nn.utils.prune 中选定一个剪枝方案，或者自定义方案。

② 指定需要剪枝的模块和对应的名称。

③ 输入对应函数需要的参数。

5）根据通道的 L2 范数，沿着张量的第 0 轴（第 0 轴对应卷积层的输出通道，conv1 的维数为 3×5×5）对权重参数进行结构化剪枝，使用 ln_structured() 方法。剪枝比例为 33%，dim 为 0，基于 L2 范数（n=2）。代码如下：

```
prune.ln_structured(module,name="weight",amount=0.33,n=2,dim=0)
print(module.weight)
```

6）输出结果：

```
tensor([[[[-0.1540,  0.1909,-0.1563,-0.1834,-0.1047],
         [ 0.1403,-0.1191,-0.0561,  0.0550,-0.0169],
         [-0.0734,  0.0649, 0.1228, 0.1365,  0.1342],
         [-0.0956,  0.1696,-0.1016,-0.1356,  0.0977],
         [ 0.1524,-0.0231, 0.0227,-0.1743,-0.1142]]],


        [[[ 0.0000,-0.0000, 0.0000,-0.0000,-0.0000],
         [ 0.0000,-0.0000, 0.0000, 0.0000,-0.0000],
         [-0.0000,-0.0000, 0.0000,-0.0000,-0.0000],
         [ 0.0000, 0.0000, 0.0000, 0.0000, 0.0000],
         [ 0.0000,-0.0000,-0.0000,-0.0000,-0.0000]]],


        [[[-0.1674,  0.0799,-0.1718, 0.0039,-0.1769],
         [-0.0826,  0.1180, 0.1197,-0.1089,  0.1948],
         [ 0.1920,  0.1395, 0.0534, 0.0030,  0.1742],
         [ 0.1906,-0.0818,-0.1473, 0.0188,-0.0553],
         [ 0.0601,  0.0861,-0.1059, 0.0753,  0.1127]]]],
       grad_fn=<MulBackward0>)
```

通过示例，可见利用 torch.nn.prune 中的 ln_structured 剪枝方法，实现了对权重参数的 3 个通道中的一个通道进行了结构化剪枝。

10.1.3 量化

模型量化（Quantization）是一种深度学习优化技术，它是一种通过降低模型中权重和激活函数数值的精度来减小模型大小并加速推理速度的技术。简单来说，它将浮点存储和运算转换为整型存储和运算，实现了模型的压缩。模型量化主要优势包括：

1）能够显著减少参数存储空间与内存占用空间，将参数从 32 位浮点型量化到 8 位整型，从而缩小 75% 的存储空间，这对于计算资源有限的边缘设备和嵌入式设备进行深度学习模型的部署和使用都有很大的帮助。

2）能够加快运算速度，降低设备能耗，读取 32 位浮点数所需的带宽可以同时读入 4 个

8位整数，并且整型运算相比浮点型运算更快，自然能够降低设备功耗。

根据不同量化条件，量化具有不同分类：

1. 根据映射函数是否是线性，可以分为线性量化和非线性量化

（1）线性量化　使用线性映射函数将数值从浮点空间线性变换到量化空间，数学表示为

$$r = S(q - Z) \tag{10-1}$$

式中，r、q 分别是量化前后的数值；S（Scale）和 Z（Zero-Point）是量化系数，Z 有时也称为偏移（Offset），可以看作是原浮点空间数值 0 量化后的值。

根据 Z 是否为 0，线性映射又可分为对称映射和非对称映射。如图 10-4b 所示，对称映射的 Z 始终为 0，即原数值的 0 量化后仍然是 0，量化前后的数值都是以 0 为中点对称分布，但实际上有些数值的分布并不是左右对称的，比如 ReLU 对称映射后都是大于 0，这样会导致量化后 q 的范围只用到了一半；而非对称映射则解决了这个问题，如图 10-4a 所示，非对称映射量化后数值空间的 min、max 独立统计，Z 的值根据 r 的分布不同而映射不同，这样可以使 q 的范围被充分利用。

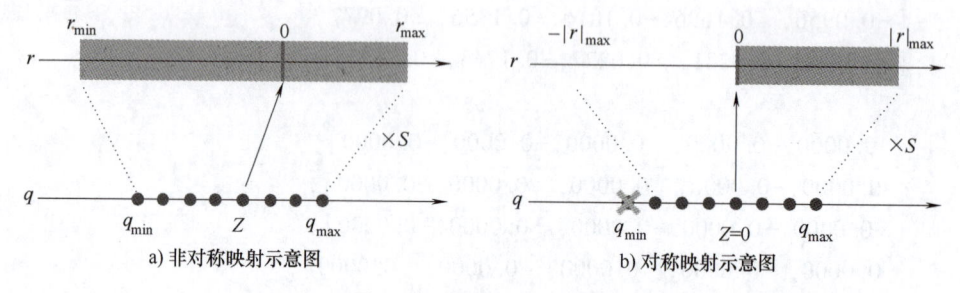

图 10-4　线性映射示意图

（2）非线性量化　量化是一个数值映射过程：$[r_0, r_1, \cdots, r_k]$ 映射至 $[q_0, q_1, \cdots, q_k]$，对于线性映射，并没有考虑原始数据本身的分布，如图 10-5a 的正态分布，越靠近中间数值 0 的位置，数据分布越密，量化后数值也同样会集中在数值 0 附近，如果更极端一点，会导致大量的数值量化后结果为 0，显然这样就降低了量化的精度，而如果按图 10-5b 所示，对数据分布密集的区域，给予更多的量化映射，就能增加量化后的差异性，提高精度。因此非线性量化的效果理论上比线性量化更好，但是非线性量化的通用硬件加速比较困难，而且实现更加复杂，故线性量化更加常用，后续的内容大部分也是基于线性量化展开的。

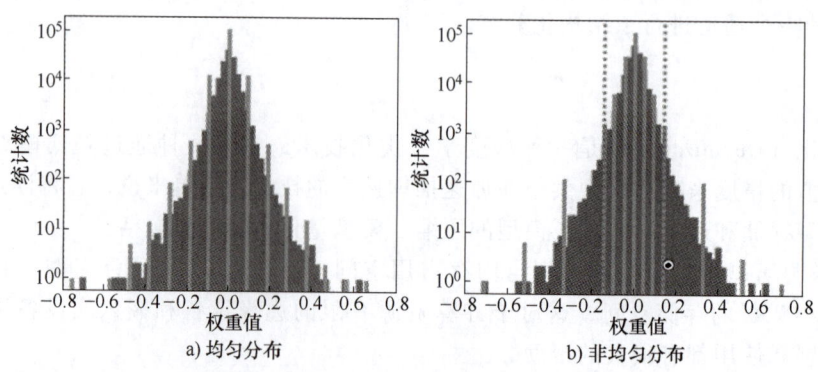

图 10-5　正态分布量化映射

2. 根据量化的粒度，可以分为逐层量化、逐组量化和逐通道量化

1）逐层量化将一个层作为单位，整个层的权重共用一组缩放因子 S 和偏移量 Z。

2）逐组量化则以组为单位，每个组使用一组 S 和 Z。

3）逐通道量化则以通道为单位，每个通道单独使用一组 S 和 Z。

3. 根据是否重新训练模型，量化方案可以分为训练后量化和量化感知训练

（1）训练后量化（Post Training Quantization，PTQ） 相对简单高效，只需要已训练好的模型加上少量校准数据，无需重新训练模型，根据是否量化激活又分为

1）Dynamic Quantization：仅量化权重，激活函数在推理时量化，无需校准数据。

2）Static Quantization：权重和激活函数都量化，需要校准数据。

（2）量化感知训练（Quantization Aware Training，QAT） 在模型中添加伪量化节点模拟量化，重新训练模型，流程相对复杂。

PyTorch 对量化的支持目前有三种方式：模型训练完毕后的动态量化（Post Training Dynamic Quantization），模型训练完毕后的静态量化（Post Training Static Quantization），模型训练中开启量化（Quantization Aware Training）。

模型训练完毕后的动态量化针对模型权重进行动态调整量化，不涉及偏置，适用于推理时适应不同输入。模型训练完毕后的静态量化则对权重和激活函数进行量化，需使用代表数据集校准激活量化参数，以节省内存和计算资源。模型训练中开启量化能在训练过程中模拟量化的影响，从而比其他量化方法获得更高的精度。我们可以对静态、动态或仅权重量化进行 QAT 训练。下面以模型训练完毕后的静态量化为例对量化过程进行简单展示。

1）定义 M 模型并在模型中插入量化及反量化算子，代码如下：

```
import torch
class M(torch.nn.Module):
    def __init__(self):
        super().__init__()
        self.quant = torch.ao.quantization.QuantStub()    #QuantStub 将张量从浮点转换为
                                                          #量化后的形式
        self.conv = torch.nn.Conv2d(1,1,1)
        self.relu = torch.nn.ReLU()
        self.dequant = torch.ao.quantization.DeQuantStub() #DeQuantStub 将张量从量化形
                                                           #式转换为浮点数
    def forward(self,x):
        x = self.quant(x)
        x = self.conv(x)
        x = self.relu(x)
        x = self.dequant(x)
        return x
```

2）配置 QConfig 类、配置算子融合代码如下：

```
model_fp32 = M()
model_fp32.eval()
```

```
model_fp32.qconfig = torch.ao.quantization.get_default_qconfig('x86')
model_fp32_fused = torch.ao.quantization.fuse_modules(model_fp32,[['conv','relu']])
```

3）执行校准操作（输入校准数据进行推理），代码如下：

```
model_fp32_prepared = torch.ao.quantization.prepare(model_fp32_fused)
input_fp32 = torch.randn(4,1,4,4)
model_fp32_prepared(input_fp32)
```

4）转换为量化模型，代码如下：

```
model_int8 = torch.ao.quantization.convert(model_fp32_prepared)
res = model_int8(input_fp32)
```

5）我们可以打印中间步骤 model_fp32_prepared 的模型结构，代码如下：

```
M(
  (quant): QuantStub(
    (activation_post_process): HistogramObserver(min_val = -2.4940550327, max_val = 3.4476957321))
  (conv): ConvReLU2d(
    (0): Conv2d(1,1,kernel_size = (1,1),stride = (1,1))
    (1): ReLU()
    (activation_post_process): HistogramObserver(min_val = 0.0, max_val = 1.3560873270))
  (relu): Identity()
  (dequant): DeQuantStub()
)
```

可以看到，模型中增加了 QuantStub 和 DeQuantStub 用于量化及反量化，而 activation_post_process 则用于统计数值范围（这里是 HistogramObserver），并且进行 Conv 和 ReLU 激活函数融合后，之前的 ReLU 激活函数变成了 Identity()，而 Conv 则变成了 ConvReLU2d。

6）打印量化后 model_int8 模型结构，代码如下：

```
M(
  (quant): Quantize(scale = tensor([0.0468]), zero_point = tensor([53]), dtype = torch.quint8)
  (conv): QuantizedConvReLU2d(1,1,kernel_size = (1,1),stride = (1,1),
                              scale = 0.01067263912409544, zero_point = 0)
  (relu): Identity()
  (dequant): DeQuantize()
)
```

可以看到，量化为 int8 模型后，权重（conv）和激活（quant）节点都带上了量化系数 scale、zero_point，用于推理时的计算。

10.2 轻量化网络结构

鉴于网络规模的不断扩大以及对计算资源需求的急剧增长，迫切需要更加高效、灵活和可扩展的网络架构。在这个背景下，轻量化网络成为一个备受关注的研究热点。轻量化网络以其精简、高效、低能耗的特点而闻名，能够在有限的计算资源下提供出色的性能。轻量化网络的兴起也引发了对传统网络架构的重新审视，重新定义了深度学习模型的未来。

轻量高效的卷积神经网络架构，能有效保证模型精度的同时大大减少参数，其特点包括：①拥有特定轻量化结构的一类神经网络模型；②通过在原有结构上进行优化，大量减少网络参数的同时，性能接近先进模型的水平；③训练时间更短，推理速度更快。研究人员提出了多种轻量化网络模型，具有代表性的包括：SqueezeNet、MobileNet、ShuffleNet 和 GhostNet 系列轻量化网络。

10.2.1 SqueezeNet

从 SqueezeNet 这个名称可以看出，该网络的重点在于压缩（Squeeze），Squeeze 在 SqueezeNet 中代表了一种特殊的操作层，该层通过使用 1×1 的卷积核对上一层的特征图进行卷积，主要目的是减少特征图的维度。这个设计旨在保持模型性能的同时，降低参数数量和计算复杂度，使得 SqueezeNet 成为一种高效的深度学习模型。该网络有三个设计点：

1）将 3×3 卷积核替换为 1×1 卷积核，可以将参数数量压缩至原来的 1/9，从而使得模型尺寸压缩 9 倍。

2）利用 Squeeze 层减小了输入到 3×3 卷积核的输入通道数，通道数量的减少可以使后续卷积核的数量也相应地减少。

3）在网络后期进行下采样操作，以保持特征图的高分辨率，从而提高分类精度。

基于以上三点，SqueezeNet 轻量化网络通过 Fire 基本模块实现 SqueezeNet 网络的构建，其结构如图 10-6 所示，Fire 模块中主要包含了 Squeeze 层和 Expand 层，其中 Squeeze 层采用 1×1 的卷积核来减少参数量，Expand 层则采用 1×1 和 3×3 卷积核分别得到对应特征图后进行拼接，由此得到 Fire 模块的输出。

基于 Fire 模块，SqueezeNet 的网络结构如图 10-7 所示。首先，输入图像送入 Conv1，得到通道数为 96 的特征图，然后依次使用 8 个 Fire 模块，通道数也逐渐增加。如图 10-7 所示箭头线上的值代表了通道数。最后一个卷积为 Conv10，输入通道数为 N 的特征图，N 代表需要物体的类别数。

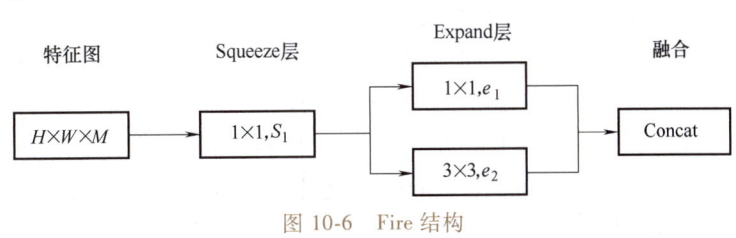

图 10-6 Fire 结构

10.2.2 MobileNet

SqueezeNet 虽在一定程度上减少了卷积计算量，但仍然使用传统的卷积计算方式，而 MobileNet 则利用了更为高效的深度可分离卷积的方式，进一步加速了卷积网络在移动端的应用。

为了更好地理解深度可分离卷积，首先回顾一下标准卷积计算过程，然后再详细讲解深

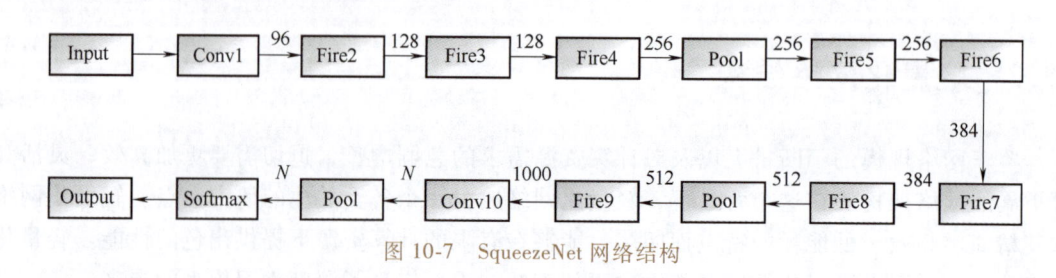

图 10-7　SqueezeNet 网络结构

度可分离卷积过程，以及基于此结构的网络结构 MobileNet。

1. 标准卷积

对于一幅 $H×W$ 像素、三通道彩色输入图像（尺寸为 $H×W×3$），经过一个包含 4 个滤波器（Filter）的 3×3 卷积核的卷积层（Filter 的个数对应输出通道数，此时卷积核尺寸为 3×3×3×4），最终输出 4 个特征图（Feature Map），标准卷积的计算过程如图 10-8 所示。

标准卷积的过程如下：

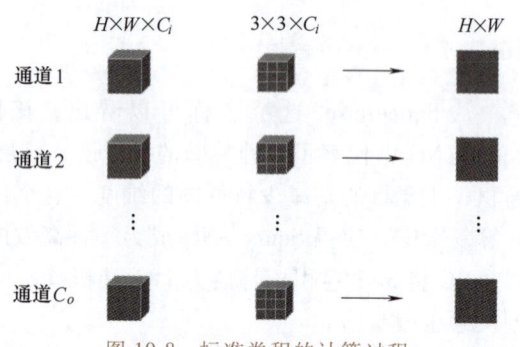

1）对于输入特征图的左上 $3×3×C_i$ 特征，利用 $3×3×C_i$ 大小的卷积核进行点乘并求和，得到输出特征图中一个通道上的左上点，这一步操作的计算量为 $3×3×C_i$。

2）在输入特征图上进行滑窗，重复第一步操作，最终得到输出特征图中一个通道的 $H×W$ 大小的输出，总计算量为 $3×3×C_i×H×W$。这一步完成了如图 10-8 所示一个通道的过程。

图 10-8　标准卷积的计算过程

3）利用 C_o 个上述大小的卷积核，重复第一步过程，最终得到 $H×W×C_o$ 大小的特征图。在整个标准卷积计算过程中，所需的卷积核参数量为 $3×3×C_i×C_o$，总的计算量为 $F_s=3×3×C_i×H×W×C_o$。

需要注意，这里的计算量仅仅是指乘法操作，而没有将加法计算在内。

2. 深度可分离卷积

标准卷积在卷积时，同时考虑了图像的区域与通道信息，那么为什么不能分开考虑区域与通道呢？基于此想法，诞生了深度可分离卷积，深度可分离卷积是将一个完整的卷积运算分解为两步进行，即逐通道卷积（Depthwise 卷积）与逐点卷积（Pointwise 卷积）。虽然深度可分离卷积将一步卷积过程扩展为两步，但减少了冗余计算，因此总体上计算量有了大幅度降低。MobileNet 也大量采用了深度可分离卷积作为基础单元。

（1）逐通道卷积（Depthwise 卷积）　逐通道卷积与传统卷积操作有所不同，它的每个卷积核只负责处理输入数据的一个通道，即每个通道只受到一个卷积核的影响。相比之下，传统卷积操作中的每个卷积核同时作用于输入数据的所有通道。

逐通道卷积的计算过程如图 10-9 所示，对于一个通道的输入特征 $H×W$，利用一个 3×3 卷积核进行点乘求和，得到一个通道的输出 $H×W$。然后，对于所有的输入通道 C_i，使用 C_i 个 3×3 卷积核即可得到 $H×W×C_i$ 大小的输出。

综合上述计算过程，逐通道卷积有如下几个特点：

1）卷积核参数量为 $3×3×C_i$，远少于标准卷积 $3×3×C_i×C_o$ 的数量。

2）通道之间相互独立，没有各通道间的特征融合，这也是逐通道卷积的核心思想，例如图 10-9 所示输出特征的每一个点只对应输入特征一个通道上的 3×3 大小的特征，而不是标准卷积中 3×3×C_i 大小。

3）由于只在通道间进行卷积，导致输入与输出特征图的通道数相同，无法改变通道数。逐通道卷积的总计算量为 $F_d = 3×3×C_i×H×W$。

（2）逐点卷积（Pointwise 卷积） 由于逐通道卷积通道间缺少特征的融合，并且通道数无法改变，因此后续还需要继续连接一个逐点的 1×1 的卷积，一方面可以融合不同

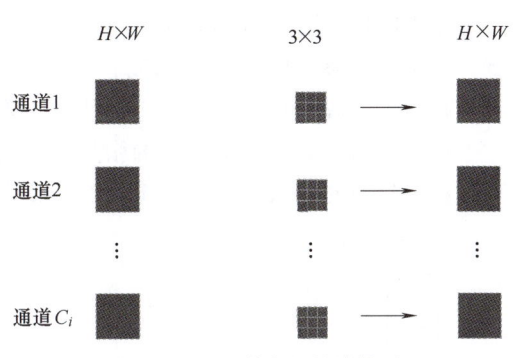

图 10-9 逐通道卷积的计算过程

通道间的特征，同时也可以改变特征图的通道数，由于这里 1×1 卷积的输入特征图大小为 $H×W×C_i$，输出特征图大小为 $H×W×C_o$，因此这一步的总计算量为 $F_p = 1×1×C_i×H×W×C_o$。

综合这两步，可以得到深度可分离卷积与标准卷积的计算量之比为

$$r = \frac{F_d + F_p}{F_s} = \frac{3×3×C_i×H×W + 1×1×C_i×H×W×C_o}{3×3×C_i×H×W×C_o} = \frac{1}{C_o} + \frac{1}{9} \approx \frac{1}{9} \quad (10\text{-}2)$$

可以看到，虽然深度可分离卷积将卷积过程分为了两步，但凭借其轻量的卷积方式，总体计算量约等于标准卷积的 1/9，极大地减少了卷积过程的计算量。

总体上，MobileNetv1 利用深度可分离的结构牺牲了较小的精度，带来了计算量与网络层参数的大幅降低，从而也减小了模型的大小。此外，在此基础上诞生的 MobileNetv2 和 MobileNetv3 网络通过不断改进使 MobileNet 系列网络更加先进，非常适合于移动端的部署。

10.2.3 ShuffleNet

ShuffleNet 是一个效率极高且可运行在手机等移动设备上的网络。常规组卷积（分组卷积）最大的局限性是在训练过程中不同分组之间没有信息交换，这样会大幅降低深度神经网络的特征提取能力。因此，在 MobileNet 中使用大量的 1×1 逐点卷积来弥补这一缺陷，而 ShuffleNet 采用通道变换来解决该问题。通道变换的核心思想是对组卷积之后得到的特征图在通道上进行随机均匀打乱，称为通道混洗，再进行组卷积操作，这样就保证了执行下一个组卷积操作的输入特征来自上一个组卷积中的不同组，如图 10-10 所示，以此进行信息交互，实现在降低运算量的情况下保证网络性能。

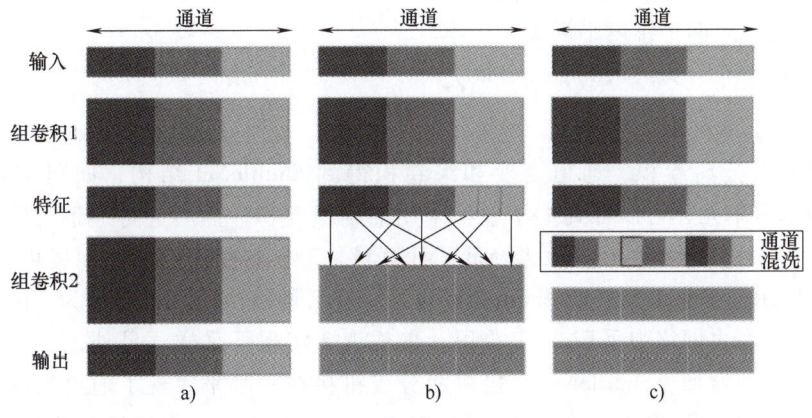

图 10-10 ShuffleNet

如图 10-10a 所示为常规的两个组卷积操作，如图 10-10b、c 所示为通道混洗过程。可以看到，如果没有逐点的 1×1 卷积或者通道混洗，最终输出的特征仅由一部分输入通道的特征计算得出，这种操作阻碍了信息的流通，进而降低了特征的表达能力。

通道混洗可以通过几个常规的张量操作巧妙地实现，如图 10-11 所示。为了更好地讲解实现过程，这里对输入通道做了 1~12 的编号，一共包含 3 个组，每个组包含 4 个通道。

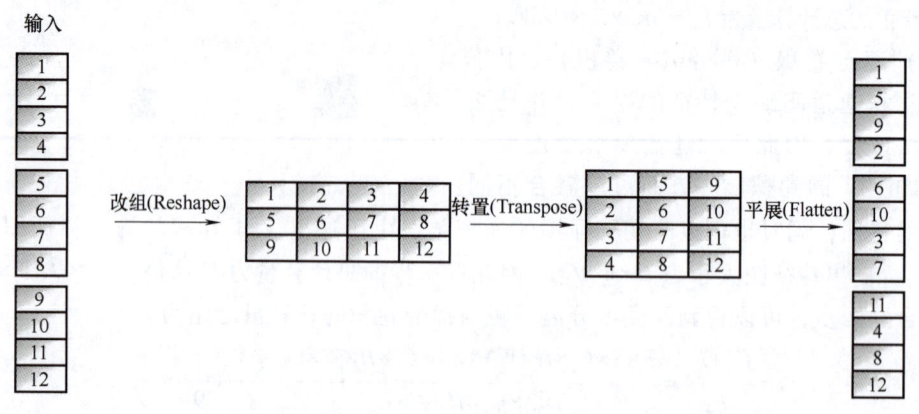

图 10-11　通道混洗张量操作

下面详细介绍混洗过程中使用到的 3 个操作：

1）改组（Reshape）：首先将输入通道一个维度改组成两个维度，一个是卷积组数，一个是每个卷积组包含的通道数。

2）转置（Transpose）：将扩展出的两维进行转置。

3）平展（Flatten）：将置换后的通道平展后即可完成最后的通道混洗。

下面从代码角度讲解一下通道混洗的实现过程，代码如下：

```python
def channel_shuffle(x, groups):
    batchsize, num_channels, height, width = x.data.size()
    channels_per_group = num_channels // groups
    # Reshape 操作，将通道扩展为两维
    x = x.view(batchsize, groups, channels_per_group, height, width)
    # Transpose 操作，将组卷积两个维度进行转置
    x = torch.transpose(x, 1, 2).contiguous()
    # Flatten 操作，两个维度平展成一个维度
    x = x.view(batchsize, -1, height, width)
    return x
```

基于深度可分离卷积、通道变换和组卷积得到 ShuffleNet 结构，如图 10-12a 所示是 ShuffleNet 的基本单元，可以看到 1×1 卷积采用的是组卷积，然后进行通道的混洗，这两步可以取代 1×1 的逐点卷积，并且大大降低了计算量。3×3 卷积仍然采用深度可分离的方式。如图 10-12b 所示是带有下采样的 ShuffleNet 单元，在旁网络中使用了步长为 2 的 3×3 平均池化进行下采样，在主网络中采用 3×3 卷积，步长为 2 实现下采样。另外，由于下采样时通常要伴有通道数的增加，ShuffleNet 直接将两分支拼接在一起来实现了通道数的增加，而不是常规的逐点相加。ShuffleNet 通过堆叠 ShuffleNet 的基本单元来构建轻量化的 ShuffleNet 结

构。此外还有 ShuffleNetv2 等变体，ShuffleNet 系列网络相比 MobileNet 系列网络参数量实现了进一步缩减。

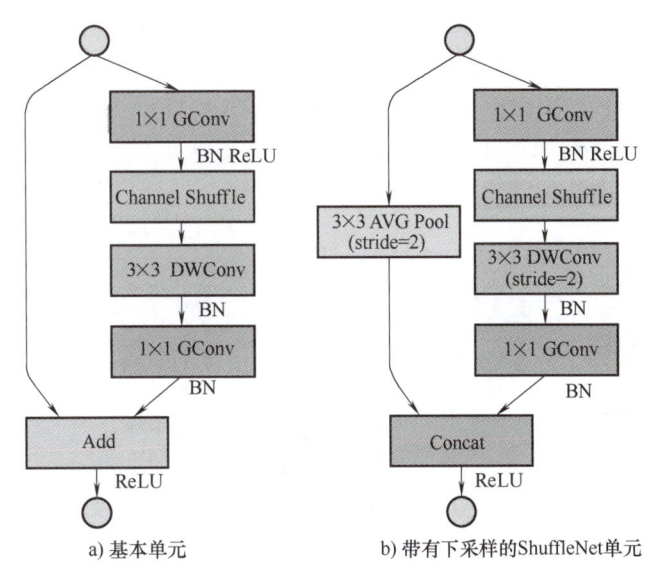

图 10-12　ShuffleNet 单元

a) 基本单元　　b) 带有下采样的 ShuffleNet 单元

10.2.4　GhostNet

传统深度神经网络的轻量化方法的研究主要集中于减少参数量及改进卷积方式。研究人员对深度神经网络特征图进行分析，发现常规卷积中特征图的冗余性在神经网络结构中很少被关注，如图 10-13 所示。对常规卷积生成的特征图进行可视化，其中同色方框内的特征图非常相似，这说明在训练好的神经网络进行前向传播时，中间过程使用的特征图中含有大量相似的冗余特征，它们的存在，主要是为了使神经网络对输入的图像有更全面的理解。为了从特征图冗余的角度实现网络结构轻量化，GhostNet 应运而生。

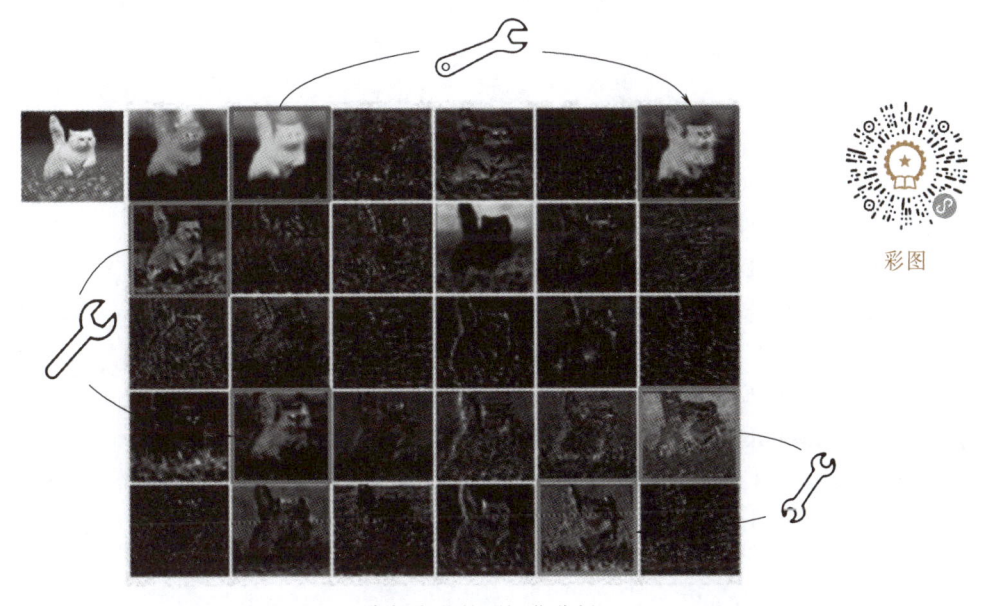

图 10-13　常规卷积的可视化分析

在此基础上，GhostNet 为了使用更低的成本完成更多的特征映射，采用线性变化得到 Ghost 特征。Ghost 模块如图 10-14 所示，其中 Φ_k 表示对初次卷积之后的特征图进行线性变换。首先，GhostNet 使用较少的卷积核对输入进行常规卷积，获得通道较少的输出特征并将其作为内在特征图。其次，对内在特征图的每个通道进行线性变换，得到其对应的 Ghost 特征图。最后，将内在特征图与 Ghost 特征图在通道维度上进行连接，以产生最终的 GhostNet 卷积输出特征。这种设计使得模型能够在降低计算成本的同时，捕捉到更多的特征信息。

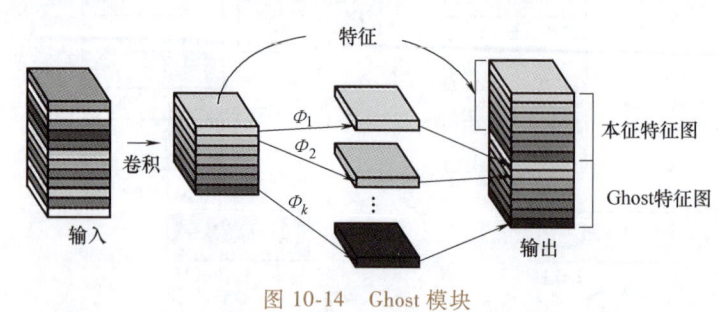

图 10-14　Ghost 模块

GhostNet 使用 Ghost 模块代替传统 MobileNet 中的 Bottleneck 层，Ghost 模块具有很强的即插即用性，可以用于优化现有深度神经网络结构或者轻量化网络结构，对于神经网络运算速度优化效果较明显，但对降低轻量化过程中的参数量及存储空间方面有一定不足。

10.3　轻量化网络性能评估

本节将深入研究轻量化网络结构性能评估，我们将以 GhostNet 为例，通过使用 GhostNet 改进 YOLOv8-n 网络目标检测模型的主干网络，通过对比改进前后的网络模型来进行轻量化网络结构的性能评估。搭建神经网络模型的具体代码会分成几部分进行详细介绍，以便于读者理解。

1）首先在源码中找到 block.py 文件，具体位置是 ultralytics/nn/modules/block.py，然后将 GhostNet 模块代码添加至 block.py 文件末尾位置。具体代码如下：

```python
class SeBlock(nn.Module):
    def __init__(self, in_channel, reduction=4):
        super().__init__()
        self.Squeeze = nn.AdaptiveAvgPool2d(1)
        self.Excitation = nn.Sequential()
        self.Excitation.add_module('FC1', nn.Conv2d(in_channel, in_channel // reduction, kernel_size=1))  # 1×1 卷积与此效果相同
        self.Excitation.add_module('ReLU', nn.ReLU())
        self.Excitation.add_module('FC2', nn.Conv2d(in_channel // reduction, in_channel, kernel_size=1))
        self.Excitation.add_module('Sigmoid', nn.Sigmoid())

    def forward(self, x):
```

```
        y = self.Squeeze(x)
        ouput = self.Excitation(y)
        return x * (ouput.expand_as(x))


class G_bneck(nn.Module):
    # Ghost Bottleneck https://github.com/huawei-noah/ghostnet
def __init__(self,c1,c2,midc,k=5,s=1,use_se=False):
    super().__init__()
        assert s in [1,2]
        c_ = midc
        self.conv = nn.Sequential(GhostConv(c1,c_,1,1),
                                  Conv(c_,c_,3,s=2,p=1,g=c_,act=False) if
s==2 else nn.Identity(),  # dw
                                  SeBlock(c_) if use_se else nn.Sequential(),
                                  GhostConv(c_,c2,1,1,act=False))
         self.shortcut = nn.Identity() if (c1 == c2 and s == 1) else \nn.Sequential
(Conv(c1,c1,3,s=s,p=1,g=c1,act=False),\Conv(c1,c2,1,1,act=False))
                                  # 避免步长 stride=2 时,通道数改变的情况


    def forward(self,x):
        # print(self.conv(x).shape)
        # print(self.shortcut(x).shape)
        return self.conv(x) + self.shortcut(x)
```

2）然后，在 block.py 文件最上方，如图 10-15 所示位置处加入 G_bneck。

```
__all__ = (
    "DFL","HGBlock","HGStem","SPP","SPPF","C1","C2","C3","C2f","C2fAttn","ImagePoolingAttn","ContrastiveHead",
    "BNContrastiveHead","C3x","C3TR","C3Ghost","GhostBottleneck","Bottleneck","BottleneckCSP","Proto",
    "RepC3","ResNetLayer","RepNCSPELAN4","ELAN1","ADown","AConv","SPPELAN","CBFuse","CBLinear","RepVGGDW",
    "CIB",
    "C2fCIB",
    "Attention",
    "PSA",
    "SCDown",
    "G_bneck"
)
```

图 10-15 block.py 文件中 G_bneck 的添加位置

3）同时在源码中找到__init__.py 文件，具体位置是 ultralytics/nn/modules/__init__.py。在两处均加入 G_bneck，具体如图 10-16 和图 10-17 所示。

```
from .block import (
    C1,C2,C3,C3TR,CIB,DFL,ELAN1,PSA,SPP, SPPELAN,SPPF,AConv,ADown,Attention,BNContrastiveHead,Bottleneck,
    BottleneckCSP,C2f,C2fAttn,C2fCIB,C3Ghost, C3x,CBFuse,CBLinear,ContrastiveHead,GhostBottleneck,
    HGBlock,HGStem,ImagePoolingAttn,Proto,RepC3,RepNCSPELAN4,RepVGGDW,ResNetLayer,SCDown,
    G_bneck,
)
```

图 10-16 __init__.py 文件中 G_bneck 的添加位置一

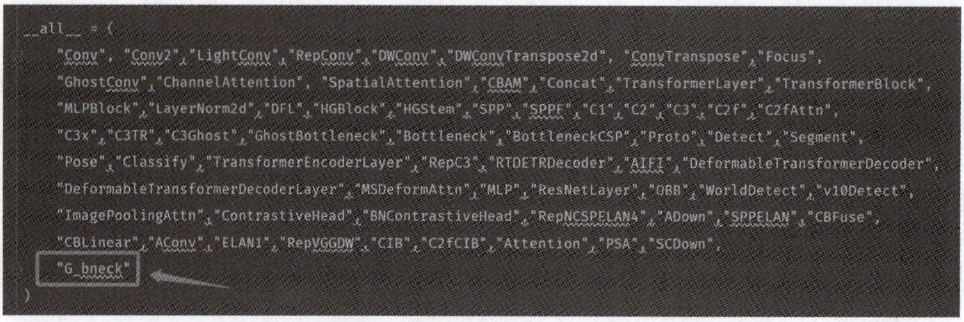

图 10-17 __init__.py 文件中 G_bneck 的添加位置二

4）在源码中找到 tasks.py，具体位置为 ultralytics/nn/tasks.py，在如图 10-18 所示位置处加入 G_bneck。

图 10-18 tasks.py 文件中 G_bneck 的添加位置

5）找到 parse_model 函数，添加代码如下：

```
#------更换主干网络之 GhostNet--------------
    elif m is G_bneck:
        c1,c2 = ch[f], args[0]
        if c2 != nc:  # if c2 not equal to number of classes (i.e. for Classify() output)
            c2 = make_divisible(min(c2, max_channels) * width, 8)
        args = [c1, c2, *args[1:]]
    #----------end--------------------------
```

具体添加位置如图 10-19 所示。

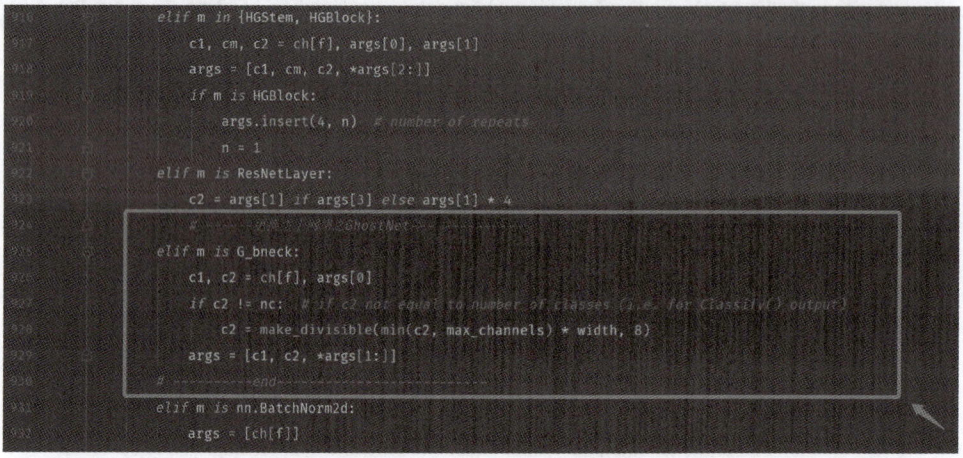

图 10-19 在 parse_model 函数中添加代码的位置

6）在源码 ultralytics/cfg/models/v8 目录下创建 yaml 文件，并命名为：yolov8_GhostNet.yaml，如图10-20所示。

图 10-20　新建 yaml 文件

并在该文件中添加代码如下：

```
# Parameters
nc:80   # number of classes
scales:
  n:[0.33,0.25,1024]
  s:[0.33,0.50,1024]
  m:[0.67,0.75,768]
  l:[1.00,1.00,512]
  x:[1.00,1.25,512]
# YOLOv8.0n backbone
backbone:
  # [from,repeats,module,args]
  -[-1,1,Conv,[16,3,2,1]]          # 0-P1/2  ch_out,kernel,stride,padding,groups
  -[-1,1,G_bneck,[16,16,3,1]]      # 1   ch_out,ch_mid,dw-kernel,stride
  -[-1,1,G_bneck,[24,48,3,2]]      # 2-P2/4
  -[-1,1,G_bneck,[24,72,3,1]]      # 3
```

```
  -[-1,1,G_bneck,[40,72,3,2,True]]      # 4-P3/8
  -[-1,1,G_bneck,[40,120,3,1,True]]     # 5
  -[-1,1,G_bneck,[80,240,3,2]]          # 6-P4/16
  -[-1,3,G_bneck,[80,184,3,1]]          # 7
  -[-1,1,G_bneck,[112,480,3,1,True]]
  -[-1,1,G_bneck,[112,480,3,1,True]]
  -[-1,1,G_bneck,[160,672,3,2,True]]    # 10-P5/32
  -[-1,1,G_bneck,[160,960,3,1]]         # 11
  -[-1,1,G_bneck,[160,960,3,1,True]]
  -[-1,1,G_bneck,[160,960,3,1]]
  -[-1,1,G_bneck,[160,960,3,1,True]]
  -[-1,1,Conv,[960]]  # 15
# YOLOv8.0n head
head:
  -[-1,1,nn.Upsample,[None,2,'nearest']]
  -[[-1,9],1,Concat,[1]]       # cat backbone P4
  -[-1,3,C2f,[512]]     # 18
  -[-1,1,nn.Upsample,[None,2,'nearest']]
  -[[-1,5],1,Concat,[1]]       # cat backbone P3
  -[-1,3,C2f,[256]]     # 21 (P3/8-small)
  -[-1,1,GhostConv,[256,3,2]]
  -[[-1,18],1,Concat,[1]]      # cat head P4
  -[-1,3,C2f,[512]]     # 24 (P4/16-medium)
  -[-1,1,GhostConv,[512,3,2]]
  -[[-1,15],1,Concat,[1]]      # cat head P5
  -[-1,3,C2f,[1024]]    # 27 (P5/32-large)
  -[[21,24,27],1,Detect,[nc]]   # Detect(P3,P4,P5)
```

7) 在源码根目录下新建 train.py 文件, 文件完整代码如下:

```
from ultralytics import YOLO
# Load a model
model = YOLO(r'自己建立 yolov8_GhostNet.yaml 文件的绝对路径')   # 创建一个新模型
    model = YOLO('yolov8n.pt')   # 加载预训练模型(推荐用于训练)
model = YOLO(r'自己建立 yolov8_GhostNet.yaml 文件的绝对路径').load('yolov8n.pt')
# 训练模型
    model.train(data = r'自己的数据集 yaml 文件', epochs = 100, imgsz = 640)
```

8) 运行 train.py 文件, 模型即可进行数据集训练。

模型参数量对比见表 10-2。

表 10-2　模型参数量对比

网络	网络层数	参数量（Parameters）	梯度（Gradients）	计算量（GFLOPs）
yolov8.yaml	225	3157200	3157184	8.9
yolov8_GhostNet.yaml	530	3360342	3360326	7.1

通过对比可以看出改进后的 YOLOv8 参数量有所增长但计算量大大降低，正因如此使得轻量化网络在保持较高精度的同时，显著提升了在移动端和嵌入式设备上的运行速度和资源利用率，为实际应用提供了更好的支持。

10.4　迁移学习的分类与方法

机器学习面临数据标注代价高昂、数据分布不稳定的现实挑战，迁移学习的出现，很好的应对了此挑战。迁移学习通过有效利用已标注数据域的知识，迁移至新的无标注数据域，以降低标注成本并提升模型适应能力。随着深度神经网络的发展，迁移学习在多个领域展现出巨大潜力，如图像识别、情感分类等。然而，迁移学习方法的多样性给初学者带来了很大挑战。本节旨在系统介绍迁移学习的基本概念、迁移方法，同时以经典的网络模型为例，帮助读者快速掌握迁移学习的基本理论与技术，为未来的学习和应用提供有力支持。

迁移学习涉及域和任务的概念。域 D（Domain）由两部分组成：特征空间 X（Feature Space）和边缘分布概率 $P(X)$，即 $D=\{X,P(X)\}$。一般来说，两个不同的域具有不同的特征空间或者边缘分布概率。任务 T（Task）由一个标签空间（Label Space）Y 和一个目标预测函数 $f(\cdot)$ 组成，即 $T=\{Y,f(\cdot)\}$，其中 $f(\cdot)$ 通过大量训练数据学习得到。

为简单起见，我们现在关注只有一个源域 D_s（Source Domain）和一个目标域 D_t（Target Domain）的情况，两个域的场景是目前为止最普遍的研究对象。给定源域 D_s 和学习任务 T_s、目标域 D_t 和学习任务 T_t，迁移学习的目的是获取源域 D_s 和学习任务 T_s 中的知识以帮助提升目标域 D_t 中的预测函数 $f(\cdot)$ 的学习，其中 $D_s \neq D_t$ 或者 $T_s \neq T_t$。

10.4.1　迁移学习的分类

根据不同的分类准则，可以使用不同的方式将现有的迁移学习方法进行分类总结。一般来说，迁移学习可以根据目标域中有标签数据的情况、学习任务、学习方法、源域与目标域的特征属性、学习形式等进行不同的类别划分，如图 10-21 所示。

1. 根据目标域中所包含的有标签数据情况分类

根据目标域中所包含的有标签数据情况，迁移学习可以分为监督迁移学习（Supervised Transfer Learning）、半监督迁移学习（Semi-Supervised Transfer Learning）以及无监督迁移学习（Unsupervised Transfer Learning）。

1）监督迁移学习。源域数据均为有标签数据，目标域数据为少量标签数据。在监督迁移学习中，常见的做法是在源域上训练一个模型，然后在目标域上对该模型进行微调。由于目标域的数据往往有限，因此在进行微调时，需要特别注意避免过拟合现象的发生。为了避免过拟合现象，在迁移学习中，通常会采取保守训练的方式。具体来说，就是使用源域数据训练好的模型参数来初始化目标域的新模型，并在微调过程中仅调整部分参数，而不是全部参数。这样可以确保在利用目标域数据进行训练时，模型不会过于拟合训练数据，从而降低了过拟合的风险。至于要复制哪几层的参数，这通常取决于具体的任务和数据。

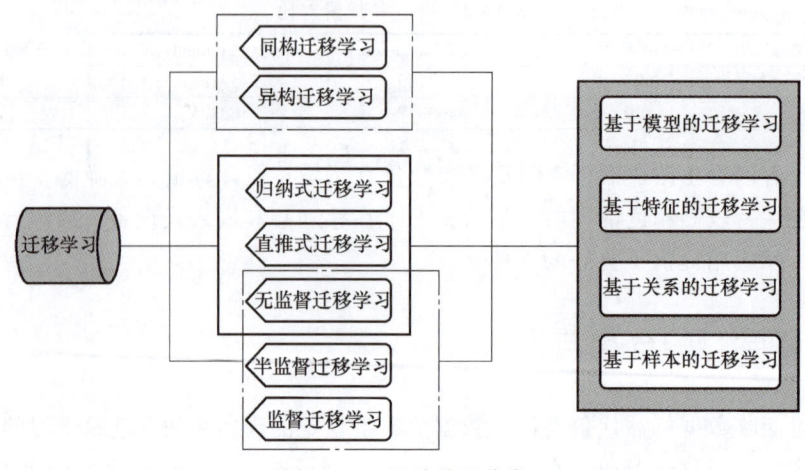

图 10-21 迁移学习分类

2）半监督迁移学习。源域数据均为有标签数据，目标域数据没有标签数据或者有极少标签数据。在半监督迁移学习中常用的方法有域自适应（Domain Adaptation）和零样本学习（Zero-Shot Learning，ZSL）两种方法。

3）无监督迁移学习。源域数据没有标签数据，目标域数据也没有标签数据。

2. 根据源域与目标域的数据和任务的不同分类

根据源域和目标域的数据和任务不同，迁移学习可分为归纳式迁移学习（Inductive Transfer Learning）、直推式迁移学习（Transductive Transfer Learning）和无监督迁移学习。

1）归纳式迁移学习。给定源域 D_s 和源域学习任务 T_s、目标域 D_T 和目标域任务 T_T，且 $T_s \neq T_T$。归纳式迁移学习使用源域 D_s 和源域学习任务 T_s 中的知识完成或改进目标域 D_T 中的目标预测函数 $f_T(\cdot)$ 的学习效果。因此，目标域需要一部分带标签的数据用于建立目标域的目标预测函数 $f_T(\cdot)$。在归纳式迁移学习中，源域学习任务与目标域学习任务一定不同，但是源域和目标域可以相同也可以不相同。

2）直推式迁移学习。在直推式迁移学习中，一般认为源任务和目标任务是相同的，但是源域和目标域是不同的，并且目标域中不存在任何带标签的数据，源域中可以存在大量带有标签的数据。

3）无监督迁移学习。在无监督迁移中，假定目标任务与源域任务不同但相关，这与归纳式迁移中的假设类似。无监督迁移与归纳式迁移的不同之处在于无监督迁移中源域和目标域中都没有标签的样本。

3. 根据源域和目标域的特征空间或标签是否同构分类

根据源域数据和目标域数据的结构和概率分布的情况，迁移学习还可以分为同构迁移学习（Homogeneous Transfer Learning）和异构迁移学习（Heterogeneous Transfer Learning）两大类。

1）同构迁移学习指的是给定源域特征空间 X_s 和源域标签空间 Y_s、目标域特征空间 X_T 和目标域标签空间 Y_T，若 $X_S = X_T$，$Y_S = Y_T$，则称为同构迁移学习。

2）异构迁移学习指的是给定源域特征空间 X_s 和源域标签空间 Y_s、目标域特征空间 X_T 和目标域标签空间 Y_T，若 $X_S \neq X_T$，$Y_S \neq Y_T$。这种情况下，源域和目标域的特征空间不一致，例如源域是颜色而目标域是大小。在异构迁移学习中，源域有丰富的标签，目标域无标签或者少量标签。

10.4.2 迁移学习的基本方法

在设计迁移学习算法解决实际问题的过程中，主要面临着三个主要问题：何时迁移、迁移什么、如何迁移。

"何时迁移"考虑的是在什么情况下应该进行迁移学习。对于迁移学习，不能只聚焦于迁移部分的内容而忽略其他部分。事实上，当源域和目标域彼此不相关时，强制迁移可能不会成功，它甚至可能损害目标域中的学习性能。这种情况通常被称为负迁移（Negative Transfer）。目前关于迁移学习的大多数方法都关注于"迁移什么"和"如何迁移"上，这些方法都是基于源域和目标域是彼此相关的假设提出的。然而，如何避免负迁移是一个越来越需要关注的重要问题。

"迁移什么"考虑的是哪些知识可以实现跨域或者跨任务进行迁移。我们需要明晰，哪些知识能够在不同的数据域之间实现跨域应用，哪些知识则仅限于特定的域或任务。在此，"知识"的定义可以指特征描述，也可指模型描述，其具体范畴将依据实际应用场景的不同而有所差异。一旦确定了需要迁移的"知识"范畴，接下来便是开发相应的学习算法，以实现这些"知识"的有效迁移。

"如何迁移"指的是迁移时所采用的方式。在迁移学习的实施过程中，根据对"如何迁移"问题的不同考量维度，其方式呈现出多样化的分类。如根据在迁移过程中"知识"的哪一部分作为迁移对象的载体，迁移学习的方法可以分为基于样本的迁移学习、基于特征的迁移学习、基于模型的迁移学习和基于关系的迁移学习等。根据实际应用中对于"知识"的不同考量可以选择不同的方法进行迁移。

1. 基于样本的迁移学习

在迁移学习的过程中，最直接的想法是如何更有效地重复使用源域中已有的带标签数据以辅助在目标域中训练出更好的模型。然而，现实场景的应用中，直接重复使用源域中的样本无法将知识很好地迁移到目标域中。尽管如此，源域中仍然有部分数据通过结合目标域中少量有标签数据被很好地重复使用起来。

由此，基于样本的迁移学习需要解决的首要问题就是如何有效重复使用源域中带标签的数据。如图 10-22 所示为基于样本迁移学习的基本思想。源域中存在不同种类的图像，如马、大象、鱼、带有条纹的动物等，目标域中所包含的是斑马的图像，该目标集合了马和条纹的特征。在迁移时，为了最大限度地为目标域贡献知识，可以人为地提高源域中条纹动物和马的样本学习权重。

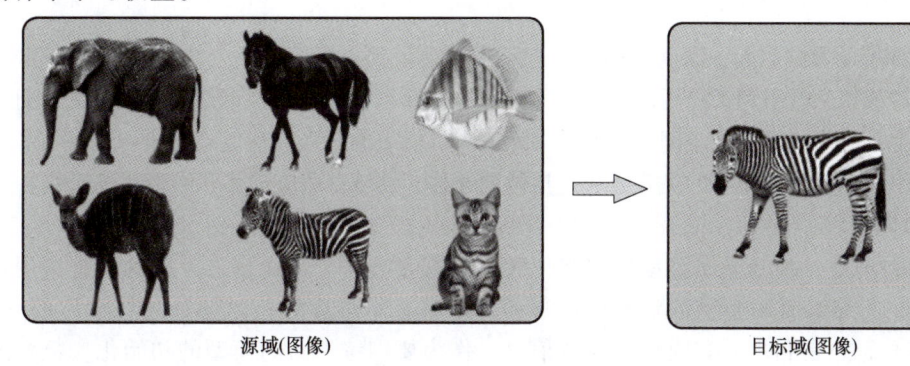

图 10-22 基于样本的迁移学习的基本思想

2. 基于特征的迁移学习

在许多实际应用中，源域和目标域中只有一部分特征空间重叠，这意味着许多特征不能被直接用于建立知识迁移的通道。因此，一些基于样本的算法可能无法有效地进行知识迁移。如果考虑学习一种能够同时表示源域和目标域数据的特征空间，并将两个域的样本同时映射到这个共同的特征空间，目标域数据学习建模的问题就可以通过源域建模问题解决了。基于特征的迁移学习就是基于这样的思想开展的。先将源域数据映射至这个共同的特征空间，通过利用源域中的知识习得在该特征空间中的分类模型。当目标域数据被映射至该空间后，可以通过使用在该空间上习得的模型对目标域数据进行分析。如图 10-23 所示。

一般来说，基于特征的迁移学习常用到的方法有：减少源域和目标域的分布差异、特征增广、特征编码和特征对齐等。

3. 基于模型的迁移学习

基于模型的迁移学习的核心是明确源域模型的哪些部分有助于目标域模型的学习。基于模型的迁移学习方法假设源域和目标域共享学习方法的一些参数或者超参数。这种方法的动机是预训练好的源模型已经捕获了许多有用的结构，这些结构具有通用性并且可以被迁移以学习更精确的目标模型，在这种方式中，

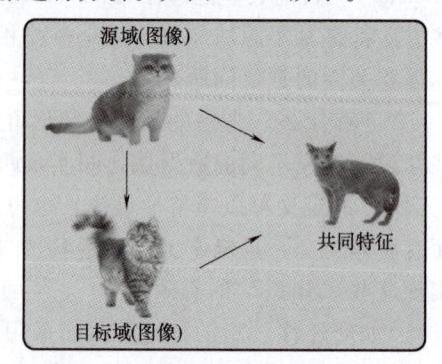

图 10-23　基于特征的迁移学习的基本思想

被迁移的知识指的是模型参数内含的域不变结构。最近广泛使用的基于深度学习（Deep Learning）的迁移学习的预训练技术就是一种基于模型的方法。具体而言，预训练的想法是首先使用足够的可能与目标域数据不尽相同的源域数据训练深度学习模型。然后在模型被训练后，使用一些有标签的目标域数据对预训练的深度模型的部分参数进行微调。

4. 基于关系的迁移学习

基于关系的迁移学习是一种利用源域中的逻辑网络关系进行迁移的学习方法。这种方法主要关注源域和目标域的样本之间的关系，试图将源域中的这些关系迁移到目标域中，以帮助目标域的学习任务。一旦提取了这些共同关系，就可以将它们用作迁移学习的知识。在基于关系的迁移学习中，首先需要在源任务上训练模型，这个任务通常具有大量的数据可用。然后，从源任务中学习数据间的关系，这些关系可以是逻辑网络关系或其他形式的关系。接下来，将这种关系应用到目标任务中，以帮助目标任务的学习。

10.4.3　深度迁移学习

随着深度学习的兴起，深度迁移学习近年来逐渐得到人们的关注，在物体分类、目标检测、图像风格迁移等领域得到了应用。深度迁移学习的目标是将深度神经网络在不同域之间迁移，使得在源域上训练好的深度神经网络能够自动地适应目标域的任务。深度迁移学习的基础模型为深度神经网络，深度迁移学习的主要方法包括微调迁移、领域自适应迁移和网络对抗迁移。

1. 微调迁移

参数微调是一种基于模型参数的知识转移的有效方法。简而言之，微调就是利用别人已经训练好的网络，针对自己的任务再进行训练调整。不难理解，微调是迁移学习的一部分。微调的核心思想是利用原有模型的参数信息，作为要训练的新的模型的初始化参数，这个新的模型可以和原来一样，也可以增添几个层（进行适当的调整）。

那么在什么情况下可以进行微调迁移,以及如何微调迁移呢?根据目标数据集的情况可分为四类情况进行讨论:

1)目标数据集比较小且和源数据集相似。因为新数据集比较小(比如<5000),如果微调可能会过拟合;又因为新旧数据集类似,又期望高层特征类似,可以使用预训练网络当作特征提取器,用提取的特征训练线性分类器。

2)目标数据集比较大且和源数据集相似(比如>10000)。因为新数据集足够大,可以微调整个网络。

3)目标数据集比较小且和源数据集不相似。新数据集比较小,最好不要微调。其和原数据集不类似,最好也不要使用高层特征。这时,可以使用前面的特征来训练分类器。

4)目标数据集比较大且和源数据集不相似。因为新数据集足够大,可以重新训练但是在实践中微调预训练模型还是有益的,可以微调整个网络。

需要注意的是,网络的前几层学到的是通用特征,后面几层学到的是与类别相关的特征,由于前面几层学习到的特征较为通用,在将预训练的模型迁移到新的任务时,这些层通常不需要进行太多的调整。因此,一种常见的做法是在微调迁移过程中冻结(即固定权重不更新)这些通用特征层,而只微调与特定任务相关的后面几层。本质上,微调基本思路都是一样的,就是解锁少数卷积层继续对模型进行训练。

下面介绍两种常用到的微调迁移方法:

1)逐层预训练和微调。逐层预训练思想在训练深度神经网络和自动编码器中得到了广泛的应用。在此方法中,用无监督学习训练得到的参数被用来初始化特定的分类任务。该方法假定无监督学习任务(例如样本重建)可以展现良好的表示能力。用它们初始化的参数应该位于下游任务的合适区域。这种初始化策略可以看作是对所学模型参数的一种正则化。在逐层预训练算法中,第一阶段是使用无监督学习来训练每一层,这就是所说的预训练阶段。具体地说,对于第l层,使用第$(l-1)$层输出的训练样本$h_{l-1}(x)$来训练一个无监督学习模型,以便在下一层再现特征$h_l(x)=R_l[h_l(x)]$。第二阶段是用监督信号为下游任务(例如分类)进行微调。最常用的一种微调方法是将第一阶段的$h_1(x)$作为输入,初始化一个线性或非线性监督预测器,然后根据监督训练损失对模型参数进行微调。

2)通过监督学习的参数进行微调。逐层预训练法是深度学习早期流行的一种方法,但后来被 Dropout 和批处理归一化(Batch Normalization)所取代,以端到端的方式训练各层。通过更稳定的优化方法和大量的有标签数据,可以直接从头训练一个有监督的深度模型。

2. 领域自适应迁移

为了解决不同域之间数据分布的不一致性问题,一系列深度神经网络自适应迁移方法被提出。这些方法的基本思想是在神经网络中设计增加自适应层,将源域与目标域的数据分布尽可能靠近以减少域偏移,从而提升模型迁移效果。在设计自适应层时,首先需要分析神经网络的哪些层适合进行自适应迁移,即设计网络结构。其次,需要制订具体实施迁移的自适应策略,即设计训练网络的损失函数。以面向分类任务的卷积神经网络为例,通常选择网络的后几层进行迁移,因为在前几层学到的特征可以认为是与任务无关的通用特征,其本身就具有良好的可迁移性。随着网络层次加深,后几层网络更偏重于学习任务特定的特征(Special Feature),其可迁移性较弱。训练网络的损失函数通常由分类损失和域适应损失组成,即

$$L=L_C(X_S,Y_S)+\lambda L_A(X_S,X_t) \tag{10-3}$$

式中，X_S 为源域数据；Y_S 为源域数据标注；X_t 为目标域数据；λ 为平衡两类不同损失的系数。$L_C(X_S, Y_S)$ 表示在源域数据中的分类损失，通常为交叉熵损失。$L_A(X_S, X_t)$ 表示使源域数据分布和目标域数据分布尽可能靠近的域适应损失，这也是网络具备自适应能力的关键。不同的自适应迁移方法具有不同形式的域适应损失。下面介绍几种经典的领域自适应迁移方法。

（1）深度域混淆自适应（Deep Domain Confusion，DDC）　在图像分类任务中，当源域数据和目标域数据具有不同的分布时，使用源域数据训练的分类器仅符合源域数据分布，其分类性能在目标域会显著下降。如果能学习到使源域和目标域数据分布差异最小的源域和目标域数据的特征表示，就可以将使用源域数据训练的分类器有效迁移至目标域。深度域混淆自适应方法通过在源域与目标域的特征提取网络之间添加一层自适应层，使网络学得的源域和目标域的数据分布尽可能靠近。在训练网络时，设计域混淆损失函数，让网络在学会如何分类的同时能有效减小源域和目标域之间的域偏移。深度域混淆自适应方法的网络结构如图10-24 所示。

深度域混淆自适应方法以 AlexNet 网络为基础模型，使用有标注的源域数据训练 AlexNet 网络来学习源域数据特征表示和分类模型。AlexNet 网络包含 5 个卷积层和池化层，以及 3 个全连接层。为使在源域训练的 AlexNet 网络能自适应到目标域，将自适应层置于第二个全连接层和第三个全连接层（Softmax 分类层）之间，并通过网格搜索确定该自适应层的参数维度。无标注的目标域数据也参与整个网络的训练。网络训练时，采用源域数据的分类损失以及使得源域和目标域数据分布差异最小的域适应损失。

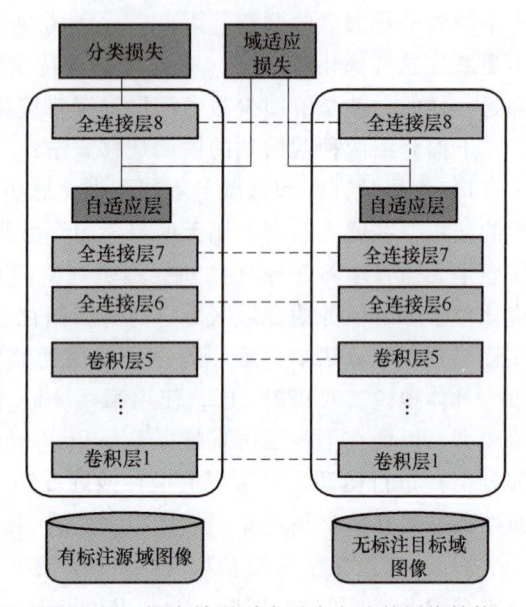

（2）深度适应网络（Deep Adaptation Networks，DAN）　深度神经网络不同层所学习到的特征，其迁移能力各不相同。较浅层的特征具有通用性，其本身可迁移能力较强；较深层的特征具有任务特定性，其可迁移能力较弱。因此，要想提高模型的迁移能力，就必须提高较深网络层的自适应性。前面介绍的深度域混淆自适应方法只采用了单个自适应层来对齐源域和目标域的特征分布，其网络迁移能力仍然有限。深度适应网络设计多个自适应层以实现多层特征分布对齐。在每个自适应层采用多核最大均值差异的方法度量源域和目标域之间数据的分布差异，从而进一步提高网络的域适应能力。深度适应网络以 AlexNet 网络为基础模型，将原始的 3 个全连接层均改为自适应层。相比于深度域混淆方法中的单个自适应层，深度适应网络通过多个自适应层来对齐源域和目标域的特征分布，更好地减少源域和目标域之间的域偏移。

图 10-24　深度域混淆自适应方法的网络结构

3. 网络对抗迁移

生成对抗学习的首要目标是创建数据，这些数据与真实的样本具有相似的分布特性。这一目标与迁移学习的核心宗旨相吻合，即通过一系列操作减少源数据域与目标数据域之间在数据分布上的差异，从而实现知识的有效迁移和应用。将生成对抗学习用于深度神经网络的自适应迁移，就诞生了神经网络对抗迁移方法。该方法通过对抗学习使目标域数据分布与源域数据分布接近，进而减少源域和目标域之间的域偏移，成为当前深度迁移学习的主流方法之一。

神经网络对抗迁移方法通常包括特征提取器（即生成器）和判别器两个基本模型。其中，判别器用来判断输入样本是来自源域还是来自目标域。特征提取器用来学习源域和目标域样本的特征表示，该特征表示具有域不变性，即使得判别器无法正确区分样本是来自源域还是来自目标域。通过特征提取器和判别器两者的对抗过程，源域和目标域的数据分布差异逐渐减少，直至判别器对任意输入样本均随机预测其域。此时，可以认为源域和目标域的数据分布相同，源域模型能很好地适应于目标域。

训练神经网络对抗迁移模型的目标函数通常由源域网络训练损失 L_C 和域对抗损失 L_D 组成，即

$$L = L_C(X_S, Y_S) + \lambda L_D(X_S, X_t) \tag{10-4}$$

式中，X_S 为源域数据；Y_S 为源域数据标注；X_t 为目标域数据；λ 为平衡系数；$L_C(X_S, Y_S)$ 与具体任务相关。例如在分类任务中，$L_C(X_S, Y_S)$ 为源域数据的分类损失（通常为交叉熵损失），Y_S 为类别标签。$L_D(X_S, X_t)$ 负责特征提取器和判别器的对抗训练，其目标是尽可能减少源域和目标域的数据分布差异。下面介绍反向传播域适应方法。

反向传播域适应方法包括 3 个模块：特征提取器、分类器和域分类器。特征提取器学习输入样本（源域或目标域）的特征表示。分类器预测输入样本的类别标签，该类别标签由具体分类任务决定。域分类器是核心模块，预测输入样本的域标签，即判断样本属于源域还是目标域。反向传播域适应方法的框架如图 10-25 所示。

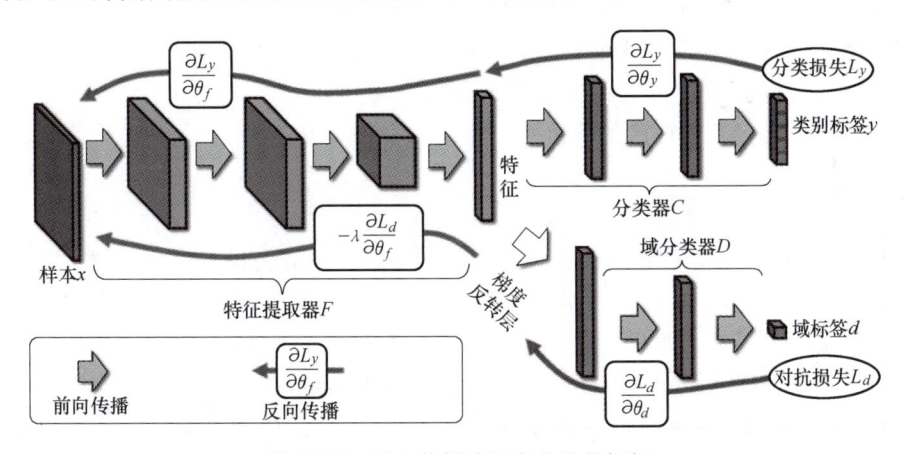

图 10-25 反向传播域适应方法的框架

反向传播域适应方法具有很强的扩展性，可以嵌入任何面向不同任务的神经网络。在嵌入时只需要增加几个标准网络层和一个梯度反转层，使其适应于具体任务。在多个图像分类任务上，反向传播域适应方法均取得了很好的效果。

10.5 微调迁移应用实例

迁移学习以其独特的优势——能够利用预训练模型中的知识和经验来加速新任务的学习过程，成为众多研究者和开发者青睐的技术之一。微调（Fine-Tuning）作为迁移学习中的

一种重要策略,更是被广泛应用于图像识别、自然语言处理、语音识别等多个领域。本节将通过一个具体的实例,探讨微调迁移在实际中的应用,帮助读者更好地理解并掌握这一技术。

本节将以蚂蚁蜜蜂的图像分类任务为例,展示如何利用在大型数据集上预训练好的深度神经网络模型,通过微调策略来适应一个小规模但特定领域的数据集。在搭建模型之前的第一个步骤是准备数据集。所用数据集包含蚂蚁(Ants)和蜜蜂(Bees)两个类别,如图 10-26 所示。本数据集包含 244 张训练集图像,其中蚂蚁 123 张,蜜蜂 121 张;验证集包含 153 张图像,其中蚂蚁 70 张,蜜蜂 83 张。数据集文件夹存放位置如图 10-27 所示。

a) 蚂蚁　　　　　　　　　　　　　　b) 蜜蜂

图 10-26　部分数据集示例

接下来将以 ImageNet 上训练过的 ResNet-18 作为预训练模型,并详细介绍模型搭建、数据预处理、输出层修改、训练过程、微调迁移以及迁移结果可视化等关键步骤。通过这一实例,读者将能够直观地感受到微调迁移学习的强大,并学会如何将其应用于自己的项目中。

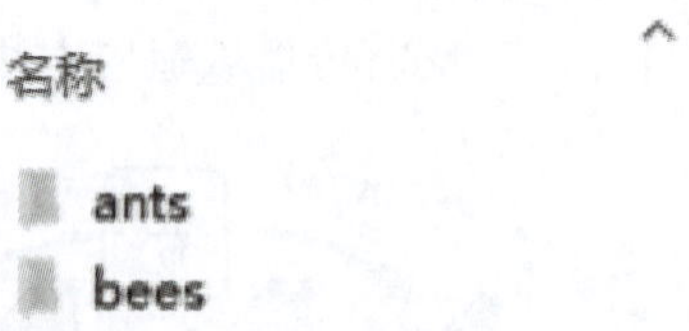

图 10-27　数据集文件夹存放位置

10.5.1　模型搭建

本例使用 PyTorch 框架搭建网络模型,模型的搭建具体分为以下六个步骤。

1)首先导入 PyTorch 框架及其相关模块,如 torch、torch.nn 等,这些模块是构建和训练深度学习模型所必需的。然后,导入 DataLoader 类和 lr_scheduler 模块,用于数据加载和学习率调度。紧接着导入 torchvision 库,该库中的 torchvision.datasets、torchvision.transforms、torchvision.models 分别能够实现加载数据集(如 ImageNet)、图像预处理、提供预训练的模型架构(如 ResNet)的功能。最后,导入 numpy、matplotlib.pyplot、os 等库。具体代码如下:

```
import torch
import torch.nn as nn
import torch.optim as optim
from torch.utils.data import DataLoader
from torch.optim import lr_scheduler
import torchvision
from torchvision import datasets, models, transforms
```

```
import numpy as np
import matplotlib.pyplot as plt
import os
import time
import copy
```

2）模块导入之后，对数据进行增强操作，分别针对训练集（train）和验证集（val）设置了不同的变换组合，如：随机裁剪、随机水平翻转、标准化处理等。代码如下：

```
data_transforms = {
    'train':transforms.Compose([
        transforms.RandomResizedCrop(224),
        transforms.RandomHorizontalFlip(),
        transforms.ToTensor(),
        transforms.Normalize([0.485,0.456,0.406],[0.229,0.224,0.225])
    ]),
    'val':transforms.Compose([
        transforms.Resize(256),
        transforms.CenterCrop(224),
        transforms.ToTensor(),
        transforms.Normalize([0.485,0.456,0.406],[0.229,0.224,0.225])
    ])
}
```

3）加载数据集，从 hymenoptera_data 文件夹中加载训练数据集和验证数据集，这两个数据集分别位于 train 和 val 子文件夹中。通过使用 ImageFolder 类，它能够自动地从文件夹结构中推断出图像的类别标签（基于子文件夹的名称）。代码如下：

```
image_datasets = {
    x:datasets.ImageFolder(
        root=os.path.join('./hymenoptera_data',x),
        transform=data_transforms[x]
    ) for x in ['train','val']
}
```

4）创建数据加载器，DataLoader 是 PyTorch 中用于批量加载数据、并行加载数据以及打乱数据顺序（对于训练数据）的类。对训练数据集（train）设置每次训练迭代中样本的顺序是随机的，可以减少过拟合的风险。对于验证数据集（val），通常不需要打乱样本顺序。代码如下：

```
dataloaders = {
    x:DataLoader(
        dataset=image_datasets[x],
        batch_size=4,
```

```
                shuffle = True,
                num_workers = 0
            ) for x in ['train','val']
}
```

5）遍历列表 ['train', 'val']，计算数据集的大小，并对类别名称进行提取，即蚂蚁（ants）蜜蜂（bees）两类，最后，设置了一个 device 变量，用于后续指定模型和数据应在哪个设备上运行（GPU 或 CPU）。代码如下：

```
dataset_sizes = {x:len(image_datasets[x]) for x in ['train','val']}
class_names = image_datasets['train'].classes
device = torch.device('cuda:0' if torch.cuda.is_available() else 'cpu')
''' output
{'train':244,'val':153}
['ants','bees']
device(type='cuda',index=0)
```

6）从训练数据加载器中获取一批图像和对应的标签，然后将这些图像组合成一个网格，并进行可视化，如图 10-28 所示。代码如下：

```
inputs, labels = next(iter(dataloaders['train']))
    grid_images = torchvision.utils.make_grid(inputs)
    def no_normalize(im):
        im = im.permute(1,2,0)
        im = im * torch.Tensor([0.229,0.224,0.225]) + torch.Tensor([0.485,0.456,0.406])
        return im
    grid_images = no_normalize(grid_images)
    plt.title([class_names[x] for x in labels])
    plt.imshow(grid_images)
    plt.show()
```

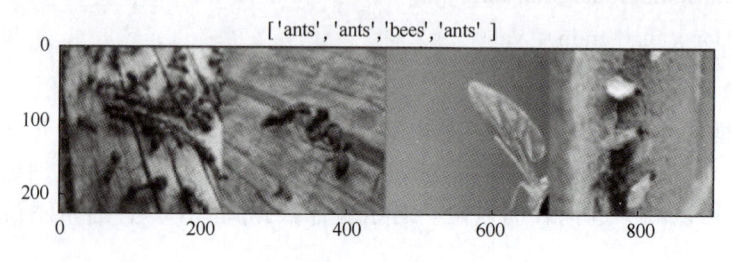

图 10-28　图像可视化

10.5.2　迁移训练

在迁移训练过程中定义了一个名为 train_model 的函数，旨在通过给定的模型、损失函数、优化器、学习率调度器以及训练轮数（num_epochs）来训练一个深度学习模型。这个函数同时监控和记录了每个训练批次（epoch）中的训练和验证性能，包括学习率、损失值和准确率。此外，它还实现了早停（Early Stopping）的基础逻辑，通过保存最佳模型权重（基于验证集上的准确率）来避免过拟合，代码如下：

```python
def train_model(model, criterion, optimizer, scheduler, num_epochs=10):
    t1 = time.time()
    best_model_wts = copy.deepcopy(model.state_dict())
    best_acc = 0.0
    for epoch in range(num_epochs):
        lr = optimizer.param_groups[0]['lr']
        print(
            f'EPOCH:{epoch+1:0>{len(str(num_epochs))}}/{num_epochs}',
            f'LR:{lr:.4f}',
            end=' '
        )
        # 每轮都需要训练和评估
        for phase in ['train', 'val']:
            if phase == 'train':
                model.train()     # 将模型设置为训练模式
            else:
                model.eval()      # 将模型设置为评估模式
            running_loss = 0.0
            running_corrects = 0
            # 遍历数据
            for inputs, labels in dataloaders[phase]:
                inputs = inputs.to(device)
                labels = labels.to(device)
                # 梯度归零
                optimizer.zero_grad()
                # 前向传播
                with torch.set_grad_enabled(phase == 'train'):
                    outputs = model(inputs)
                    preds = outputs.argmax(1)
                    loss = criterion(outputs, labels)
                    # 反向传播+参数更新
                    if phase == 'train':
                        loss.backward()
                        optimizer.step()
                # 统计
```

```python
                    running_loss += loss.item() * inputs.size(0)
                    running_corrects += (preds == labels.data).sum()
                if phase == 'train':
                    # 调整学习率
                    scheduler.step()
                epoch_loss = running_loss / dataset_sizes[phase]
                epoch_acc = running_corrects.double() / dataset_sizes[phase]
                # 打印训练过程
                if phase == 'train':
                    print(
                        f'LOSS:{epoch_loss:.4f}',
                        f'ACC:{epoch_acc:.4f} ',
                        end=' '
                    )
                else:
                    print(
                        f'VAL-LOSS:{epoch_loss:.4f}',
                        f'VAL-ACC:{epoch_acc:.4f} ',
                        end='\n'
                    )
                # 深度拷贝模型参数
                if phase == 'val' and epoch_acc > best_acc:
                    best_acc = epoch_acc
                    best_model_wts = copy.deepcopy(model.state_dict())
    t2 = time.time()
    total_time = t2-t1
    print('-' * 10)
    print(
        f'TOTAL-TIME:{total_time//60:.0f}m {total_time%60:.0f}s',
        f'BEST-VAL-ACC:{best_acc:.4f}'
    )
    # 加载最佳的模型权重
    model.load_state_dict(best_model_wts)
    return model
```

使用预训练的 ResNet-18 模型进行微调的完整流程是非常复杂的，以下是详细的步骤说明。

1) 加载预训练模型：首先，通过 models.resnet18（pretrained = True）加载预训练的 ResNet-18 模型。其权重包含了丰富的特征提取能力。

2) 调整全连接层：由于预训练模型的全连接层（fc）的输出特征数通常与原始数据集

的类别数相匹配,因此需要根据新任务的类别数 len(class_names) 来调整这个层的输出特征数。这是通过创建一个新的 nn.Linear 层并将其赋值给 model_ft.fc 来实现的。

3)模型设备分配:将模型移动到指定的设备上,以便在 GPU 或 CPU 上进行训练。这可以提高训练速度,特别是当使用 GPU 时。

4)定义损失函数和优化器:选择了交叉熵损失函数 nn.CrossEntropyLoss() 作为训练的损失函数。同时,使用 SGD 优化器(optim.SGD)来更新模型的权重。

5)学习率调度:定义了一个学习率调度器(lr_scheduler.StepLR),该调度器在每 5 个训练批次(epoch)后将学习率乘以一个乘法因子(gamma = 0.1),这有助于在训练过程中逐步降低学习率,以更好地收敛。

6)训练模型:调用了一个名为 train_model 的函数来训练模型。

部分代码如下:

```
# 加载预训练模型
model_ft = models.resnet18(pretrained = True)
# 获取 resnet18 的全连接层的输入特征数
num_ftrs = model_ft.fc.in_features
# 调整全连接层的输出特征数为2
model_ft.fc = nn.Linear(num_ftrs, len(class_names))
# 将模型放到 GPU/CPU
model_ft = model_ft.to(device)
# 定义损失函数
criterion = nn.CrossEntropyLoss()
# 选择优化器
optimizer_ft = optim.SGD(model_ft.parameters(), lr = 1e-3, momentum = 0.9)
# 定义优化器调整策略,每5轮后学习率下调0.1个乘法因子
exp_lr_scheduler = lr_scheduler.StepLR(optimizer_ft, step_size = 5, gamma = 0.1)
# 调用训练函数训练
    model_ft = train_model(
    model_ft,
    criterion,
    optimizer_ft,
    exp_lr_scheduler,
    num_epochs = 10
)
```

上述代码的运行结果为

　　EPOCH:01/10 LR:0.0010 LOSS:0.8586 ACC:0.5902   VAL-LOSS:0.2560 VAL-ACC:0.9020

　　EPOCH:02/10 LR:0.0010 LOSS:1.1052 ACC:0.6803   VAL-LOSS:0.3033 VAL-ACC:0.8758

EPOCH：03/10 LR：0.0010 LOSS：0.6706 ACC：0.7910　　VAL-LOSS：0.9216 VAL-ACC：0.8039

EPOCH：04/10 LR：0.0010 LOSS：0.7949 ACC：0.7623　　VAL-LOSS：0.2686 VAL-ACC：0.8954

EPOCH：05/10 LR：0.0010 LOSS：0.5725 ACC：0.7500　　VAL-LOSS：0.3638 VAL-ACC：0.8431

EPOCH：06/10 LR：0.0001 LOSS：0.3003 ACC：0.8525　　VAL-LOSS：0.2749 VAL-ACC：0.8758

EPOCH：07/10 LR：0.0001 LOSS：0.4123 ACC：0.8197　　VAL-LOSS：0.2747 VAL-ACC：0.8889

EPOCH：08/10 LR：0.0001 LOSS：0.3650 ACC：0.8361　　VAL-LOSS：0.2942 VAL-ACC：0.8758

EPOCH：09/10 LR：0.0001 LOSS：0.3748 ACC：0.8279　　VAL-LOSS：0.2560 VAL-ACC：0.9020

EPOCH：10/10 LR：0.0001 LOSS：0.3523 ACC：0.8361　　VAL-LOSS：0.2687 VAL-ACC：0.9085

TOTAL-TIME：1m10s BEST-VAL-ACC：0.9085

训练批次为10轮，总用时为70s，验证集最大准确率为0.9085。

当不使用预训练的参数来初始化模型时，即从头开始训练模型，不使用微调迁移方法只需将微调迁移代码中的pretrained设置为False即可，其余代码保持不变，代码如下：

# 加载预训练模型
model_ft = models.resnet18(pretrained = False)

从头开始训练模型的结果为

EPOCH：01/10 LR：0.0010 LOSS：0.7462 ACC：0.5574　　VAL-LOSS：0.7228 VAL-ACC：0.5556

EPOCH：02/10 LR：0.0010 LOSS：0.7729 ACC：0.5984　　VAL-LOSS：0.8003 VAL-ACC：0.6209

EPOCH：03/10 LR：0.0010 LOSS：0.8077 ACC：0.5943　　VAL-LOSS：0.7597 VAL-ACC：0.5163

EPOCH：04/10 LR：0.0010 LOSS：0.7494 ACC：0.5820　　VAL-LOSS：0.6755 VAL-ACC：0.5556

EPOCH：05/10 LR：0.0010 LOSS：0.7517 ACC：0.6148　　VAL-LOSS：0.6289 VAL-ACC：0.6144

EPOCH：06/10 LR：0.0001 LOSS：0.6333 ACC：0.6475　　VAL-LOSS：0.5897 VAL-ACC：0.6797

EPOCH：07/10 LR：0.0001 LOSS：0.6007 ACC：0.6967　　VAL-LOSS：0.6266 VAL-ACC：0.6667

```
       EPOCH:08/10 LR:0.0001 LOSS:0.6316 ACC:0.6516    VAL-LOSS:0.6142 VAL-
ACC:0.6797
       EPOCH:09/10 LR:0.0001 LOSS:0.6109 ACC:0.6639    VAL-LOSS:0.5907 VAL-
ACC:0.6928
       EPOCH:10/10 LR:0.0001 LOSS:0.5951 ACC:0.6844    VAL-LOSS:0.5939 VAL-
ACC:0.6928
       ----------
       TOTAL-TIME:1m11s BEST-VAL-ACC:0.6928
```

训练批次为10轮,总用时为71s,验证集最大准确率为0.6928。由此可见,使用微调迁移后的模型在总用时和准确率两方面都优于从头训练的模型,尤其在准确率上,微调迁移后的模型预测结果更加准确。

10.5.3 迁移结果可视化

为了检验微调迁移后的结果准确与否,对验证集上的预测结果进行可视化操作。首先将模型设置为评估模式 model.eval()。然后,从一个验证集数据加载器 dataloaders['val'] 中取出一个批次的数据和标签,并将它们转移到指定的设备上(如GPU),以进行模型的前向传播。模型输出通过 argmax 函数处理,以获得预测类别的索引,并与真实标签进行比较。使用 matplotlib 库来创建一个图形,并在其中绘制该批次中的四个图像。每个子图都关闭了坐标轴,并设置了标题,标题中包含了预测的类别和真实的类别。图像在显示前通过 no_normalize 函数处理,以便图像可以正确显示,如图10-29所示。代码如下:

```python
def visualize_model(model):
    model.eval()
    with torch.no_grad():
        inputs,labels = next(iter(dataloaders['val']))
        inputs = inputs.to(device)
        labels = labels.to(device)
        outputs = model(inputs)
        preds = outputs.argmax(1)
        plt.figure(figsize=(9,9))
        for i in range(inputs.size(0)):
            plt.subplot(2,2,i+1)
            plt.axis('off')
            plt.title(f'pred:{class_names[preds[i]]}|true:{class_names[labels[i]]}')
            im = no_normalize(inputs[i].cpu())
            plt.imshow(im)
        plt.savefig('train.jpg')
        plt.show()
```

图 10-29　迁移结果可视化

由图 10-29 可见，通过可视化操作，微调迁移后的结果能够被直接观察。该结果包含预测结果（pred）和真实结果（true），当预测结果的值与真实结果的值相同时，表明微调迁移后的结果准确无误。

本 章 小 结

本章围绕轻量化网络和迁移学习两大主题展开介绍。首先，详细介绍了模型轻量化，包括知识蒸馏、剪枝以及轻量化网络结构等技术，这些方法可以帮助减小模型的体积和计算复杂度，从而使计算机视觉应用更加高效。这对于移动设备和嵌入式系统中的视觉应用尤为重要。其次，探讨了迁移学习的基本概念，介绍了如何在不同任务和领域中共享模型的知识以及迁移学习的不同策略和应用，展示了利用预训练模型来提高计算机视觉任务性能的实际应用。这些技术对于提高计算机视觉应用的性能、减小模型的资源消耗以及拓展应用领域都至关重要。

习　　题

1. 模型压缩常用的方法有哪些？为什么要使用模型压缩？
2. 介绍一下知识蒸馏的原理。
3. SqueezeNet 的 Fire Module 有什么特点？
4. 什么是迁移学习？请解释迁移学习的基本概念并提供一个实例。
5. 为什么在实际应用中，微调迁移通常比从头开始训练模型更为高效？

参 考 文 献

[1] 庄浩，周颖，徐卫，等. Python 编程基础［M］. 北京：机械工业出版社，2021.
[2] 张寅锋，王尧林. 人工智能与 Python 编程［M］. 北京：中国轻工业出版社，2023.
[3] 揭志锋，于震，干甜. Python 基础［M］. 武汉：华中科技大学出版社，2024.
[4] 李剑锋，王洪涛，段林茂. Python 数据分析与实践［M］. 北京：北京理工大学出版社，2023.
[5] 常鹏飞. Python 程序设计与实战［M］. 北京：北京理工大学出版社，2020.
[6] 杨涵文，周培源，陈姗姗. Python 网络爬虫入门到实战［M］. 北京：机械工业出版社，2023.
[7] DEY S. Python 图像处理实战［M］. 陈盈，邓军，译. 北京：人民邮电出版社，2020.
[8] KETKAR N，MOOLAYIL J. Deep Learning with Python［M］. Berkeley：Apress，2021.
[9] 岳亚伟，薛晓琴，胡欣宇，等. 数字图像处理与 Python 实现［M］. 北京：人民邮电出版社，2020.
[10] 周越. 数字图像处理［M］. 上海：上海交通大学出版社，2023.
[11] 蔡体健，刘伟. 数字图像处理基于 Python［M］. 北京：机械工业出版社，2022.
[12] DEY S. Python 图像处理经典实例［M］. 王燕，王存珉，译. 北京：人民邮电出版社，2023.
[13] SUBRAMANIAN V. PyTorch 深度学习［M］. 王海玲，刘江峰，译. 北京：人民邮电出版社，2019.
[14] SZELISKI R. 计算机视觉：算法与应用［M］. 艾海舟，兴军亮，译. 北京：清华大学出版社，2020.
[15] NIELSEN M. 深入浅出神经网络与深度学习［M］. 朱小虎，译. 北京：人民邮电出版社，2020.
[16] 郑光勇. 深度学习基础及应用［M］. 北京：航空工业出版社，2023.
[17] 张皓. 深度学习视频理解［M］. 北京：电子工业出版社，2021.
[18] 金贤敏，胡俊杰. 量子人工智能［M］. 北京：清华大学出版社，2023.
[19] 袁梅宇. PyTorch 编程技术与深度学习［M］. 北京：清华大学出版社，2022.
[20] 邱锡鹏. 神经网络与深度学习［M］. 北京：机械工业出版社，2020.
[21] 张锐. 深度学习与机器人［M］. 北京：电子工业出版社，2023.
[22] 卢誉声. 移动平台深度神经网络实战：原理、架构与优化［M］. 北京：机械工业出版社，2019.
[23] 梁桥康，秦海，项韶. 机器人智能视觉感知与深度学习应用［M］. 北京：机械工业出版社，2023.
[24] KOLLMANNSBERGER S，D'ANGELLA D，JOKEIT M，et al. Deep Learning in Computational Mechanics［M］. Switzerland：Springer，2022.
[25] 曾芃壹. PyTorch 深度学习入门［M］. 北京：人民邮电出版社，2019.
[26] 尹红，符祥，曾接贤，等. 选择性卷积特征融合的花卉图像分类［J］. 中国图象图形学报，2019，24（5）：762-772.
[27] 刘彦清. 基于 YOLO 系列的目标检测改进算法［D］. 长春：吉林大学，2021.
[28] 邓亚平，李迎江. YOLO 算法及其在自动驾驶场景中目标检测综述［J］. 计算机应用，2024，44（6）：1949-1958.
[29] 严毅，邓超，李琳，等. 深度学习背景下的图像语义分割方法综述［J］. 中国图象图形学报，2023，28（11）：3342-3362.
[30] 庄福振，朱勇椿，祝恒书，等. 迁移学习算法 应用与实践［M］. 北京：机械工业出版社，2023.
[31] 霍铮，郑瑜杰，陈翊. 模型轻量化与加速研究进展［J］. 数据通信，2023，4（3）：35-40.